高等院校互联网+新形态创新系列教材·计算机系列

C#程序设计案例教程(第 2 版)
(微课版)

向燕飞　主　编

魏菊霞　彭之军　副主编

清華大学出版社

北　京

内 容 简 介

本书采用“案例引导+任务驱动”的编写方式，深入浅出地讲解了C#程序设计的基本方法。

本书重点讲解了C#程序设计语言的基本语法和常用方法，采用语法与实例相结合的形式，将C#基本语法以及各种编程对象融合到具体实例中，侧重培养学生解决实际编程问题的能力，同时又可增强学生对C#编程思想的理解。

本书共分为18个单元，涵盖四大专题，包括C#语言基础、Windows编程、数据访问和网络编程。每个单元按照“案例描述→知识链接→案例分析与实现→拓展训练→习题”的结构编写，实例丰富，内容详尽，难易适中，重点突出，降低了学习的难度。本书案例使用的IDE(集成开发环境)为Visual Studio 2022，为了满足在线学习的需求，每个单元还配备了适量的微课视频。

本书适合作为高等院校计算机专业学生的教材，也可作为C#语言程序设计自学者的参考用书。

图书在版编目(CIP)数据

C#程序设计案例教程：微课版/向燕飞主编. —2版. —北京：清华大学出版社，2023.12
高等院校互联网+新形态创新系列教材. 计算机系列
ISBN 978-7-302-64918-2

Ⅰ. ①C… Ⅱ. ①向… Ⅲ. ①C语言—程序设计—高等学校—教材 Ⅳ. ①TP312.8

中国国家版本馆CIP数据核字(2023)第222903号

责任编辑：梁媛媛
封面设计：李 坤
责任校对：翟维维
责任印制：丛怀宇
出版发行：清华大学出版社
　　网　　址：https://www.tup.com.cn, https://www.wqxuetang.com
　　地　　址：北京清华大学学研大厦A座　　**邮　　编**：100084
　　社 总 机：010-83470000　　**邮　　购**：010-62786544
　　投稿与读者服务：010-62776969, c-service@tup.tsinghua.edu.cn
　　质量反馈：010-62772015, zhiliang@tup.tsinghua.edu.cn
　　课件下载：https://www.tup.com.cn, 010-62791865
印 装 者：三河市龙大印装有限公司
经　　销：全国新华书店
开　　本：185mm×260mm　　**印　张**：21.5　　**字　数**：523千字
版　　次：2018年1月第1版　2023年12月第2版　　**印　次**：2023年12月第1次印刷
定　　价：65.00元

产品编号：094945-01

前　言

首先，感谢您翻阅这本书。

本书的背景

在.NET 正式发布之前，NGWS 这个术语一直被用于微软的某些计划，这些计划旨在创建一个下一代视窗服务的基于因特网的平台(Internet-based platform of Next Generation Windows Services)。

史蒂夫・鲍尔默于 2000 年指出："交付一个基于因特网的下一代视窗服务平台是我们公司的重中之重。我们在此谈论的突破包括对编程模型、用户界面、应用程序整合模型、文件系统、新的 XML Schema 等的改变。"

作为微软最重要的开发者工具集，新版 Visual Studio 2022 旨在帮助开发人员围绕微软核心产品和服务打造高效完美的解决方案。当前 Visual Studio 2022 已经扩展到 Mac 平台，这意味着开发者可以在 Mac 上使用 C#、F#、.NET Core、ASP.NET Core、Xamarin 和 Unity 来搭建应用程序。而 C#正是.NET 平台主流的开发语言，也是一个现代的、通用的、面向对象的编程语言。因此，它的应用范围十分广泛。

本书是作者基于过去的教学经验和实验指导经验整理而成的，在 2018 年 1 月发行了第 1 版。如今在不断深入的课程改革基础上，结合读者反馈的意见，特别是为满足在线开放学习以及线上线下混合式教学的需求，我们对第 1 版教材进行了修订并推出第 2 版。第 2 版保持了第 1 版的内容组织结构，升级了开发平台 Visual Studio 的版本，也修订了教材中的个别示例和习题，同时增加了微课视频。本书主要面向大学本科或专科相关专业学生，也可供相关的开发人员及程序爱好者学习使用。

本书的特色

编程属于利用抽象概念来思维，通常可以通过简单的例程形象地进行学习。本书采用"案例描述→知识链接→案例分析与实现→拓展训练→习题"的编写体例，通过精心挑选生动有趣的案例帮助读者提高学习效率。在每个单元中，针对初学者容易忽略、出错，或难以理解的知识点及代码块，采用注意、说明等特殊形式重点说明。

本书的内容

在学习面向对象技术的过程中，既需要学习编程的抽象概念，又需要培养编程的实际技能，二者都是非常重要的。学习理论知识时，要防止沉迷于语言细节。如果过多地关注细节，就会分散注意力，导致对某些概念“知其然，而不知其所以然。”

本书面向学习 C#的零基础读者，全面讲解 C#的基础知识。在实例的选取上注重实用性，内容详尽，难易适中，重点突出，降低了读者学习的难度。

本书涵盖四大专题，包括 C#语言基础、Windows 编程、数据访问和网络编程，共 18 个单元。

第一篇 C#语言基础

第一篇包括单元 1～12。

单元 1 从 C#的基础知识开始进行简要的介绍，内容包括.NET Framework、开发环境和 C#语言以及使用 Visual Studio 创建项目等。该单元的目的是让读者快速了解 C#的基本概念，让读者对 C#有一个基本的认识。

单元 2 主要介绍 C#的数据类型，以及数据类型间的转换。

程序中变量的值会不断变化，最终产生人们想要的结果，而变量值的变化是通过运算符和表达式来实现的。

在单元 3 中，将详细阐述表达式中每种运算符的功能、优先级、结合性以及在使用过程中的注意事项。

在实际的任务中，大多数问题的求解步骤(也就是通常所说的算法)往往都会有若干分支选项或重复执行的情况。所以单元 4 主要讲解选择结构的程序设计，单元 5 主要讲解循环结构的程序设计。

随着程序代码的增多，任何软件都难免会出错，在软件开发的过程中，进行错误捕捉显得尤为重要，因为有的错误会导致软件功能失常，甚至会造成破坏性损失。在单元 6 中，主要讲解异常处理方法和调试方法。

有时需要存储多个相同类型的值，这就要用到单元 7 中介绍的数组和集合的知识。

C#是面向对象的语言，所以在单元 8～12 中主要介绍面向对象的知识，包括类和对象、类的方法和属性、类的继承与多态性、委托与事件、泛型等。

第二篇 Windows 编程

第二篇包括单元 13 和单元 14。单元 13 是 Windows 编程基础，单元 14 是 Windows 编程进阶。这部分将结合一些 Windows 应用程序实例，介绍最常用控件的属性、方法、事件及应用，让读者对 Windows 应用程序的设计有进一步的了解和认识。

第三篇 数据访问

第三篇包括单元 15～17，主要介绍 ADO.NET 数据访问和磁盘文件的读写。

ADO.NET 是一组用于和数据源进行交互的面向对象类库，因此，要掌握信息管理系统软件的开发，就必须掌握 ADO.NET 数据库的编程。单元 15～16 以简单通俗的例子，阐述 C#语言中进行数据库编程的几个基本核心对象。

文件是系统的重要组成部分。在网络系统中，如何将数据以文件的形式保存下来？如何读取已有的数据文件？单元 17 将介绍涉及的文件读写技术。

第四篇 网络编程

第四篇包括单元 18。计算机技术发展到现在，从应用服务器到 PC，再到手持设备，几乎都要通过网络连接。现在的应用软件，大都需要通过网络来进行通信。所以在单元 18 中，简单地引入 C#在网络编程中的应用，而更多的网络编程技术将在其他教材和课程中深入介绍，感兴趣的读者也可以参考其他资料自学。

本书所有案例均在 Visual Studio 2022 环境下编译通过。

由于本书篇幅有限，通常不能将代码完全列出。强烈建议读者多动手实践，可以运行、调试、修改、补充各个案例与练习。编程技能的训练目的是掌握足够多的语言细节以便完成有意义的程序。而真实软件开发项目中的代码，则需要更为周全的考虑，例如统一的编程风格、完善的注释和文档、各种修饰符的选择、方法的参数检查、完整的异常处理和防御编程、有弹性的类层次设计等，所有这些，都需要在编程练习中逐步掌握。

本书由向燕飞担任主编，魏菊霞、彭之军担任副主编。具体分工是：单元 1～14 由向燕飞编写，单元 15～16 由魏菊霞编写，单元 17～18 由彭之军编写。本书在出版过程中，得到了很多同仁以及清华大学出版社编辑的帮助和指导，谨向他们表示衷心感谢。

由于作者水平有限，书中欠妥之处在所难免，希望读者批评指正。有关本书的意见反馈和咨询，读者可在清华大学出版社网站的相关版块中与作者进行交流。

向燕飞

目录

第一篇　C#语言基础

第二篇 Windows 编程

第三篇 数据访问

第四篇 网络编程

第一篇　C#语言基础

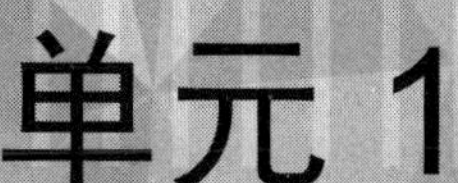

单元 1

我的第一个 C#程序

微课资源

扫一扫，获取本单元相关微课视频。

第一个 HelloWorld 程序

单元导读

本单元将对 C#的基础知识进行简要介绍，主要包括.NET Framework、开发环境和 C#语言以及使用 Visual Studio 创建项目等。

本单元的目的是让读者快速了解 C#的基本概念，并对 C#有一个基本的认识。

在学习任何一门新技术的过程中，最开始的部分都比较难理解，所以读者不必过于纠结本单元中的名词，只需简单了解即可。

学习目标

- 初步认识.NET，并了解它的组成和特点。
- 熟悉 Visual Studio .NET 开发环境，掌握使用它开发应用程序的步骤。
- 了解 C#程序的基本结构。
- 掌握如何编辑、编译和运行 C#应用程序。

1.1 案例描述

.NET 是目前最主流的一种软件开发技术。自微软 2000 年推出下一代互联网构想以来，伴随着 Microsoft .NET 平台的构建和实施，.NET 以其独有的高效开发特点、简单易行的版本控制等多方面的全新技术优势，迅速风靡北美各大企业，并深受全球开发者的喜爱。.NET 是世界上最大的软件公司——微软花费 300 亿美元精心打造的开发平台，可以开发 Web 程序、Windows 应用程序和 WAP 无线网络应用程序等，其在大型系统开发中的份额越来越重。

本案例中，我们来初步了解 C#和.NET。将编写一个应用程序，能根据用户输入的名字，显示“Hello, XXX, 欢迎来到 C#的世界！”欢迎词。运行结果如图 1-1 所示。

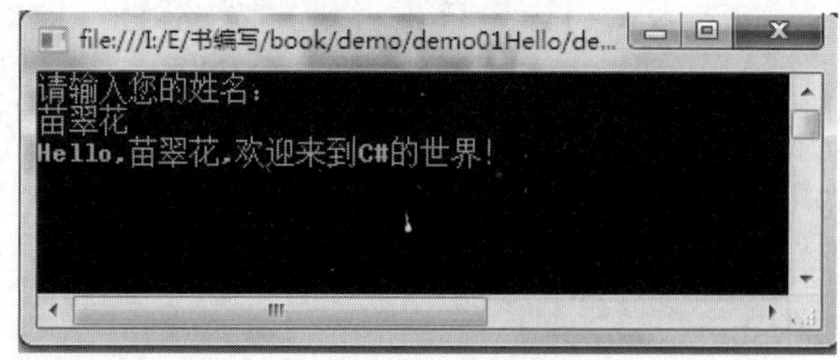

图 1-1 第一个程序

1.2 知识链接

1.2.1 .NET 概述

微软对.NET 的定义是：.NET is a revolutionary new platform, built on open Internet protocols and standards, with tools and services that meld computing and communications in new ways(.NET 拥有以新方式融合计算和通信的工具和服务，它是建立于开放互联网协议标准

上的革命性的新平台)。

.NET 框架(.NET Framework)是微软公司为了与 Sun/Oracle 公司的 Java(EE)竞争，于2000 年 6 月提出的一种新的跨语言、跨平台、面向组件的操作系统环境，适用于 Web 服务(Web Services)和因特网(Internet)分布式应用程序的生成、部署和运行。.NET 框架也是Windows Vista、Windows 7 和 Windows 8 等 Windows 操作系统的核心部件。

技术人员要想真正了解什么是.NET，必须先了解.NET 技术出现的原因和它想解决的问题。技术人员一般将微软看成一个平台厂商。微软搭建技术平台，而技术人员在这个技术平台之上创建应用系统。从这个角度看，.NET 也可以定义为：.NET 是微软的新一代技术平台，为敏捷商务构建互联互通的应用系统，这些系统是基于标准的、联通的、适应变化的、稳定的和高性能的平台。从技术的角度看，.NET 应用是一个运行于.NET Framework 之上的应用程序。

1.2.2　.NET Framework

.NET 平台主要包含的内容有.NET Framework、基于.NET 的编程语言及开发工具 Visual Studio 等，其体系结构如图 1-2 所示。

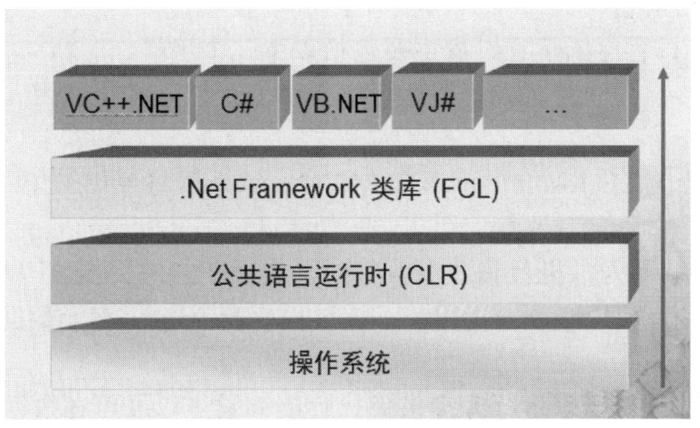

图 1-2　.NET 的体系结构

.NET 平台的基础和核心是.NET Framework，.NET 平台的各种优秀特性都要依赖它来实现。.NET Framework 包括两部分内容：一是 FCL(Framework Class Library，框架类库)；二是 CLR (Common Language Runtime，公共语言运行时)，也译作“公共语言运行库”。

1. FCL(框架类库)

从图 1-2 中可以看出，在.NET 平台上可以使用 C#、VB.NET 等多种语言来编写程序，不同的语言可以使用相同的 FCL。

FCL 为开发人员定义并提供了统一的、面向对象的、分层的和可扩展的类库集，其主要部分是 BCL(Base Class Library，基类库)。通过创建跨所有编程语言的公共API(Application Programming Interface)集，公共语言运行库使得跨语言继承、错误处理和调试成为可能。从 JScript、Visual Basic 到 Visual C++、C#、F#的所有编程语言(通过托管扩展)都具有对框架的相似访问，开发人员可以自由地选择它们要使用的语言。

相对于贫乏的 C++类库和丰富的 Java 类库，.NET 框架类库非常庞大，包含数百个命名空间、数千个类、接口。该库提供对系统功能的访问，是建立.NET 框架应用程序、组件和控件的基础。框架类库采用命名空间来组织和使用，如.NET 6.0 版的命名空间引用将使用新的隐式引用方式。

2. CLR(公共语言运行时)

与 Java 虚拟机(Java Virtual Machine，JVM)相似，CLR 也是一个运行时环境。CLR 负责内存分配和垃圾回收，也就是通常所说的资源分配，同时保证应用和底层系统的分离。总而言之，它负责.NET 库开发的所有应用程序的执行。

CLR 所负责的应用程序在执行时是托管的。托管代码带来的好处是支持跨语言调用、内存管理、安全性处理等。CLR 隐藏了一些与底层操作系统打交道的环节，使开发人员可以把注意力放在代码所实现的功能上。非 CLR 控制的代码即非托管(unmanaged)代码，如 C++等，这些语言可以访问操作系统的功能，直接进行硬件操作。

垃圾回收(Garbage Collection)是.NET 中一个很重要的功能，尽管这种思想在其他语言中也有实现。这个功能可以保证应用程序不再使用某些内存时，这些内存就会被.NET 回收并释放。这种功能被实现以前，这些复杂的工作主要由开发人员来完成，而这正是导致程序不稳定的主要因素之一。

一个典型的.NET 程序的运行过程主要包括以下几个步骤。

(1) 选择编译器。为获得公共语言运行库提供的优点，必须使用一个或多个针对运行库的语言编译器。

(2) 将代码编译为 Microsoft 中间语言(MSIL)。编译器将源代码翻译为 MSIL 并生成所需的元数据。

(3) 将 MSIL 编译为本机代码。在执行时，实时(JIT)编译器将 MSIL 翻译为本机代码。在此编译过程中，代码必须通过验证，该过程检查 MSIL 和元数据以查看是否可以将代码确定为类型安全。

(4) 运行代码。公共语言运行库提供使执行能够发生以及可在执行期间使用的各种服务的结构。

1.2.3 开发环境和 C#语言

1. Visual Studio 2022

Visual Studio 是目前最流行的 Windows 平台应用程序的集成开发环境，最新的版本是 Visual Studio 2022，其官方发布时给出的是“What’s new in Visual Studio 2022”，如图 1-3 所示，其特点如下。

(1) Visual Studio 2022 全面转换为 64 位的应用程序。

Visual Studio 2022 是目前为止最出色的 Visual Studio。64 位 IDE(Integrated Development Environment，集成开发环境)可更加轻松地处理更大的项目和更复杂的工作负载。每天执行的操作(如键入代码和切换分支)更加流畅，响应速度更快。

(2) 智能感知、智能编码。

在 Visual Studio 2022 中，微软融入了大量的人工智能因素，系统可以根据用户输入代码的内容、关键字等因素，自动提示下面的编码内容，用户只需要按一下 Tab 键，一长串代码就可以自动填充在方法中。

(3)　Hot Reload 热重载。

在 Visual Studio 2019 的 ASP.NET Core 项目中已经支持编码热重载，在 Visual Studio 2022 中增加了 C++开发的热重载。热重载目前支持 WPF、Windows Forms、ASP.NET Core、Console、C++等类型的应用程序。

(4)　支持.NET 6.0 / C# 10。

Visual Studio 2022 全面支持.NET 6.0，这个框架为网站应用、客户端应用和移动应用提供了统一的技术支持，同时支持 Windows 和 MacOS 平台；这个框架还支持 .NET 多平台的界面开发(Multi-platform APP UI，也称为.NET MAUI)。

这个跨平台的开发利器，为开发人员编写基于多种平台的应用(Windows、Android、MacOS、iOS)提供了便捷的途径。

本书的所有范例是在 Visual Studio 2022 Professional 环境下调试的。

What's new in Visual Studio 2022

Performance improvements

Build modern apps

Innovation at your fingertips

Designing for everyone

图 1-3　Visual Studio 2022 的新特性

Visual Studio、.NET Framework 和 C#不同的版本关系如表 1-1 所示。

表 1-1　Visual Studio、.NET Framework 和 C#版本

Visual Studio 版本	.NET Framework 版本	C#版本	C#版本发布日期
Visual Studio 2002	1.0	1.0	2002-02-13
Visual Studio 2003	1.1	1.5	2003-04-24
Visual Studio 2005	2.0	2.0	2005-11-07
Visual Studio 2008	3.5	3.0	2007-11-19
Visual Studio 2010	4.0	4.0	2010-04-12
Visual Studio 2012	4.5	5.0	2012-08-25
Visual Studio 2013	4.5、4.5.1	5.0	2013-10-17
Visual Studio 2015	4.6	6.0	2015-07-21
Visual Studio 2017	4.7	7.0	2017-03-07
Visual Studio 2019	4.8	8.0	2019-04-02
Visual Studio 2022	4.8、 6.0(长期支持)	9.0	2021-11-08

说明： C#版本是指 C#语言规范的版本。Visual C#版本是开发工具的版本，它是 Visual Studio 的一个组件。

安装 Visual Studio 2022 的过程如下。

(1) 从微软网站 https://visualstudio.microsoft.com/zh-hans/vs/根据需要选择版本，如图 1-4 所示，下载安装文件 VisualStudioSetup.exe，只有 2MB 大小，这是一个引导程序(Web Installer)。

图 1-4 选择下载的安装文件

下载完成后，双击运行，出现以下界面，单击“继续”按钮并等待下载和安装，如图 1-5 所示。

Visual Studio Installer

开始之前，我们需要设置某些选项，以便你配置安装。

若要了解有关隐私的详细信息，请参阅 Microsoft 隐私声明。
继续即表示你同意 Microsoft 软件许可条款。

图 1-5 单击“继续”按钮

启动之后，将看到安装界面变得更可视化了，共有四个选项卡，需注意以下选项卡。

① “工作负荷”选项卡。根据个人需求选择要安装的组件，如图 1-6 所示。

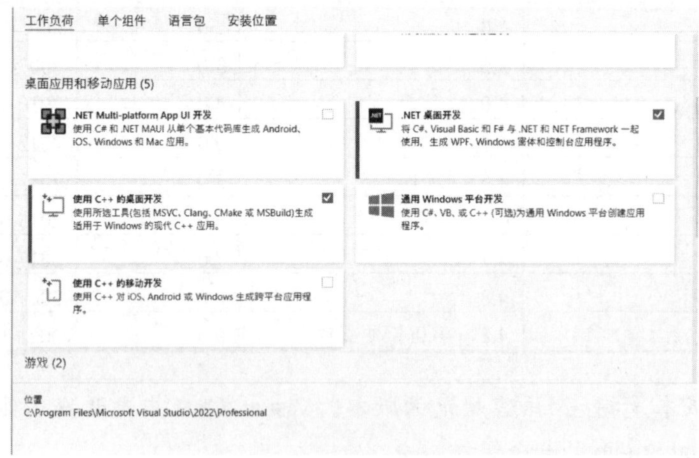

图 1-6 选择组件

② “语言包”选项卡。从中可以选择各种语言，这里我们选择简体中文。

更改默认安装路径(也可以不更改)，自定义安装路径时，注意所选路径的预留空间要充足，否则安装会失败，然后进行安装，如图 1-7 所示。

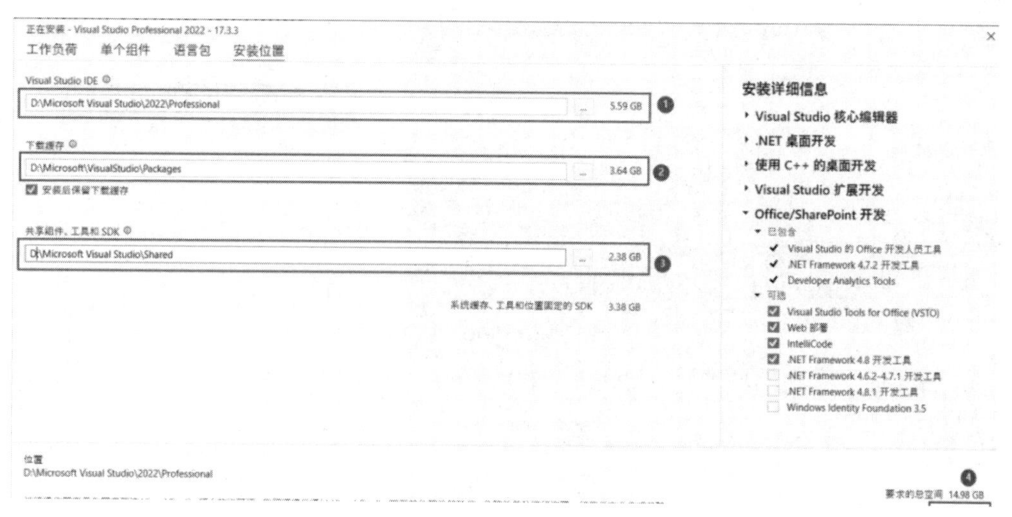

图 1-7　修改安装路径

(2) 进入下载和安装界面。安装过程中，Visual Studio 2022 会占用很多系统资源，所以最好不要开启太多其他软件，等待安装完成，如图 1-8 所示。

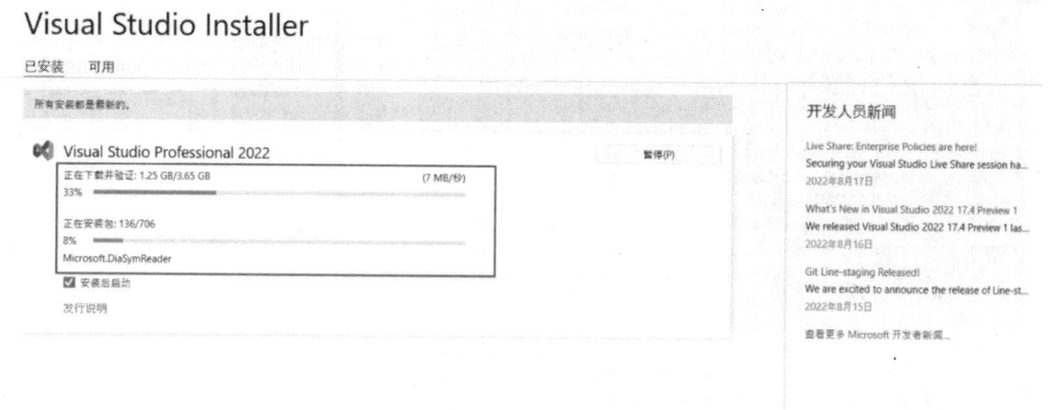

图 1-8　正在安装

(3) 等待全部程序及组件下载和安装完成后，就可以启动 Visual Studio 2022，这里选择暂时跳过登录步骤，如图 1-9 所示。

(4) 第一次打开 Visual Studio 2022 时，需要进行一些基本配置，如开发设置、选择颜色主题等，如图 1-10 所示。用户可以根据自己的需求进行设置。

由于 Visual Studio 引入了一种联网 IDE 体验，所以可以使用微软的账户登录，将会自动在采用联网 IDE 体验的设备上同步设置，包括快捷键、Visual Studio 外观(主题、字体)等各种类别。

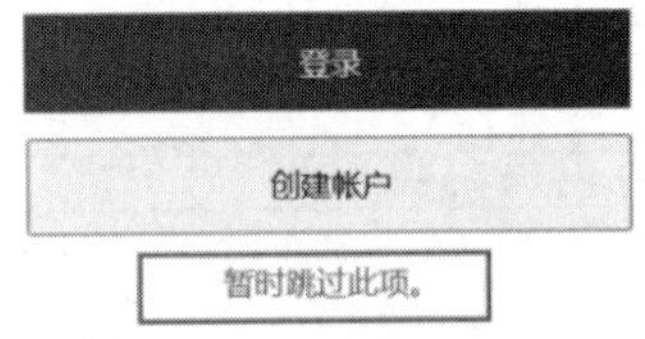

图 1-9　登录界面

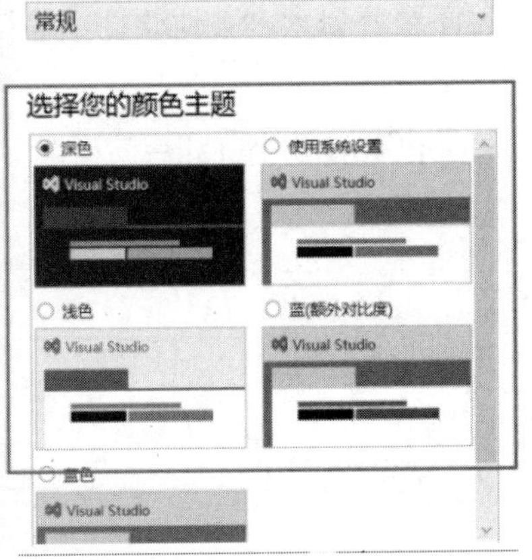

图 1-10　选择主题

2. C#语言

C#是微软公司发布的一种面向对象的、运行于.NET Framework 之上的高级程序设计语言，也是.NET 平台上最重要的语言之一。C#和.NET Framework 同时出现和发展。由于C#出现得比较晚，所以吸取了许多其他语言的优点，解决了许多问题。

C#与 Java 有着惊人的相似：它包括诸如单一继承、接口、与 Java 几乎同样的语法和编译成中间代码再运行的过程。但是 C#与 Java 有着明显的不同，它借鉴了 Delphi 的特点，与 COM(组件对象模型)是直接集成的，而且它是微软公司.NET Windows 网络框架的主角。

C#是由 C 和 C++衍生出来的面向对象的编程语言。它在继承 C 和 C++强大功能的同时，去掉了一些它们的复杂特性(例如没有宏以及不允许多重继承)。C#综合了 Visual Studio 简单的可视化操作和 C++的高运行效率，以其强大的操作能力、典雅的语法风格、创新的语言特性和便捷的面向组件编程的支持等特色成为.NET 开发的首选语言。

C#是面向对象的编程语言，它使得程序员可以快速地编写各种基于 Microsoft .NET 平台的应用程序，Microsoft .NET 提供了一系列的工具和服务来最大限度地开发利用计算与通信领域。

使用 C#，程序员可以创建传统的 Windows 客户端应用程序、XML Web 服务、分布式组件、客户端/服务器应用程序、数据库应用程序以及很多其他类型的程序。

1.2.4　使用 Visual Studio 创建项目

(1) 启动 Visual Studio 2022 后，默认出现如图 1-11 所示的界面。

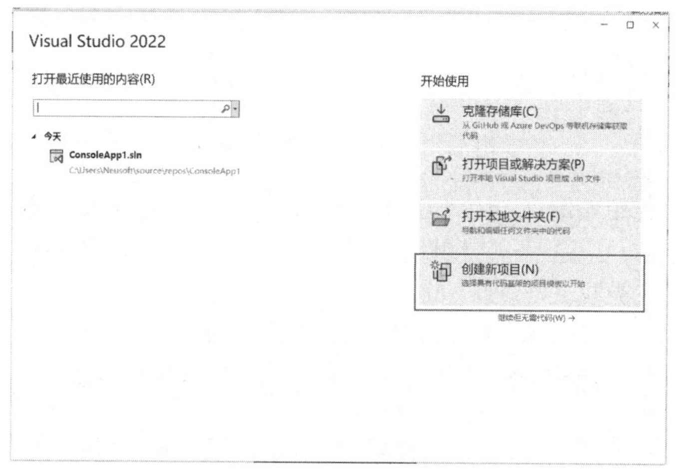

图 1-11　选择创建新项目

(2) 可以从丰富的模板库里选择要创建的项目类型，如图 1-12 所示。

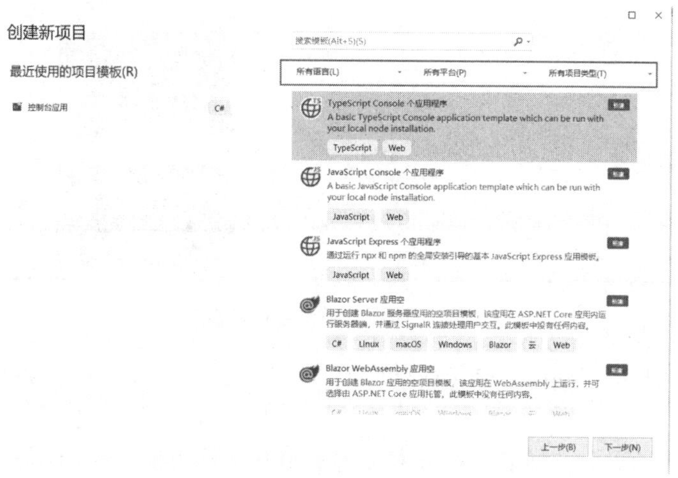

图 1-12　选择要创建的项目类型

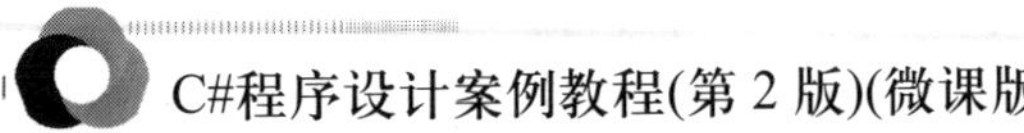

(3) 选择项目类型后，单击“下一步”按钮，进入如图 1-13 所示的界面，选择编程语言和平台。

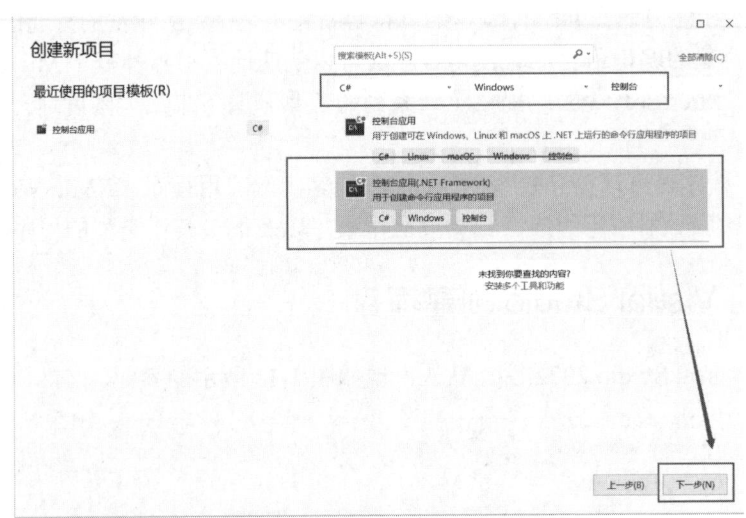

图 1-13　选择编程语言和平台

程序员也可以使用起始页中的“开始”→“新建项目”命令来创建新的项目，或者通过“文件”菜单中的“新建”→“项目”命令，如图 1-14 所示，同样可以打开图 1-12 所示的界面来选择项目类型。

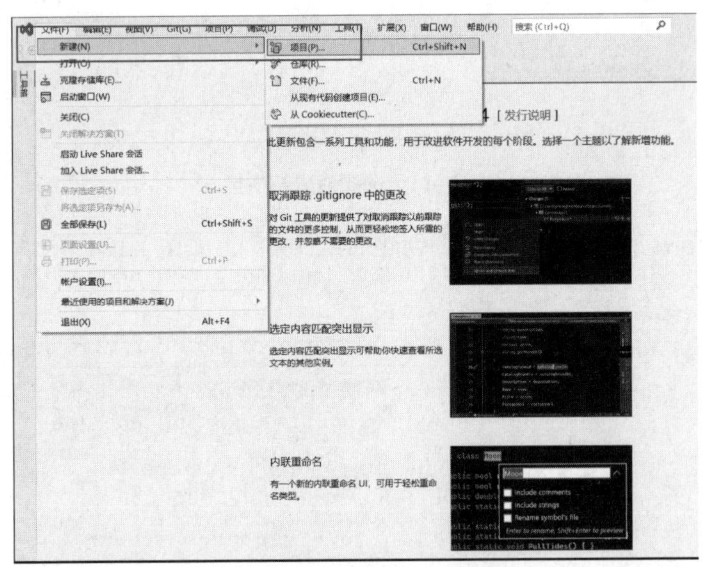

图 1-14　使用菜单命令创建新项目

在“配置新项目”界面中，可对项目名称、位置、解决方案、框架进行设置，如图 1-15 所示。

Visual Studio 的界面会随着所打开文件的类型动态地改变。图 1-16 和图 1-17 分别是创建控制台应用程序时的界面和窗体程序时的界面。

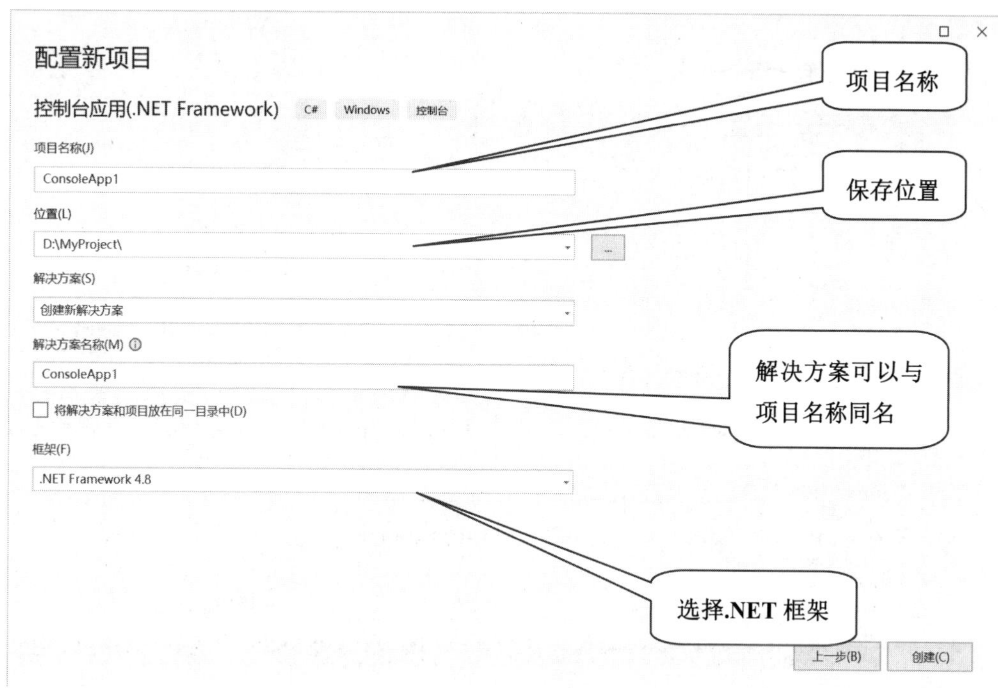

图 1-15　“配置新项目”界面

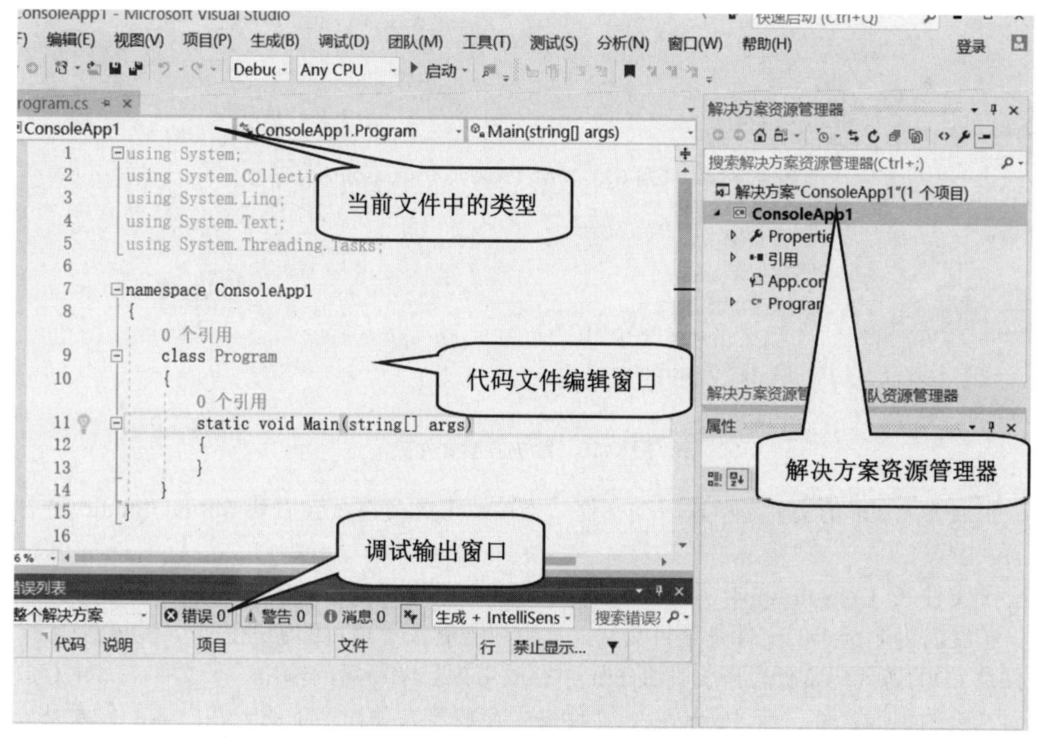

图 1-16　创建控制台应用程序时的界面

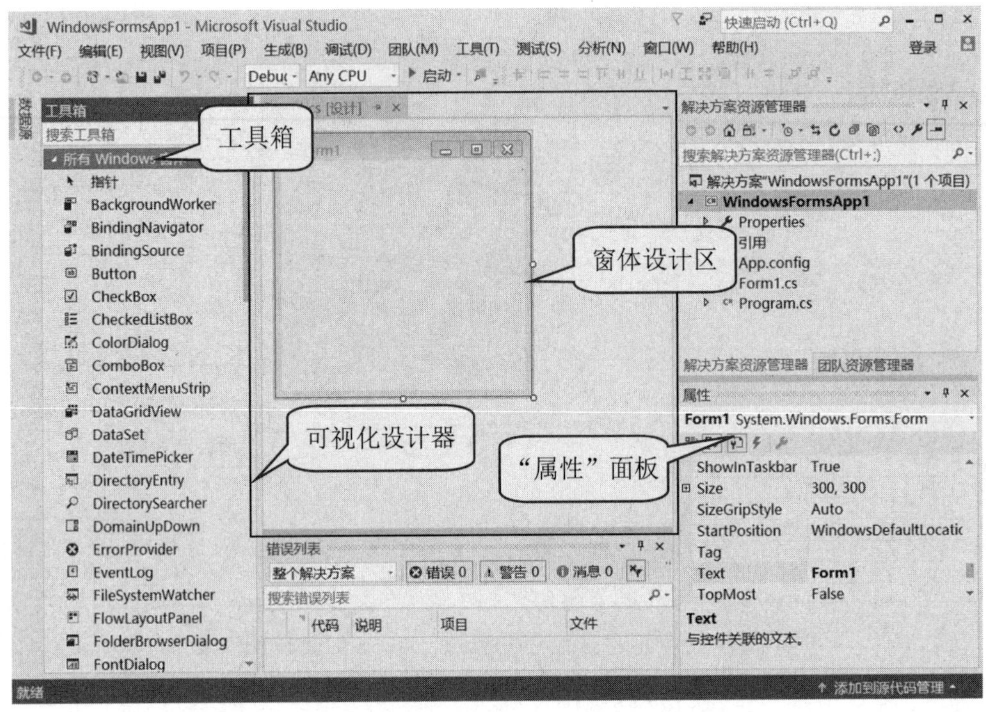

图 1-17　创建窗体程序时的界面

以控制台应用程序为例，在项目保存位置我们可以看到相应的文件和文件夹，如图 1-18 所示。

图 1-18　解决方案文件夹

扩展名为.sln 的文件是解决方案文件。直接双击此文件，会启动 Visual Studio 并打开该解决方案。

子文件夹 ConsoleApp1 是项目文件夹，其中存放着该项目的相关项。在这个文件夹下，扩展名为.csproj 的文件是项目文件，其中记载着关于项目的管理信息。扩展名为.cs 的文件是 C#的源代码文件。子文件夹 bin 中存放着项目编译后的输出。子文件夹 obj 存放编译时产生的中间文件。而 Properties 文件夹中存放着有关程序集的一些内容，主要是一个 AssemblyInfo.cs 文件，里面包含程序版本、信息、版权的属性文件。

1.2.5　C#程序结构

创建好一个控制台程序后，在 Visual Studio 的资源管理器中双击 Program.cs 文件，可以看到已经生成的程序框架，如图 1-19 所示。我们在 Main()方法下面的大括号里可编写自己的代码。

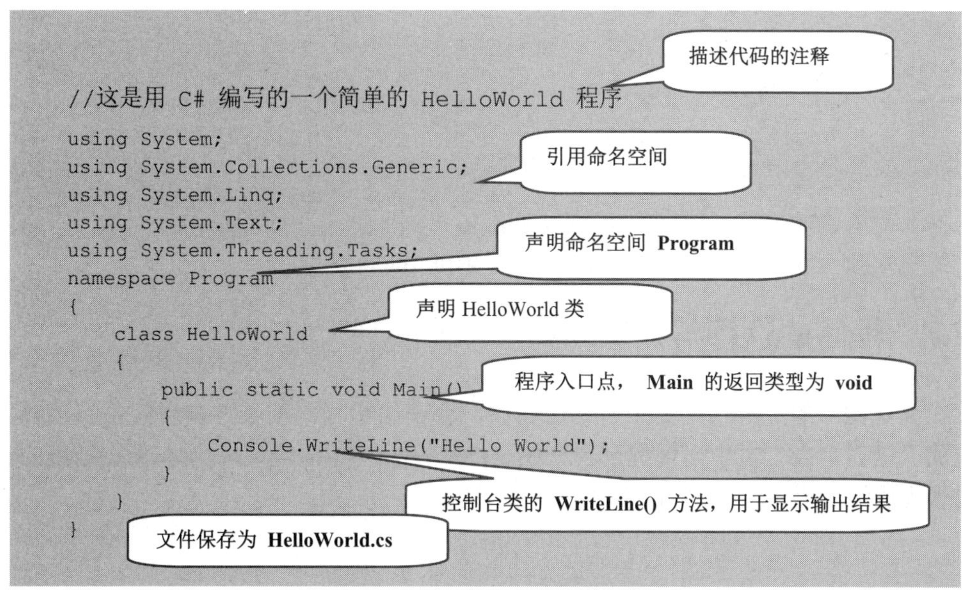

图 1-19　生成的程序框架

1.2.6　命名空间

命名空间是一种组织 C# 程序中出现的不同类的方式。命名空间在概念上与计算机文件系统中的文件夹有些类似。与文件夹一样，命名空间可使类具有唯一的完全限定名称。一个 C# 程序包含一个或多个命名空间，每个命名空间可以由程序员定义，也可以作为先前编写的类库的一部分定义。

例如，命名空间 System 包含 Console 类，该类包含读取和写入控制台窗口的方法。System 命名空间还包含许多其他命名空间，如 System.IO 和 System.Collections。

.NET Framework 本身有八十多个命名空间，每个命名空间有上千个类，命名空间被用来最大限度地减少名称相似的类型和方法引起的混淆。

如果在命名空间声明之外编写一个类，则计算机将为该类提供一个默认的命名空间。

若要使用 System 命名空间包含的 Console 类中定义的 WriteLine 方法，可使用以下代码行：

```
System.Console.WriteLine("Hello, World!");
```

记住要在 Console 类中包含的所有方法之前加上 System，这一做法让人觉得很烦琐，因此将 using 指令插入到 C#源文件的开头是个非常有用的方法：

```
using System;
```

使用 using System;后，就会假定处于 System 命名空间中，以后就可以这样编写代码：

```
Console.WriteLine("Hello, World!");
```

编写大型程序时，经常会用到命名空间。使用自己的命名空间可以对名称相似的方法和类型进行一定程度的控制。例如：

```
namespace AdminDept
class Manager
{
  long int salary;
  ...
}
...
```

```
namespace ITDept
class Manager
{
  long int salary;
  ...
}
...
```

以上都是 Manager 类的定义，但它们处于不同的命名空间中，当我们要引用这两个类时，应当分别写成 AdminDept.Manager 和 ITDept.Manager。

1.2.7 程序的运行与调试

在编写程序的过程中，如果有语法错误，会在出错代码的下方出现红色波浪线，并在下方的“错误列表”框中出现提示，如图 1-20 所示，C#语句是以分号“;”结束的，所以在错误列表框中提示“应输入 ;”。

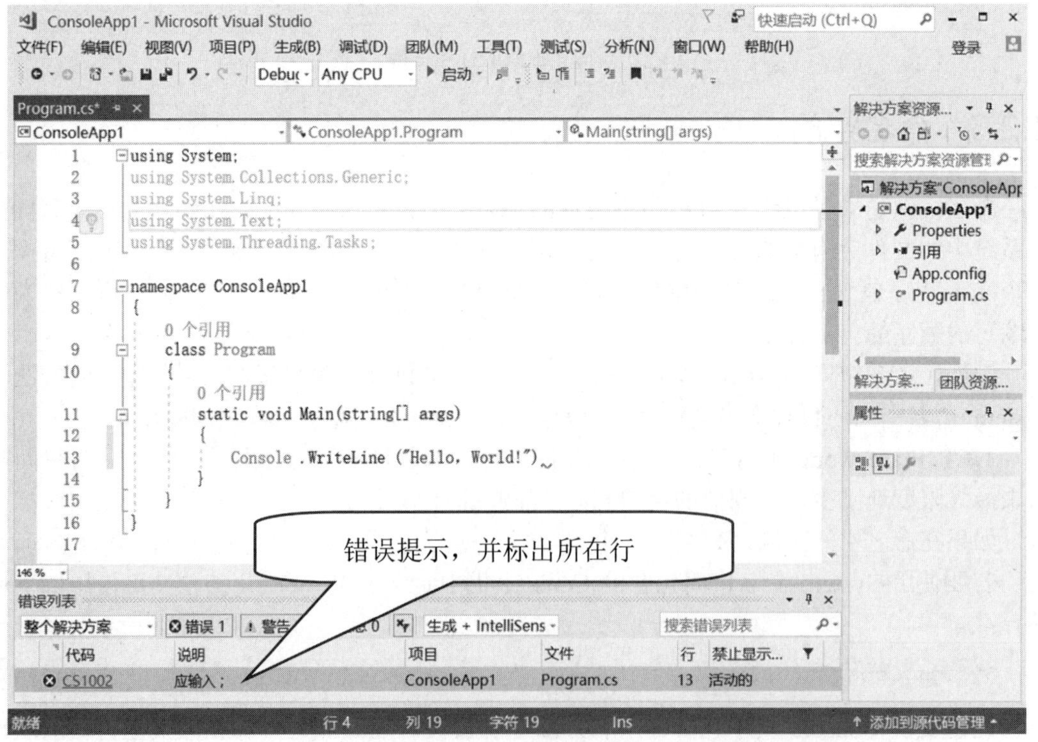

图 1-20 错误列表

更正后，便可以运行程序查看结果，运行的方式有以下两种。

(1) 单击 Visual Studio 工具栏中的“启动”按钮，如图 1-21 所示。

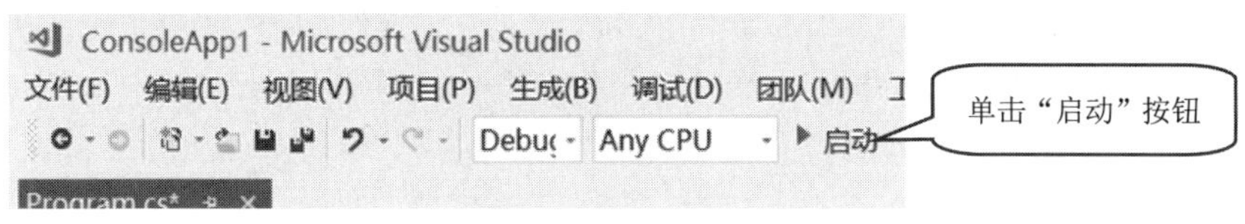

图 1-21　启动并运行程序

(2) 按快捷键 F5 可以直接运行程序。按快捷键 F11 可以逐语句来执行，方便追踪变量的变化。

更多的调试方法与技巧将在后面的单元中详细讲解。

1.2.8　了解 MSDN

MSDN(Microsoft Developer Network) Library 涵盖了微软全套产品线的技术开发文档和科技文献(部分包括源代码)，也包括一些 MSDN 杂志节选和部分经典书籍的节选章节。付费后，MSDN Library 可以在线订阅或者以脱机方式浏览。

MSDN 实际上是一个以 Visual Studio 和 Windows 平台为核心整合的开发虚拟社区，网址为 https://msdn.microsoft.com/zh-cn/，包括技术文档、在线电子教程、网络虚拟实验室、微软产品下载(几乎全部的操作系统、服务器程序、应用程序和开发程序的正式版和测试版，还包括各种驱动程序开发包和软件开发包)、Blog、BBS、MSDN WebCast、与 CMP 合作的 MSDN.HK 杂志等一系列服务。

MSDN 可以与 Visual Studio 一同安装，也可以单独安装。

1.3　案例分析与实现

1.3.1　案例分析

针对本单元所给出的案例，分析如下。

(1) 首先是显示“请输入您的姓名：”，用 Console 类的 WriteLine()方法实现。

(2) 控制台要接收用户输入的姓名，使用 Console 类的 ReadLine()方法。

(3) 在控制台打印输出“Hello, XXX, 欢迎来到 C#的世界！”，其中 XXX 是输入的姓名。C#中，Console.WriteLine()函数可以进行格式化输出，格式如下：

```
Console.WriteLine("格式字符串", 变量列表);
```

例如：

```
Console.WriteLine("我的课程名称是：{0}", course);
```

其中，{0}代表占位符，可依次使用{0}、{1}、{2}等，与参数列表中的多个参数对应。

例如：

```
Console.WriteLine("我叫{0},今年{1}岁了,我的工资是{2}元.",name,age,salary);
```

1.3.2 案例实现

案例的实现代码如下：

```
using System;
using System.Collections.Generic;
using System.Linq;
using System.Text;
using System.Threading.Tasks;

namespace demo01Hello
{
    class Program
    {
        static void Main(string[] args)
        {
            Console.WriteLine("请输入您的姓名：");
            string name = Console.ReadLine();
            Console.WriteLine("Hello,{0},欢迎来到 C#的世界！", name);
            Console.ReadKey();
        }
    }
}
```

说明： 结尾的 Console.ReadKey()语句的作用是等待键盘输入任意字符或字符串，退出程序，使调试时能看到输出结果。如果没有此句，控制台命令窗口会一闪而过。

程序运行后，就获得了本单元 1.1 节中的案例演示效果。

习　　题

1. 简答题

(1) 简述 C#与.NET 框架的关系。

(2) .NET Framework 的主要组件有哪些？它们的用途分别是什么？

(3) 可以通过 C#开发的应用程序有几种？分别是什么？

(4) Visual Studio 2022 开发环境中主要包含哪些窗口？

(5) 简述 Visual Studio 2022 集成开发环境中创建 Windows 应用程序的主要步骤。

2. 选择题

在 Visual Studio 中，从(　　)窗口可以查看当前项目的类和类型的层次信息。

A. 解决方案资源管理器　　B. 类视图

C. 资源视图　　D. 属性

单元 2

变量与数据类型

微课资源

扫一扫，获取本单元相关微课视频。

数据类型

变量与常量

单元导读

在单元 1 中，读者学习了第一个 C#应用程序，虽然只是简单地在控制台输出一句问候语，但它却充分体现了 Visual Studio 2022 的易用性及 C#语言的特点。理解了 C#的用途之后，就可以学习如何使用它。数据类型在数据结构中的定义是一个值的集合以及定义在这个值集上的一组操作。变量是用来存储值的所在处，具有名字和数据类型。变量的数据类型决定了如何将代表这些值的位存储到计算机的内存中。在声明变量时，也可指定它的数据类型。所有变量都具有数据类型，以决定能够存储哪种数据。

学习目标

- 理解 C#中的数据类型。
- 理解常量和变量的含义及用法。
- 理解数据类型转换的含义。

2.1 案 例 描 述

在银行系统中，保存了客户的相关信息，并可以对这些信息进行处理，其中包括客户账号、姓名、电话、家庭地址等。银行的实际客户因为主要的特点不同而被分为不同的类型，包括以使用支票为主的支票客户、以活期储蓄为主的储蓄账户客户等。我们用 C#来模拟银行系统中对客户各项详细信息的登记，并打印输出客户的基本信息。案例的运行结果如图 2-1 所示。

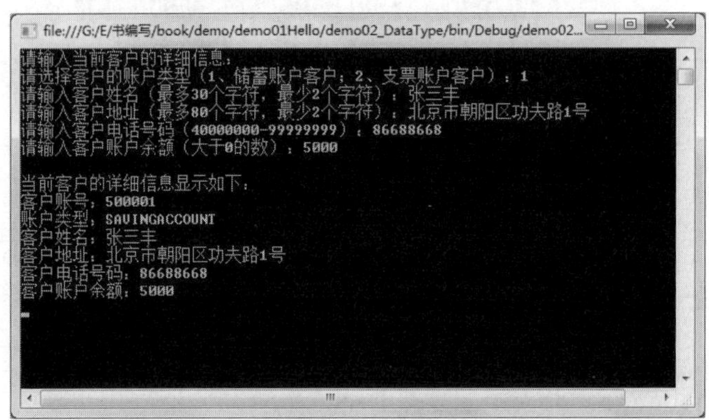

图 2-1　银行系统中客户信息的输入与输出

2.2 知 识 链 接

2.2.1 数据类型

数据就是数值，也就是我们通过观察、实验或计算得出的结果。数据有很多种，最简单的就是数值。数据也可以是文字、图像、声音等。数据可以用于科学研究、设计、查证等。在程序设计中，数据是程序的必要组成部分，是程序处理的对象。不同的数据有不同的数据类型，不同的数据类型有不同的数据结构和存储方式，并且参与的运算也不同。C#的数据类型采用了类似于 C 和 C++语言的数据类型表示形式，但又有所改进。

C#将所有的数据类型分为两大类：值类型和引用类型。

值类型直接包含数据。每个值类型变量都包含它自己的数据备份，因此对一个值类型变量的操作不会影响其他变量。引用类型包含指向对象实例的引用或指针。两个引用类型的变量可以指向同一个对象实例，因此对一个引用变量的操作会影响其他引用变量。可以通过下面的例子来加深对值类型和引用类型的理解。

假如把计算机的内存看作是一个储物间，里面有很多储物柜。对于值类型的数据，在内存里分配存储空间时，类似把物品直接存放在储物柜里。而对于引用类型的数据，则是在储物柜里存放物品存储的地址信息，不直接存储具体的物品，如果要用到该物品，就要先到相应的储物柜里查找物品存放的地址，再到相应地址去取该物品。

数据类型的分类如表 2-1 所示。

表 2-1　数据类型的分类

值 类 型	引用类型
数值	字符串
字符	数组
布尔	类
结构	接口
枚举	对象

1. 值类型

值类型通常用来表示基本类型。C#的值类型主要包括整数类型、布尔类型、实数类型、字符类型、结构类型和枚举类型等。表 2-2 列出了预定义的简单值类型。

表 2-2　预定义的简单值类型

名　称	CTS 类型	说　明	范　围
sbyte	System.Sbyte	8 位有符号整数	-2^{7}～$2^{7}-1$
short	System.Int16	16 位有符号整数	-2^{15}～$2^{15}-1$
int	System.Int32	32 位有符号整数	-2^{31}～$2^{31}-1$
long	System.Int64	64 位有符号整数	-2^{63}～$2^{63}-1$
byte	System.Byte	8 位无符号整数	0～$2^{8}-1$
ushort	System.Uint16	16 位无符号整数	0～$2^{16}-1$
uint	System.Uint32	32 位无符号整数	0～$2^{32}-1$
ulong	System.Uint64	64 位无符号整数	0～$2^{64}-1$
float	System.Single	32 位单精度浮点数	$\pm1.5\times10^{-45}$～$\pm3.4\times10^{38}$(大致)
double	System.Double	64 位双精度浮点数	$\pm5.0\times10^{-324}$～$\pm1.7\times10^{308}$(大致)

续表

名　称	CTS 类型	说　明	范　围
decimal	System.Decimal	128 位高精度十进制数	$\pm1.0\times10^{-28}\sim\pm7.9\times10^{28}$(大致)
bool	System.Boolean	true 或 false	—
char	System.Char	单个 Unicode 字符	—

为了避免因为数据类型选择不当造成的程序错误，一定要综合考虑数据的范围及符号，选择合适的数据类型，在保证不出错的前提下做到节约存储空间。

例如，要存储人的年龄，就可以将存储年龄的变量数据指定为 byte 类型。因为 byte 型的变量所能表示的值的范围为 0～255。这个值范围能很好地表示人的年龄，并且所占的内存空间只有 1 个字节，存储空间最小。而 sbyte 类型的数据能存储-128～127 的数据，负数对于人的年龄来说，没有实际意义。

如果要让计算机处理带小数的数据，就要用到 float 数据类型或 double 数据类型，也叫作浮点类型。从表 2-2 中可以看出，浮点类型的数据有更高的精度，但是会占用更多的内存空间。

注意： 应该注意区分浮点类型和数学中的实数。数学中的实数是连续的数据，有着严格的计算公式，而浮点数并非如此。

decimal 类型的数据是高精度的数据类型，占用 16 个字节，主要是为了满足需要高精度的财务和金融方面的计算。后面必须跟 m 或者 M 后缀，来表示它是 decimal 类型的，如 3.15m、0.35M 等，否则就会被视为标准的浮点类型数据，导致数据类型不匹配。

在 C#中，可以通过给数值常数加后缀的方法来指定数值常数的类型，例如：

```
137f              //代表 float 类型的数值 137.0
137u              //代表 uint 类型的数值 137
137.2m            //代表 decimal 类型的数值 137.2
137.22            //代表 double 类型的数值 137.22
137               //代表 int 类型的数值 137
```

C#中的字符类型数据采用 Unicode 字符集，类型标识符是 char，因此也称为 char 类型。凡是在单引号中的一个字符，就构成一个字符常数，例如：

```
'a'、'o'、'*'、 '9'
```

在表示一个字符常数时，单引号内的有效字符必须有且只能有一个，并且不能是单引号或者反斜杠(\)等。

为了表示单引号和反斜杠等特殊的字符常数，提供了转义字符，在需要表示这些特殊常数的地方，可以使用转义字符来替代。常用的转义字符如表 2-3 所示。

例如要向控制台输出“I'm a Chinese”，可以编写如下代码：

```
Console.WriteLine("I\'m a Chinese");        //在输入单引号时用到了\'转义字符
```

表 2-3　常用的转义字符

转义字符	含　义
\'	单引号
\"	双引号
\\	反斜杠
\0	空
\a	警告
\b	退格
\f	换页
\n	换行
\r	回车
\t	水平制表符
\v	垂直制表符

为了能表示更多的字符编码，C#用 16 位的 Unicode 字符集，可以编码 65535 个字符。一些大的符号系统(如中文)中的每个字符都能被编码，常见的 ASCII 编码则是用一个字节的低 7 位(高位为 0)进行编码，可以表示 128 个字符。ASCII 编码集是 Unicode 的一个子集。

布尔类型是用来表示真和假这两个概念的。布尔类型表示的逻辑变量只有两种取值："真"和"假"。在 C#中，分别用 true 和 false 两个值来表示。例如：

```
bool b1 = true;
bool b2 = false;
```

C#中的布尔类型对应于 System.Boolean 结构。虽然只有两个取值，但它占 4 个字节。

说明： 布尔类型和其他数值之间不存在任何对应关系。不能认为整数 0 是 false，其他值是 true，这是和 C 以及 C++的区别。故 bool x=1 是错误的。

当在程序设计中需要定义一些具有整型赋值范围的变量(如星期、月份等)时，可以用枚举类型来定义。枚举就是将变量所能赋的值一一列举出来，给出一个具体的范围。

枚举类型用关键字 enum 来说明，定义如下：

```
enum 枚举名
{
枚举常量 1[-整型常数],
枚举常量 2[=整型常数],
...
枚举常量 n[=整型常数],
};
```

下面是一个定义枚举类型的例子：

```
enum WeekDay
{Sun,Mon,Tue,Wed,Thu,Fri,Sat};
```

上面的语句定义了一个名称为 WeekDay 的枚举类型，它包含 Sun、Mon、Tue、Wed、Thu、Fri、Sat 这 7 个枚举成员。有了上述定义，WeekDay 本身就成了一个类型说明符，此后就可以像常量那样使用这些符号。

注意： 两个枚举成员不能完全相同。

在定义的枚举类型中，每一个枚举成员都有一个相对应的常量值，如前面定义的名为 WeekDay 的枚举类型中，其枚举成员 Sun、Mon、Tue、Wed、Thu、Fri 和 Sat 在执行程序时，分别被赋予整数值 0、1、2、3、4、5 和 6。

对于枚举成员对应的常量值，默认情况下，C#规定第 1 个枚举成员的值取 0，它后面的每一个枚举成员的值自动加 1 递增。

在编写程序时，也可根据实际需要为枚举成员赋值。

每个枚举成员都有一个与之对应的常量值，在定义枚举类型时，可以让多个枚举成员具有同样的常量值，例如：

```
enum color
{yellow,brown=2,blue,red=blue,black};
```

其中，yellow 对应整数 0，brown 对应整数 2，blue 对应整数 3，red 对应整数 3，black 对应整数 4。

定义了枚举型变量后，可以给枚举类型变量赋值，需要注意的是，只能给枚举变量赋枚举常量，或把相应的整数强制为枚举类型再赋值。

例 2-1 定义一个表示星期的枚举类型，输出枚举变量的值。代码如下：

```
namespace demo02_enum
{
    class Program
    {
        enum week
        {
            Sunday = 7, Monday = 1, Tuesday, Wednesday,
            Thursday, Friday, Saturday
        }
        static void Main(string[] args)
        {
            week w;
            w = week.Monday;
            w = (week)2;
            w = (week)(w + 2);
            Console.WriteLine("Today is " + w + ".");
            Console.ReadKey();
        }
    }
}
```

程序运行结果如图 2-2 所示。

图 2-2　表示星期的枚举类型

利用上面介绍过的简单类型，进行一些常用的数据运算、文字处理似乎已经足够了。但是会经常遇到一些更为复杂的数据类型。比如，通信录的记录中可以包含他人的姓名、电话和地址。如果按照简单类型来管理，每一条记录都要存放到 3 个不同的变量中，这样工作量很大，也不够直观。有没有更好的办法呢？

在实际生活中，经常会把一组相关的信息放在一起。编程时，把一系列相关的变量组织成为一个单一实体的过程，称为生成结构的过程。这个单一实体的类型就叫作结构类型。结构类型的变量采用 struct 进行声明。例如，可以定义通信录记录结构，代码如下：

```
struct PhoneBook
{
    public string name;
    public string phone;
    public uint age;
    public string address;
}
PhoneBook p1;
```

上面声明的 p1 就是一个 PhoneBook 结构类型的变量。public 表示对结构类型的成员的访问权限，有关访问的细节问题，我们将在后续单元中详细讨论。对结构成员的访问通过结构变量名加上访问符“.”和成员的名称来实现。

例 2-2　定义一个表示学生基本信息的结构类型。代码如下：

```
namespace demo02_struct
{
    class Program
    {
        struct Student
        {
            public int stuNo;
            public int age;
            public double score;
        }

        static void Main(string[] args)
        {
            Student Tom;
            Tom.stuNo = 168;
            Tom.age = 20;
            Tom.score = 93;

            Console.WriteLine("Tom's info:");
            Console.WriteLine("No: " + Tom.stuNo);
            Console.WriteLine("Age: " + Tom.age);
```

```
            Console.WriteLine("Score: " + Tom.score);
            Console.ReadKey();
        }
    }
}
```

程序运行结果如图 2-3 所示。

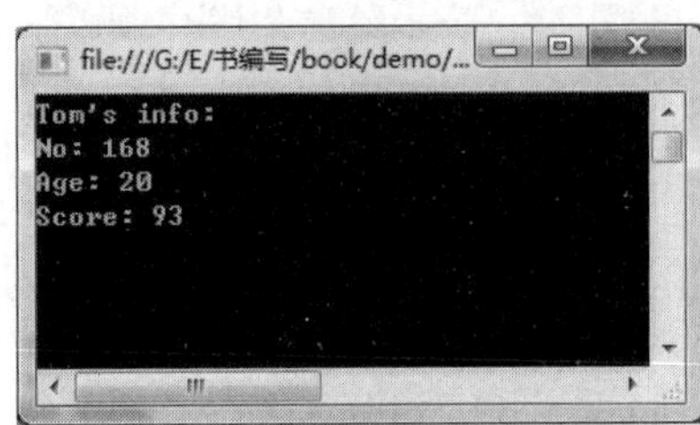

图 2-3　用结构类型表示学生信息

2. 引用类型

引用类型的变量又称为对象，可以存储对实际数据的引用。C#支持两种引用类型，如表 2-4 所示。

表 2-4　预定义的简单引用类型

名　称	CTS 类型	说　明
object	System.Object	根类型，CTS(Common Type System)中的其他类型都是由它派生来的
string	System.String	Unicode 字符串

在 C#的统一类型系统中，所有类型(预定义类型、用户定义类型、引用类型和值类型)都是直接或间接从 System.Object 继承的。这是 C#的一个重要特性。

string 类型表示由零或更多 Unicode 字符组成的序列，它等同于.NET 中的 System.String 类，该类提供了很多内置方法，可以轻松地实现对字符串的一些基本操作。

说明： string 类型是一个引用类型，该类型数据保存在堆上。因此，当把一个字符串变量赋值给另一个字符串时，会得到对内存中同一个字符串的两个引用。

例 2-3　判断字符串是否相等。代码如下：

```
namespace demoIsStringEqual
{
    class Program
    {
        static void Main(string[] args)
        {
            string a = "hello";        //声明 string 类型变量 a
            string b = a;              //将 a 赋予 b，实际上是将 a 的引用地址赋给 b
            string c = "h";            //声明 string 类型变量 c
            c += "ello";
            //比较两个引用是否相等
            Console.WriteLine((object)a == (object)b);
            Console.WriteLine((object)a == (object)c);
```

```
            //比较 a、c 两个对象的值是否相等
            Console.WriteLine(a == c);

            Console.ReadKey();
        }
    }
}
```

本例判断字符串是否相等，声明了三个 string 类型的变量。先将变量 a 初始化为字符串“hello”，再将 a 赋值给 b，这时，实际上是把变量 a 的引用赋给了 b，也就是说，赋值完成后，a 和 b 是指向同一个地址的。然后声明 string 类型变量 c，虽然它的字面量也是“hello”，不过，它和 a、b 不是指向同一地址。程序运行结果如图 2-4 所示。

图 2-4 例 2-3 的程序运行结果

从输出结果可以看出，变量 a 和 b 是指向同一个地址的，c 则不同，它是重新声明的一个字符串变量，有自己的地址，这个地址不同于 a 里存储的地址信息。

说明： 尽管 string 是引用类型，但定义相等运算符(==)是为了比较 string 对象(而不是引用)的值。这使得对字符串相等性的测试更为直观。

2.2.2 常量与变量

1. 常量

常量是指基于可读格式的固定数值，在程序的运行过程中其值是不可改变的。 通过关键字 const 来声明常量，格式如下：

```
const 类型标识符 常量名 = 表达式;
```

例如：

```
const double PI = 3.14159265;
```

上面的语句定义了一个 double 类型的常量 PI，它的值是 3.14159265。

定义常量时，表达式中的运算符对象只允许出现常量，不能有变量。例如：

```
int a = 20;
const int b = 30;
const int c = b + 25;         //正确，因为 b 是常量
const int k = a + 45;         //错误，表达式中不允许出现变量
c = 150;                      //错误，不能修改常量的值
```

2. 变量

C#是一种“强类型”编程语言，在声明变量时必须指明它的数据类型。声明变量的作用之一是告诉编译器要为变量分配多少内存空间。比如要将一个物品存进储物间，应该事先让保管员知道这个物品有多大，以便分配合适大小的储物柜。大了会浪费空间，小了东西放不下，会造成不必要的错误。变量是存储数据的一个基本单元，主要有变量名、变量类型和变量值三个方面的含义，可以用如图 2-5 所示的对应例子来帮助理解。变量就像房间一样，通过内存中小房间的别名找到数据存储的位置。

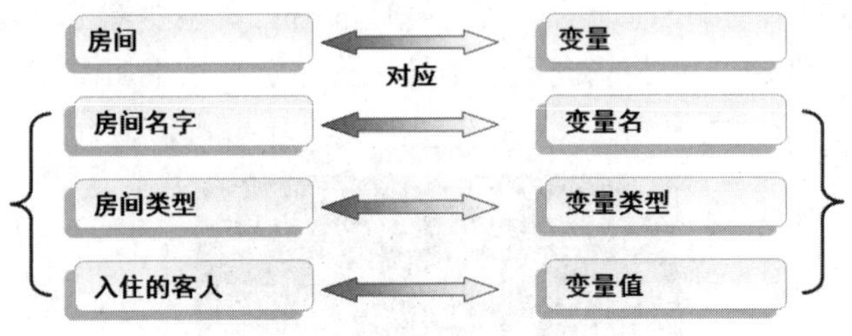

图 2-5 变量的含义

声明变量的格式如下：

```
数据类型 变量名;
```

例如，下面的代码声明一个 int 类型的变量 i：

```
int i;
```

变量声明后，可在程序运行中给变量赋值，或者可以在声明的时候给变量赋初值。一个变量声明以后可以多次赋值。

在初始化时为变量赋值采用下面的格式：

```
数据类型 变量名 = 初始值;
```

例如：

```
double total = 34.3D;
```

注意： 给 double 数据类型赋值的时候，可以在数值后面加 d 或 D 表示，而 float 类型用 f 或 F 表示，decimal 类型用 m 或 M 表示。

如果在一个语句中声明和初始化多个变量，那么所有的变量都具有相同的数据类型，例如：

```
int x=10, y=20;      //x 和 y 都有相同的数据类型 int，但是它们的值不同
```

给 bool 数据类型赋值要用 true 或 false，例如：

```
bool validateInput = true;
```

变量的初始化是 C#强调安全性的另一个方面。C#编译器需要用某个初始值对变量进行初始化，之后才能在操作中引用该变量。例如下面的一段语句，声明了两个变量 i 和 j，

并将 i 初始化成 12，再将 i 和 j 相加，把结果存入 i 中：

```
int i, j;    //定义变量
i = 12;      //给变量赋值
i = i + j;
```

在编译时，会有错误提示：使用了未赋值的局部变量 j，要消除这种错误，只需要给 j 一个明确的赋值就可以了，比如为 j 赋值 10。

3. 变量的命名规范及编码规则

在 C#中，对变量的命名有一些限制，规则如下。

- 变量名必须以字母或下划线开头。
- 变量名只能由字母、数字、下划线组成，不能包含空格、标点符号等，且不能由数字开头。
- 变量名不得与 C#中的关键字同名。
- 变量名不得与 C#中的库函数同名。

下面给出一些合法和不合法的变量名：

```
string 3str;              //不合法，以数字开头
float total count;        //不合法，变量名包含空格
int prod2;                //合法
double Main;              //不合法，与 Main 函数同名
double float;             //不合法，float 是关键字，不能用作变量名
```

关键字也被称为保留字，是 C#中有特殊用途的一些英文单词，不能再用作标识符。根据关键字的不同，其用途也不同，这其中既有用于声明变量的类型别名(如 int、float)，也有用于表示特定语句的关键字(如 if、while 等)。本书的后续部分将逐渐学习大部分关键字的用法。

C#中的标识符不能与关键字相同，但是可以使用“@”前缀来避免这种冲突。例如：

```
@while
while
```

上面两个标识符中，第一个标识符是合法的，而第二个标识符不合法，因为 while 是关键词。

除了合法性之外，还要考虑变量名的清晰性。对变量的命名最好能做到见名知意。一个好的变量名，能让人很快地知道这个变量的作用。比如，用来表示售货员的标识符使用 salesman 比用 people 更容易理解。

多数变量命名采用 Camel(骆驼)命名方法，即首字母小写后，其后续每个单词的首字母均大写。例如，下面的变量名就是用 Camel 命名方法来命名的：

```
string stuName;
float totalCount;
int productId;
```

说明： 变量名、类名、方法名等都有不同的命名约定，包括 Camel 命名法、Pascal(帕斯卡)命名法等。

2.2.3 数据类型间的转换

不同的数据有不同的数据类型，那么，不同的数据类型之间可以转换吗？答案是肯定的。

所有值类型和引用类型都由一个名为 object 的基本类发展而来。在 C#中还可以通过隐式转换(不会造成数据丢失)或显式转换(可能会造成数据丢失或精确度降低)来改变数据类型。

1. 装箱和拆箱

任何值类型、引用类型都可以和 object 类型进行转换。装箱是值类型到 object 类型或到此值类型所实现的任何接口类型的隐式转换，拆箱是从 object 类型到值类型或从接口类型到实现该接口的值类型的显式转换。简言之，装箱就是将值类型转换为引用类型；反之就是拆箱。

例 2-4 简单的装箱操作。代码如下：

```
namespace demo02_BoxingExample
{
    class Program
    {
        static void Main(string[] args)
        {
            int i = 10;
            object obj = i;                 //隐式装箱
            object obj2 = (object)i;        //显式装箱
            if(obj is int)                  //is 运算符检查对象是否与特定的类型兼容
            {
                Console.WriteLine("OK");
            }
            Console.WriteLine(obj.GetType());  //返回当前对象的类型
            Console.ReadKey();
        }
    }
}
```

程序运行结果如图 2-6 所示。

说明： 要判断对象是否与某个给定的类型兼容，用 is 运算符；如果要返回一个类型的字符串，可以用 object 类的 GetType()方法。

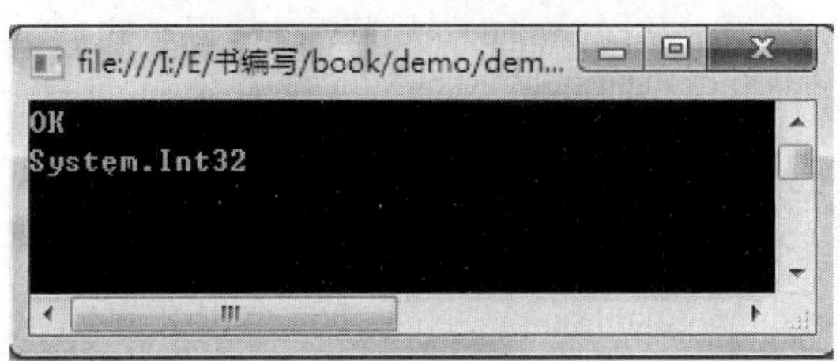

图 2-6 装箱操作

拆箱是装箱的逆过程。一般拆箱过程分为两步：首先，检查这个对象实例，看它是否为给定的值类型的装箱值；然后，把这个实例的值赋给值类型的变量。比如：

```
int i = 10;
object obj = i;           //隐式装箱
int j = (int)obj;         //拆箱
```

注意： 在拆箱时，必须非常小心，要确保得到的值变量有足够的空间存储拆箱值中的所有字节。

在实现拆箱的时候，如果待拆的对象无法转换为给定的值类型，则会引发异常。比如下面的代码，long 类型无法转换为 int 类型，就会发生异常：

```
long i = 1234567;
object j = (object)i;         //装箱
int k = (int)j;               //在拆箱时会发生异常
```

2. 隐式转换

隐式转换是系统默认的，不需要声明就可以进行转换。

在隐式转换过程中，编译器不需要对转换进行详细的检查就能安全地执行转换，比如从 int 类型转换为 long 类型就是一种隐式转换。隐式转换一般不会失败，转换过程中也不会导致信息丢失。方法如下：

```
int a = 10;            //a 为整型数据
long b = a;            //b 为长整型数据
double c = a;          //c 为双精度浮点型数据
```

3. 显式转换

显式转换又称为强制类型转换，与隐式转换相反，显式转换需要用户明确地指定转换类型。显式转换可以将一种数值的数据类型强制转换成另一种数值的数据类型，其格式如下：

```
(类型标识符)表达式
```

上面表达式的含义为：将表达式值的类型转换为类型标识符的类型。例如：

```
(int)5.17              //把 double 类型的 5.17 转换成 int 类型
```

如果需要在数字和字符串之间转换，则不能使用上面的强制转换表达式，而需要使用.NET 架构提供的 ToString 和 Parse 方法。

整型、浮点型、字符型和布尔类型都对应地有一个结构类型，该结构类型中提供了 Parse 方法，可以把 string 类型转换成相应的类型。

例如，要把 string 类型转换成 int 类型，则使用相应的 int.Parse(string)方法，例如：

```
string str = "123";
int i = int.Parse(str);
```

则 i 的值为 123。

注意： 如果不能将指定的字符串转换成数值类型，如要把字符串“你好”转换成整数，Parse 方法会自动抛出异常。

计算后的数据如果要以文本的方式输出，如在文本框中显示计算后的数据，则需要将数值数据转换成 string 类型，转换方法是执行 ToString()方法。例如：

```
int j = 5 * 8;
string str = "5 * 8 的积是: " + j.ToString();
```

除了使用相应类的 Parse()方法之外，还可以使用 System.Convert 类的对应方法将数字转换为相应的值。例如上述例子也可以写成：

```
string str = "123";
int i = Convert.ToInt32(str);

int j = 5 * 8;
string str = "5 * 8 的积是: " + Convert.ToString(j);
```

Convert 类用于类型转换，它具有许多类型转换方法，可用于将一种类型转换为另一种类型。更多方法可以通过 IDE 查看 Convert 类的成员。

2.2.4 DateTime

DateTime 是.NET 框架类库的预定义类，它用于处理日期和时间。下面通过示例来学习它的基本用法。

例 2-5 用户输入一个日期，要求输出这个日期是星期几和在这一年中的第几天。代码如下：

```
namespace demo02_DateTime
{
    class Program
    {
        static void Main(string[] args)
        {
            //声明一个 DateTime 类型的变量，用于存放用户输入的日期
            DateTime dt;
            Console.WriteLine("请输入日期: (例如:2000-01-01 或 2000/01/01)");
            //把输入的日期字符串转换成日期格式类型
            dt = DateTime.Parse(Console.ReadLine());
            //因为 DayOfWeek 返回的是 0、1、2、3、4、5、6,
            //分别对应的是日、一、二、三、四、五、六
            //Substring 是检索字符串并返回匹配的指定长度的子字符串
            string str = "日一二三四五六".Substring((int)dt.DayOfWeek, 1);
            Console.WriteLine(
              "{0}年{1}月{2}日是星期{3}", dt.Year, dt.Month, dt.Day, str);
            Console.WriteLine("{0}年{1}月{2}日是这一年的第{3}天",
              dt.Year, dt.Month, dt.Day, dt.DayOfYear);
            Console.WriteLine("{0}是星期{1}", dt.ToShortDateString(), str);
            Console.WriteLine(
              "{0}是这一年的第{1}天", dt.ToLongDateString(), dt.DayOfYear);
```

```
            Console.ReadKey();
        }
    }
}
```

程序运行结果如图 2-7 所示。

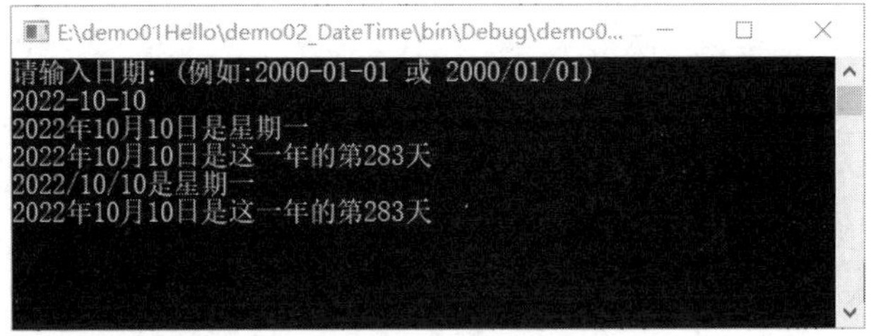

图 2-7　利用 DateTime 来计算天数

例 2-6　显示当前日期和时间的不同格式。代码如下：

```
namespace demo02_DateTime
{
    class Program
    {
        static void Main(string[] args)
        {
            //以不同的格式显示当前日期和时间
            Console.WriteLine(
              "现在时间是：{0}", DateTime.Now.ToString("yyyy-M-d H:m:s"));
            Console.WriteLine("现在时间是：{0}",
              DateTime.Now.ToString("yyyy-MM-dd HH:mm:ss"));
            Console.WriteLine(
              "现在时间是：{0}", DateTime.Now.ToString("yyyy-MM-dd"));

            Console.WriteLine("短日期字符串表示现在时间是：{0}",
              DateTime.Now.Date.ToShortDateString());
            Console.WriteLine("长日期字符串表示现在时间是：{0}",
              DateTime.Now.Date.ToLongDateString());

            Console.ReadKey();
        }
    }
}
```

程序运行结果如图 2-8 所示。

图 2-8　显示当前日期和时间的不同格式

2.3 案例分析与实现

2.3.1 案例分析

针对本单元所给出的案例，分析如下。

(1) 因为需要处理至少两种客户类型，所以定义一个 CUSTOMERCATEGORY 枚举类型，用于表示客户的账号类型。在其中列举两个枚举常量：SAVINGACCOUNT 和 CHECKINGACCOUNT，分别表示储蓄账户客户和支票账户客户。

(2) 定义结构体类型 Customer，用于表示客户的账户信息，包含结构体成员变量。

(3) 定义表示当前可用客户账号的变量、表示客户姓名的变量、表示客户地址的变量、表示客户电话号码的变量、表示客户账号余额的变量，为它们确定合理的数据类型。

(4) 当创建一个新的客户账号时，则定义一个结构体 Customer 的变量，由控制台输入当前客户的各项信息，按需求执行数据类型的转换和数据处理，并将输入的客户信息打印输出。

2.3.2 案例实现

案例的实现代码如下：

```
namespace demo02_DataType
{
    class Program
    {
        /// <summary>
        /// 客户账号类型，枚举类型
        /// </summary>
        enum CUSTOMERCATEGORY
        {
            /// <summary>
            /// 储蓄账户客户
            /// </summary>
            SAVINGACCOUNT = 1,
            /// <summary>
            /// 支票账户客户
            /// </summary>
            CHECKINGACCOUNT
        }

        /// <summary>
        /// 客户账户信息，结构体类型
        /// </summary>
        struct Customer
        {
            /// <summary>
            /// 当前可用客户账号，最小为 500000
            /// </summary>
```

```
    static public int currentAccountNumber = 500000;

    /// <summary>
    /// 客户账号
    /// </summary>
    public int accountNumber;

    /// <summary>
    /// 客户账户类型
    /// </summary>
    public CUSTOMERCATEGORY accountCategory;

    /// <summary>
    /// 客户姓名
    /// </summary>
    public string name;

    /// <summary>
    /// 地址
    /// </summary>
    public string address;

    /// <summary>
    /// 电话号码
    /// </summary>
    public int phone;

    /// <summary>
    /// 账号余额
    /// </summary>
    public double balance;
}
static void Main(string[] args)
{
    Customer currentCustomer;
    currentCustomer.accountNumber =
      Customer.currentAccountNumber + 1;
    Console.WriteLine("请输入当前客户的详细信息：");
    Console.Write(
      "请选择客户的账户类型(1、储蓄账户客户；2、支票账户客户)：");
    currentCustomer.accountCategory =
      (CUSTOMERCATEGORY)Convert.ToInt32(Console.ReadLine());
    Console.Write("请输入客户姓名(最多 30 个字符，最少 2 个字符)：");
    currentCustomer.name = Console.ReadLine();
    Console.Write("请输入客户地址(最多 80 个字符，最少 2 个字符)：");
    currentCustomer.address = Console.ReadLine();
    Console.Write("请输入客户电话号码(40000000-99999999)：");
    currentCustomer.phone = Convert.ToInt32(Console.ReadLine());
    Console.Write("请输入客户账户余额(大于 0 的数)：");
    currentCustomer.balance = Convert.ToDouble(Console.ReadLine());

    Console.WriteLine("\n 当前客户的详细信息显示如下：");
    Console.WriteLine("客户账号：" + currentCustomer.accountNumber);
    Console.WriteLine(
      "账户类型：" + currentCustomer.accountCategory);
    Console.WriteLine("客户姓名：" + currentCustomer.name);
```

```
            Console.WriteLine("客户地址：" + currentCustomer.address);
            Console.WriteLine("客户电话号码：" + currentCustomer.phone);
            Console.WriteLine("客户账户余额：" + currentCustomer.balance);
            Console.ReadKey();
        }
    }
}
```

程序运行后，即可见本单元2.1节中的演示效果。

2.4 拓展训练

2.4.1 拓展训练1：使用变量存储一部手机的信息

请按照下面给出的手机信息，存储并打印输出。

(1) 品牌(brand)：苹果6S Plus。

(2) 重量(weight)：192g。

(3) 后置摄像头像素(camera)：120 000 000px。

(4) 价格(price)：6288。

分析：编程时，请注意各变量数据类型的选取，数据类型需要考虑数值范围。

由于该拓展训练比较简单，具体实现由读者自行完成。

2.4.2 拓展训练2：数字加密器

请实现一个数字加密器，要求如下：加密的结果=(需加密的整数×3+8)/2+3.14，加密的结果要求仍然为整数，取计算后结果的整数部分。

分析：需要进行数据类型的转换，考虑应该用隐式转换还是显式转换。

由于该拓展训练比较简单，具体实现由读者自行完成。

习　题

(1) 下列选项中属于C#变量合法命名的是(　　)。

A. $abcc　　B. 12_223　　C. myString　　D. .123aab

(2) C#变量采用的命名法是(　　)。

A. Pascal　　B. Camel　　C. 变量命名法　　D. 其他命名法

(3) 下列选项中能代表C#自定义命名空间的关键字是(　　)。

A. class　　B. public　　C. using　　D. namespace

(4) C#引用系统命名空间如System.Text，是使用(　　)关键字。

A. class　　B. public　　C. using　　D. namespace

(5) C#中的转义字符用于换行的是(　　)。

A. \t　　B. \r　　C. /t　　D. /r

(6) C#中每个 int 类型的变量占用(　　)个字节的内存。

A. 1　　B .2　　C .4　　D .8

(7) 在C#中，表示一个字符串的变量应使用(　　)语句定义。

A. CString str;　　B. string str;

C. Dim str as string　　D. char *str;

(8) 在 C#编制的财务程序中，需要创建一个存储流动资金金额的临时变量，应使用(　　)语句。

A. decimal theMoney;　　B. int theMoney;

C. string theMoney;　　D. Dim theMoney as double

(9) C#中，新建一个字符串变量 str，并将字符串“Tom’s Living Room”保存到串中，则应该使用(　　)语句。

A. string str =“Tom\'s Living Room”;　　B. string str =“Tom's Living Room”;

C. string str(“Tom's Living Room”);　　D. string str(“Tom"s Living Room”);

(10) 将变量从字符串类型转换为数值类型可以使用的类型转换方法是(　　)。

A. Str()　　B. Cchar　　C. CStr()　　D. int.Parse();

(11) C#中用于数据类型转换的类是(　　)。

A. Mod　　B. Convert　　C. Const　　D. Single

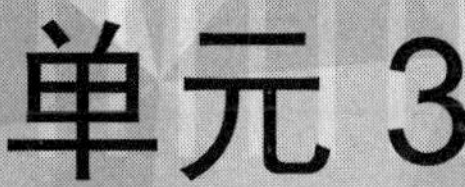

单元 3

运算符和表达式

微课资源

扫一扫，获取本单元相关微课视频。

自增和自减

单元导读

程序中变量的值会不断变化，并最终产生人们想要的结果，而变量值的变化是通过运算符和表达式来实现的。在本单元中，要掌握表达式中每种运算符的功能、优先级、结合性及在使用中的注意事项。

学习目标

- 理解表达式的含义。
- 掌握 C#中常用运算符的用法。

3.1 案 例 描 述

计算在我们的日常工作和生活中无处不在，比如去超市购物结算时，会有消费金额的计算，会员折扣、积分的计算等。运动健身时，随身携带的运动套件上的 App 会测量和记录步行步数、距离，以及消耗的卡路里。欲减少 1 公斤的脂肪，就医学观点来计算，就必须消耗 7700 大卡的热量。现在要制订减肥计划，目标是减肥 3 公斤，选择跑步。想写个程序来计算自己消耗的卡路里数及达到目标需要的天数。案例的运行结果如图 3-1 所示。

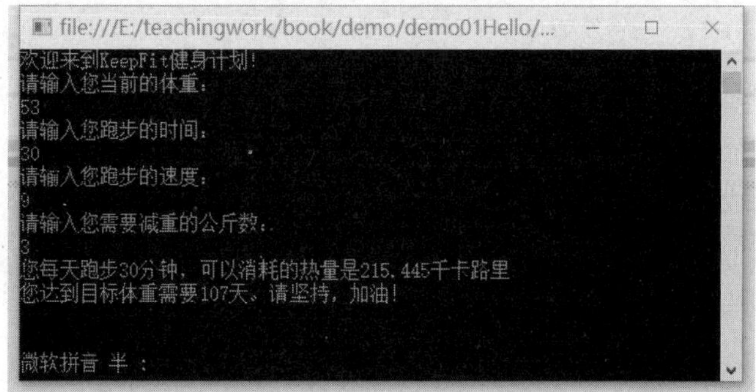

图 3-1　KeepFit 热量计算助手

3.2 知 识 链 接

运算符是表示各种不同运算的符号。C#提供了大量的运算符，这些运算符指定在表达式中执行哪些操作。表达式由变量、常数和运算符组成。

根据运算的类型，运算符分为：算术运算符、赋值运算符、关系运算符、逻辑运算符、条件运算符以及其他运算符。

根据运算符所要求的操作数的个数，运算符分为：一元运算符、二元运算符、多元运算符。

一元运算符是指只有一个操作数的运算符，比如“++”运算符、“--”运算符等。二元运算符是指有两个操作数的运算符，比如“+”运算符、“*”运算符等。在 C#中，还有一个三元运算符，即“? :”运算符，它有三个操作数。

3.2.1　算术运算符与算术表达式

C#中的算术运算符主要用来对操作数进行基本的数学运算，包含以下几种。

- +：加法运算符，或正值运算符。
- −：减法运算符，或负值运算符。
- *：乘法运算符。
- /：除法运算符。
- %：模运算符。

除法运算符用于进行除法运算，如 5/6。需要注意的是，如果除数和被除数都为整数，则结果也为整数，它会把小数舍去(并非四舍五入)。

模运算符用于计算以第 2 个操作数除第 1 个操作数后的余数。在 C#中，所有数值类型都具有预定义的模数运算符。例如：

5 % 2 的结果为 1；−5 % 2 的结果为−1。

5.0 % 2.2 的结果为 0.6，结果为 double 类型值。

5.0m % 2.2m 的结果为 0.6，结果为 decimal 类型值。

注意： 算术运算符产生的结果可能会超出涉及的数值类型的取值范围，也即发生溢出。

这里要注意运算符“+”，它除了可以表示进行加法运算外，还可以实现字符串连接运算的功能。这实际上是对运算符的一个重载。例如以下代码段：

```
string c = "h";
c += "ello";
```

第二行代码等价于：

```
c = c + "ello";
```

这里的运算符“+”实际上已不能叫作算术运算符了，而应该是一个字符串连接运算符。

在 C#中，还有两种特殊的算术运算符。

- ++：自增运算符。
- −−：自减运算符。

其作用是使变量的值自动加 1 或者减 1。例如：

```
x=x+1 相当于 x++
x=x-1 相当于 x--
```

++(自增运算符)和−−(自减运算符)都是一元运算符，只能应用于变量，而不能应用于常量或表达式。例如，以下写法都是错误的：

```
12++;
--(x+y);
```

自增和自减运算符可以在操作数前面(前缀)，也可以在操作数后面(后缀)。例如：

```
++x;    //前缀格式
x++;     //后缀格式
```

那么问题来了，x++和++x 有什么区别呢？

例如：

```
x=11;
y=++x;
```

在这种情况下，y 被赋值为 12。但是，如果代码改为：

```
x=11;
y=x++;
```

那么，y 被赋值为 11。在这两种情况下，最终 x 都被赋值为 12。

例 3-1 自增和自减运算符的应用，代码如下：

```
namespace demo03_自增自减
{
    class Program
    {
        static void Main(string[] args)
        {
            int x = 5;
            int y = x++;
            Console.WriteLine("y={0}", y);
            y = ++x;
            Console.WriteLine("y={0}", y);
            Console.ReadKey();
        }
    }
}
```

程序运行结果如图 3-2 所示。

图 3-2 例 3-1 的程序运行结果

说明：例 3-1 中，第一次对于 x 是先使用后自增，所以输出的结果为 5；第二次对于 x 是先自增后使用，所以输出的结果为 7。

3.2.2 赋值运算符与赋值表达式

赋值运算符用于将一个数据赋予一个变量，赋值运算符的左操作数必须是一个变量，赋值结果是将一个新的数值存放在变量所指示的内存空间中。“=”是右结合的运算符，即运算顺序自右至左。对变量进行连续赋值时，赋值运算符从右向左被分组。例如，x=y=z 等价于 x=(y=z)。

一方面，为了简化程序，使程序看上去精练；另一方面，为了提高编译效率，C#允许使用复合赋值运算符。在赋值运算符的前面加上其他运算符，就可以构成复合赋值运算符。如果在“=”前加一个“+”运算符，就成为复合赋值运算符“+=”。

例如：

```
a += 10          //等价于 a = a + 10
x *= y + 6       //等价于 x = x * (y + 6)
x %= 5           //等价于 x = x % 5
```

3.2.3 关系运算符与关系表达式

C#中的比较运算符有==(等于)、!=(不等于)、<(小于)、>(大于)、<=(小于等于)、>=(大于等于)。C#比较运算符常用于判断某个条件是否成立，得到的结果为布尔值(true 或 false)。例如，在前面的代码里有这样的代码段：

```
string a = "hello";
string b = a;
Console.WriteLine(a == b);    //判断 a 和 b 是否相等。其返回结果为 true 或 false
```

注意： 赋值的时候用的是一个等号“=”，而比较的时候用的是两个等号“==”，二者不可混淆。如果在逻辑运算语句中使用赋值运算符来代替比较运算符，将会产生编译错误。

在程序设计中，经常会根据某个变量的值来决定程序执行流程，在判断变量的取值或取值范围时，就要用到比较运算符。

3.2.4 逻辑运算符与逻辑表达式

逻辑运算符有&、|、!、^、～、&&、||。其中，& 和 | 执行按位的“与”和“或”操作，而～和^执行按位的“非”和“异或”操作。&& 和 || 执行布尔的“与”和“或”操作，而 ! 执行布尔的“非”操作。要注意区分位运算和布尔运算。

位运算是将运算数据相应的二进制数据进行相应的计算。各种二进制数运算的结果如表 3-1 所示。

表 3-1 二进制数的位运算结果

运算类型	值
x & y	x 和 y 同时为 1 时，结果为 1，其他情况结果均为 0
x | y	x 和 y 任一个为 1 时，结果为 1，同时为 0 时结果为 0
x ^ y	x 和 y 同为 0 或 1 时，结果为 0，x 和 y 的取值不同时结果为 1
～x	x 为 0 时结果为 1，x 为 1 时结果为 0

布尔运算的返回值为 true 或 false，一般用于条件的判断。条件判断的返回值要么为“真”，要么为“假”。布尔值的逻辑运算结果如表 3-2 所示。

表 3-2　布尔值的逻辑运算结果

运算类型	值
x && y	x 和 y 同时为 true 时，结果为 true；其他情况结果均为 false
x || y	x 和 y 任一个为 true 时，结果为 true；同时为 false 时，结果为 false
!x	x 为 true 时，结果为 false；x 为 false 时，结果为 true

比如下面关于布尔值逻辑运算的例子：

```
int x=2, y=3;
bool result = (x==1) && (y==3)
```

这时候布尔型的 result 返回值是 false。因为第一个条件 x==1 不成立，而第二个条件 y==3 是成立的，所以进行“与”运算的最后结果是 false。

3.2.5　条件运算符与条件表达式

条件运算符(也叫三元运算符或三目运算符)是 C#里唯一的一个三元运算符。它实际上是 if-else 结构的简写形式。它可以先判断一个条件，如果条件为真，就返回第一个值；如果条件为假，则返回第二个值。其语法格式如下：

```
条件? 值 1 : 值 2;
```

假如有这样一个表达式：

```
a>b? 1 : 0
```

如果 a>b 这个条件成立，最后运算的结果就是 1，否则就是 0。条件运算符适合判断条件只有两个的情况。比如某一个条件是否成立，某个同学的性别是男是女，或者某个事物是否通过审核。如果程序员在设计一个系统的时候，用 0 表示女性，用 1 表示男性，要根据性别的编码值显示某人的性别，可以设计如下代码，其程序段运行的结果显示“这个人的性别是男”：

```
int gender = 1;
string s = (gender==1)? "男" : "女";
Console.WriteLine("这个人的性别是" + s);
```

3.2.6　运算符的优先级与结合顺序

表达式(expression)是由操作数和运算符构成的。表达式的运算符说明在操作数上运用了哪种操作。运算符可以是+、-、*、/等。操作数可以包括字面值、字段、局部变量以及表达式。

当表达式包含多个运算符时，运算符的优先级控制各个运算符执行的顺序。例如，表达式 x+y*z 将以 x+(y*z)的形式计算，原因就是运算符“*”的优先级高于运算符“+”。

表 3-3 总结了 C#的运算符，运算符按其优先级从高到低的次序分类排列，同一分类的运算符具有相同的优先级。

表 3-3　C#运算符的优先级

类　型	运　算　符
初级运算符	()、++、--、new、checked、unchecked
一元运算符	+、−、!、～、++、−−、类型转换运算符
乘除运算符	*、/、%
加减运算符	+、−
移位运算符	<<、>>
关系运算符	>、<、>=、<=、is、as
比较运算符	==、!=
位运算符	&、|、^(这里从左到右，优先级依次降低)
布尔运算符	&&、||
三元运算符	?:
赋值运算符	=、+=、−=、*=、/=、%=、&=、|=、^=、<<=、>>=

注意： 在复杂的表达式中，应避免利用运算符优先级控制执行顺序，而最好使用括号指定运算符的执行顺序，这样可以使代码更整洁，避免出现潜在的错误。

3.3　案例分析与实现

3.3.1　案例分析

本单元案例按跑步来计算的话，已知体重、速度和时间，消耗的热量计算如下：

跑步热量(kcal) = 体重(kg) × 运动时间(分钟) × 指数 K

其中，当时速超过 10 公里时，K 取值 0.1797，否则 K 取值 0.1355。首先根据用户输入的当前体重和运动时间以及跑步速度来计算出每天消耗的卡路里，然后根据需要减肥的目标数计算出达到目标的天数，采取四舍五入法。

Math.Round 表示取整方法，取整原则与“四舍五入法”有差别，具体为“四舍六入五取偶”(其实在 VB、VBScript、C#、J#、T-SQL 中，Round 函数都是采用 Banker's rounding 银行家算法，即四舍六入五取偶)。这里不对此算法进行深入探讨，我们只要会用即可。例如：

```
Math.Round(0.4) //result:0
Math.Round(0.6) //result:1
Math.Round(0.5) //result:0
Math.Round(1.5) //result:2
Math.Round(2.5) //result:2
Math.Round(3.5) //result:4
Math.Round(4.5) //result:4
Math.Round(5.5) //result:6
Math.Round(6.5) //result:6
Math.Round(7.5) //result:8
```

```
Math.Round(8.5) //result:8
Math.Round(9.5) //result:10
```

但从.NET 2.0 开始，Math.Round 方法提供了一个枚举选项 MidpointRounding.AwayFromZero，可以用来实现传统意义上的“四舍五入”。即：

Math.Round(4.5, MidpointRounding.AwayFromZero) = 5

使用 MidpointRounding.AwayFromZero 重载后的对比如下：

```
Math.Round(0.4, MidpointRounding.AwayFromZero); // result:0
Math.Round(0.6, MidpointRounding.AwayFromZero); // result:1
Math.Round(0.5, MidpointRounding.AwayFromZero); // result:1
Math.Round(1.5, MidpointRounding.AwayFromZero); // result:2
Math.Round(2.5, MidpointRounding.AwayFromZero); // result:3
Math.Round(3.5, MidpointRounding.AwayFromZero); // result:4
Math.Round(4.5, MidpointRounding.AwayFromZero); // result:5
Math.Round(5.5, MidpointRounding.AwayFromZero); // result:6
Math.Round(6.5, MidpointRounding.AwayFromZero); // result:7
Math.Round(7.5, MidpointRounding.AwayFromZero); // result:8
Math.Round(8.5, MidpointRounding.AwayFromZero); // result:9
Math.Round(9.5, MidpointRounding.AwayFromZero); // result:10
```

3.3.2 案例实现

本单元案例实现的代码如下：

```
namespace demo03_KeepFit
{
    class Program
    {
        /// <summary>
        /// 按跑步来计算的话，已知体重、速度和时间
        /// 跑步热量(kcal)=体重(kg)×运动时间(分钟)×指数 K
        /// </summary>
        /// <param name="args"></param>
        static void Main(string[] args)
        {
            Console.WriteLine("欢迎来到 KeepFit 健身计划!");
            Console.WriteLine("请输入您当前的体重：");
            int weight = int.Parse(Console.ReadLine());
            Console.WriteLine("请输入您跑步的时间：");
            int minutes = int.Parse(Console.ReadLine());
            Console.WriteLine("请输入您跑步的速度：");
            int speed = int.Parse(Console.ReadLine());
            double k = (speed - 8)>2? 0.1797d : 0.1355d;
            double kcal = weight * minutes * k;
            Console.WriteLine("请输入您需要减重的公斤数：");
            int fitWeight = int.Parse(Console.ReadLine());
            Console.WriteLine(
              "您每天跑步{0}分钟，可以消耗的热量是{1}千卡路里", minutes, kcal);
            int days =(int)Math.Round(
              fitWeight * 7700 / kcal, MidpointRounding.AwayFromZero);
            Console.WriteLine("您达到目标体重需要{0}天。请坚持，加油！", days);
```

```
            Console.ReadKey();
        }
    }
}
```

程序运行后，就会出现本单元 3.1 节中演示的结果。

3.4　拓展训练：判断计算是否正确

从键盘上输入两个整数，由用户回答它们的和、差、积、商和取余运算结果，并在屏幕上打印出“正确”或“错误”的提示。

分析：根据用户输入的答案，可以使用条件运算符(?:)来判断用户计算的结果是否正确，比如 string result = (3*2==6? “正确” : “错误”);。

由于训练题比较简单，具体实现由读者自行完成。

习　　题

1. 选择题

(1) 在 C#语言中，下面的运算符中优先级最高的是(　　)。

A. %　　B. ++　　C. /=　　D. >>

(2) 能正确表示逻辑关系“a>=10 或 a<=0”的 C#语言表达式是(　　)。

A. a>=10 or a<=0　　B. a>=10|a<=0

C. a>=10&&a<=0　　D. a>=10||a<=0

(3) 设有说明语句 int x=8;，则下列表达式中，值为 2 的是(　　)。

A. x>8? x=0 : x++;　　B. x /= x+x;

C. x %= x-2;　　D. x += 2;

(4) 以下程序的输出结果是(　　)。

```
using system;
class Example1
{
   public static void main()
   {
      int a=5,b=4,c=6,d;
      Console.Writeline("{0}", d=a>b? (a>c? a : c) : b);
   }
}
```

A. 5　　B. 4　　C. 6　　D. 不确定

2. 操作题

(1) 从键盘输入一个正整数，按数字的相反顺序输出。

(2) 编写一个程序，从键盘上输入三个数，用三元运算符(? :)把最大数找出来。

(3) 编写一个应用程序，实现摄氏温度和华氏温度的转换。摄氏温度和华氏温度的转换公式为：$F = 1.8 \times C + 32$。

单元 4

顺序和选择结构程序设计

微课资源

扫一扫，获取本单元相关微课视频。

if 分支

switch 语句

单元导读

在前面的单元中，程序都是按照语句出现的先后次序来执行的。在实际的计算任务中，能够按照固有的执行次序完成计算的问题只是少数的简单问题。大多数的问题在程序执行过程中，根据实现设计的计算步骤(也就是通常所说的算法)，往往会出现若干分支选项或是重复计算的情况。流程控制就是提供一种选择，使得除了常规的顺序计算序列之外，还能够应对这个序列中可能出现的选择分支与循环的情形。本单元主要学习顺序和选择结构的程序设计方法。

学习目标

- 学习和掌握顺序结构程序设计方法。
- 学习和掌握选择结构程序设计方法。
- 掌握不同分支结构的区别。

4.1 案例描述

现在机票的价格不仅随着旅游旺季和淡季而起伏，还会根据是否组团购票来决定是否有折扣。在本单元的案例中，我们用程序来模拟一个出票优惠率的程序。假设航空公司规定在旅游的旺季 7～9 月份，如果订票数超过 20 张，票价优惠 15%，20 张以下，优惠 5%；规定在旅游的淡季 1～5 月份、10 月份、11 月份，如果订票数超过 20 张，票价优惠 30%，20 张及其以下的情况，优惠 20%；其他情况一律优惠 10%。设计程序，根据月份和订票张数决定票价的优惠率。演示结果如图 4-1 所示。

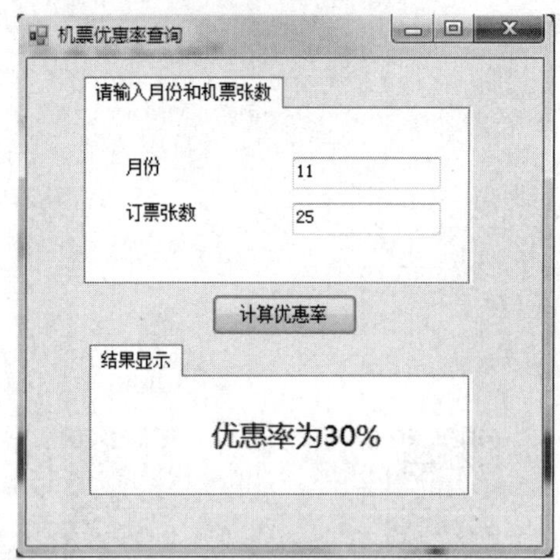

图 4-1 机票优惠率查询

4.2 知识链接

结构化程序设计的主要观点是采用自顶向下、逐步求精的程序设计方法。

程序设计流程是指程序中程序语句的执行顺序。多数情况下，程序中的语句是按顺序执行的，但是，仅有顺序结构的程序，所能解决的问题是有限的，于是就出现了复杂的流程结构。1966 年 Bohm 和 Jacopini 证明，任何程序都是由顺序、选择、循环三种基本控制结构构造的。

流程图(Flowchart)有其规范，这是因技术人员之间交流的需要，并不是想怎么画就怎么画，它是用一些几何框图、流向线和文字说明来表示各种类型的操作。其中，矩形框表示顺序处理的语句块，菱形表示有条件判定。计算机算法可以用流程图来表示，图 4-2 用流程图表示了结构化程序设计的 3 种基本结构。

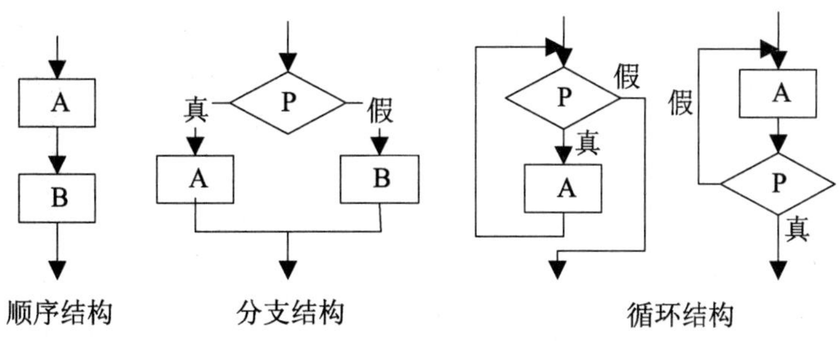

图 4-2　程序流程的 3 种基本结构

4.2.1　顺序结构

顺序结构的流程如图 4-3 所示，先执行 A 语句，再执行 B 语句，两者是顺序执行的关系。A、B 可以是一个简单语句，也可以是一个基本结构，即顺序结构、选择结构或者循环结构之一。

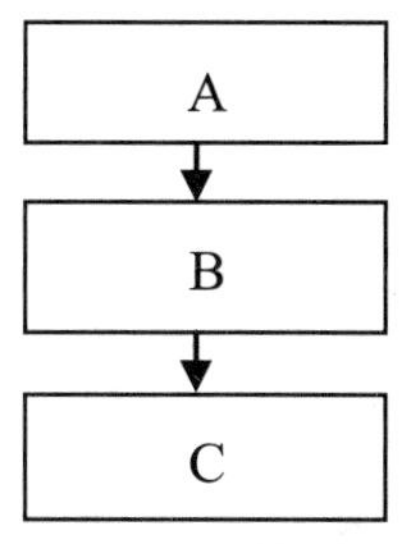

图 4-3　顺序结构执行流程

常用的简单语句包括空语句、复合语句、标签语句、声明语句和表达式语句等。

空语句是一种最简单的语句，它不实现任何功能。C#中，空语句的形式如下：

```
;
```

即只有一个分号的语句。在不需要执行任何操作但又需要一条语句时，可以用空语句来表示。

可以用{}把一些语句括起来，成为复合语句，或者称为块。例如，下面就是一条复合语句：

```
{
    int X, Y, Z;
    X = 9;
    Y = X + 10;
    Z = X * Y;
}
```

C#程序允许在一条语句前面使用标签前缀，其形式如下：

```
标签名称：语句
```

标签语句主要用于配合 goto 语句来完成程序的跳转功能，例如：

```
if (X > 0)
    goto Large;
X = -X;
Large: return X;
```

4.2.2 if 分支

C#提供了三种类型的选择结构。选择语句可以根据条件是否成立，或根据表达式的值控制代码的执行分支。C#有两个基本分支代码的结构：if 选择结构，用于测试特定条件是否满足，在条件为真时，执行操作，否则跳过操作；switch 语句，用于比较表达式的值和常量值是否相等，根据表达式的值进行特定处理。

1. if 语句

if 是一个常用的关键字，在 C#中多用于条件判断等场合。从字面上来看，if 即中文“如果”的意思。在 C#中，也可以用“如果”来理解 if 关键字的意思，但其实际的意义是构成 if 语句，并根据语句中给出的布尔型变量或表达式的值判断将要执行的语句。其执行流程如图 4-4 所示，语法形式如下：

```
if(条件表达式)
{
    语句;
}
```

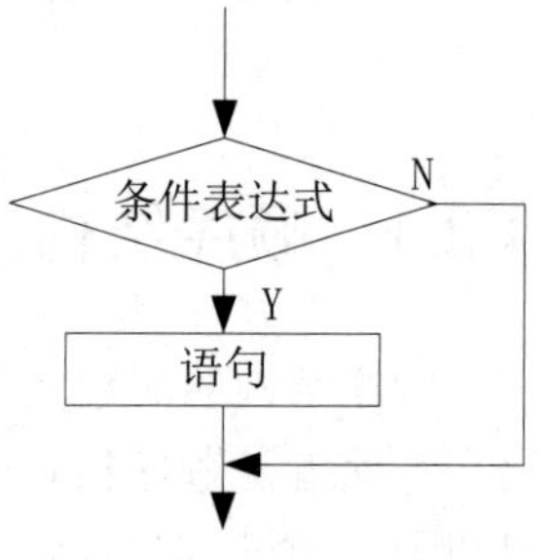

图 4-4　if 语句执行流程

注意： 如果在条件中要执行多条语句，必须将这多条语句用花括号({ })组合为一个语句块。

例 4-1　某商店为了吸引顾客，采取以下优惠活动：所购商品满 500 元时 9 折优惠。用 if 语句实现该优惠，实现代码如下：

```
namespace demo04_if
{
    class Program
    {
        static void Main(string[] args)
        {
            double  amount, amountdis;
            Console.WriteLine("请输入您的购物合计金额：");
            amount = double.Parse(Console.ReadLine());
            if (amount >= 500)
            {
                amountdis = amount * 0.9;
                Console.WriteLine("您可以享受 9 折优惠，需付款{0}元", amountdis);
            }
            Console.ReadKey();
        }
```

```
    }
}
```

假设购物金额为 668 元，程序的运行结果如图 4-5 所示。

图 4-5　例 4-1 程序的运行结果

在上述程序中存在一个问题，如果输入的金额小于 500 元，程序就没有任何输出提示。这是因为，程序段里没有对小于 500 元的数据进行处理的代码。那么，如果顾客的购物金额是其他数目，在程序运行中也需要给出提示信息，该怎么解决呢？这就要求使用分支结构 if-else。

2. if-else 语句

if-else 语句是一种更为常用的选择语句。根据布尔条件表达式的值进行判断，当该值为真时，执行 if 语句后的语句序列；当为假时，执行 else 语句后的语句序列。该结构一般用于两种分支的选择，其执行流程如图 4-6 所示。语法如下：

```
if(条件表达式)
{
    语句 1;
}
else
{
    语句 2;
}
```

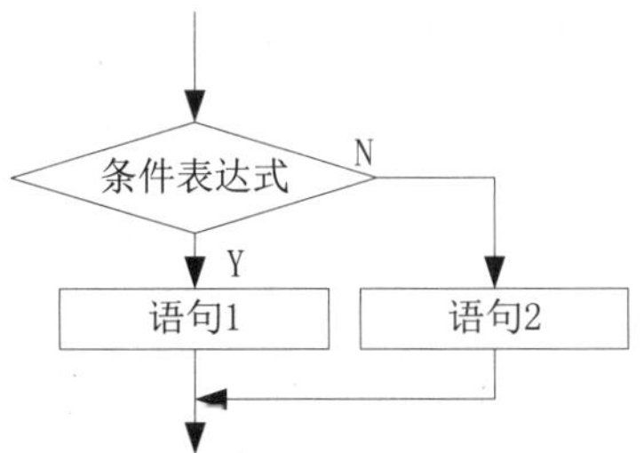

图 4-6　if-else 语句的执行流程

例 4-2　用 if-else 语句来编写购物折扣的程序。代码如下：

```
namespace demo04_ifelse
{
    class Program
    {
```

```
        static void Main(string[] args)
        {
            double amount, amountdis;
            Console.WriteLine("请输入您的购物合计金额：");
            amount = double.Parse(Console.ReadLine());
            if (amount >= 500)
            {
                amountdis = amount * 0.9;
                Console.WriteLine("您可以享受9折优惠，需付款{0}元", amountdis);
            }
            else
            {
                Console.WriteLine("抱歉，系统没有查到符合条件的优惠活动。");
            }
            Console.ReadKey();
        }
    }
}
```

else 后的语句就是在 if 指定条件不成立的情况下的处理代码。如果购物金额不满 500 元，则程序运行结果如图 4-7 所示。

图 4-7　例 4-2 程序的运行结果

3. 多重 if 语句

通过比较例 4-1 和例 4-2，我们会发现，不管是哪种类型的选择结构，都只能对一个条件进行判断，那如果判断的条件不止一个，该如何解决？比如购物金额满 1000 元，可以 8 折优惠，满 2000 元 7.5 折优惠，像这种对多个条件的判断，可以用多重 if 结构来解决。其执行流程如图 4-8 所示。语法格式如下：

```
if (条件表达式1)
    语句1;
else if (条件表达式2)
    语句2;
else if (条件表达式3)
    语句3;
...
else
    语句n;
```

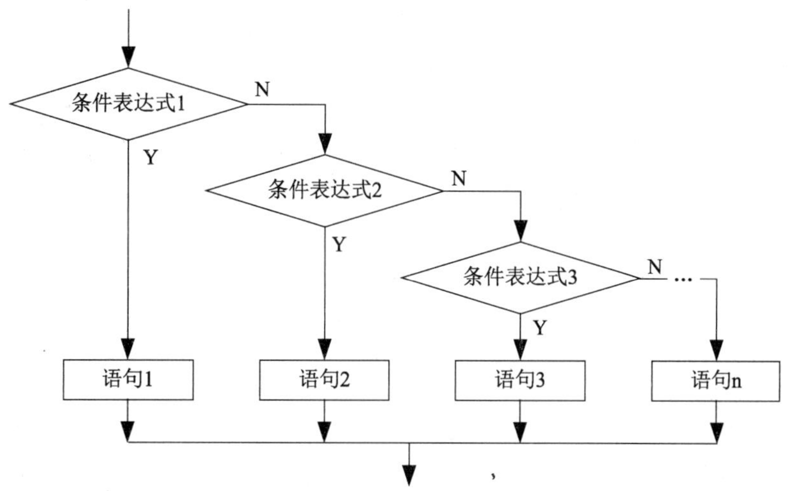

图 4-8　多重 if 语句执行流程

例 4-3　使用多重 if 语句实现不同金额的不同折扣。代码如下：

```
namespace demo04_multiIF
{
    class Program
    {
        static void Main(string[] args)
        {
            double amount, amountdis;
            Console.WriteLine("请输入您的购物合计金额：");
            amount = double.Parse(Console.ReadLine());
            if (amount >= 2000)
            {
                amountdis = amount * 0.75;
                Console.WriteLine(
                  "您可以享受 7.5 折优惠，需付款{0}元", amountdis);
            }
            else if(amount >= 1000)
            {
                amountdis = amount * 0.8;
                Console.WriteLine("您可以享受 8 折优惠，需付款{0}元", amountdis);
            }
            else if(amount >= 500)
            {
                amountdis = amount * 0.9;
                Console.WriteLine("您可以享受 9 折优惠，需付款{0}元", amountdis);
            }
            else
            {
                Console.WriteLine("抱歉，系统没有查到符合条件的优惠活动。");
            }
            Console.ReadKey();
        }
    }
}
```

说明： 添加到 if 子句中的 else-if 语句的个数没有限制。if 遵循和它最近的且未与其他 if 匹配过的 else 匹配的原则。

注意： 在使用 if 语句时应特别注意以下问题：在三种形式的 if 语句中，if 关键字之后均为表达式；在 if 语句中，条件判断表达式必须用括号括起来，在语句之后必须加分号；在 if 语句的三种形式中，所有的语句应为单语句，如果要想在满足条件时执行一组(多个)语句，则必须把这一组语句用大括号括起来，组成一个复合语句。

4.2.3 switch 分支

当判定的条件有多个时，如果使用 else-if 语句，将会让程序变得难以阅读。而分支语句(switch 语句)提供了一个更为简洁的语法，可以处理复杂的条件判定。switch-case 语句适合从一组互斥的分支中选择一个执行，其流程如图 4-9 所示。基本语法格式如下：

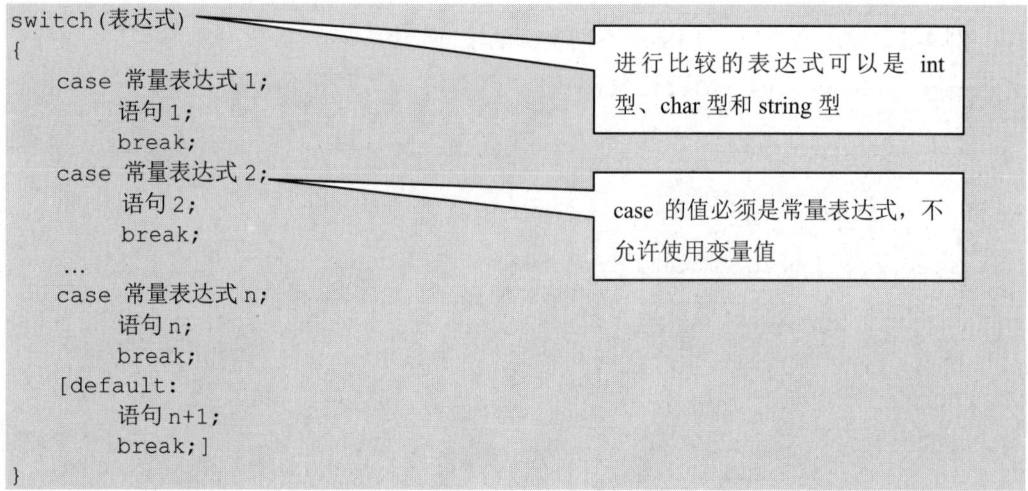

```
switch(表达式)
{
    case 常量表达式 1;
         语句 1;
         break;
    case 常量表达式 2;
         语句 2;
         break;
    ...
    case 常量表达式 n;
         语句 n;
         break;
    [default:
         语句 n+1;
         break;]
}
```


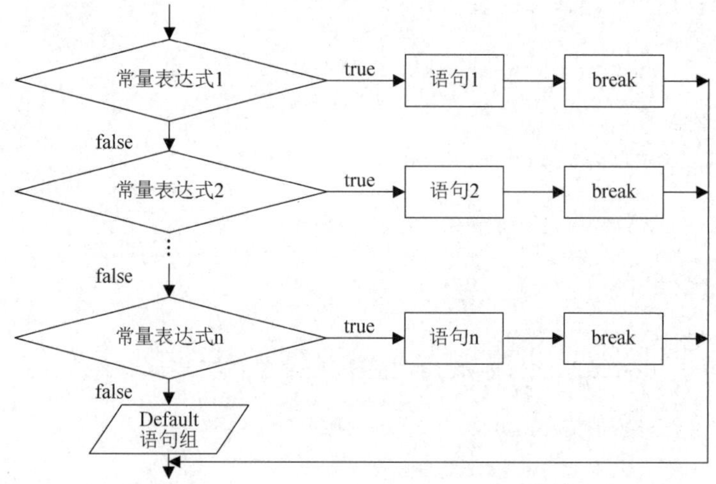

图 4-9 switch-case 语句的执行流程

(1) 首先计算 switch 后面的表达式的值。

(2) 如果表达式的值等于“常量表达式 1”中的值，则执行语句 1，然后通过 break 语句退出 switch 结构，执行位于整个 switch 结构后面的语句；如果表达式的值不等于“常量表达式 1”中的值，则判断表达式的值是否等于“常量表达式 2”的值，依次类推，直到最后一个语句。

(3) 如果 switch 后的表达式与任何一个 case 后的常量表达式的值都不匹配，若有 default 语句，则执行 default 语句后面的语句 n+1，执行完毕后退出 switch 结构，然后执行位于整个 switch 结构后面的语句；若无 default 语句，则退出 switch 结构，执行位于整个 switch 结构后面的语句。

例 4-4 用户输入今天是星期几，然后根据用户的输入进行判断。假设只判断星期六和星期天，其余显示为“工作日”，实现代码如下：

```
namespace demo04_switchCase
{
    class Program
    {
        static void Main(string[] args)
        {
            string day = Console.ReadLine(); //定义一个字符串变量，获得控制台输入
            switch (day)                     //分支判断
            {
                case "saturday":             //第一种情况
                    Console.WriteLine("今天是星期六，可以休息");
                    break;
                case "sunday":               //第二种情况
                    Console.WriteLine("今天是星期天，可以休息");
                    break;
                default:                     //默认情况
                    Console.WriteLine("今天是工作日，加油工作吧");
                    break;
            }
            Console.ReadKey();
        }
    }
}
```

如果用户输入 Monday，则程序运行结果如图 4-10 所示。

图 4-10　例 4-4 的程序运行结果

针对 C#中的 switch 语句特别说明以下几点，在编程时需要注意。

- case 后面的常量表达式的类型必须与 switch 后面的表达式的类型相匹配，比如，

在例 4-4 中，都是整数类型。

- 如果在同一个 switch 语句中有两个或多个 case 后面的常量表达式具有相同的值，将会出现编译错误。
- 在 switch 语句中，至多只能出现一个 default 语句。
- 在 C#中，switch 语句中的各个 case 语句及 default 语句的出现次序不是固定的，而且它们出现的不同次序不会对执行结果产生任何影响。
- 不允许遍历。在 C#中，要求每个 case 语句后使用 break 语句或跳转语句 goto，即不允许从一个 case 自动遍历到其他 case，否则编译时将报错。
- 在 C#中，多个 case 语句可以共用一组执行语句。

如例 4-4 中的相应语句可以改写成：

```
switch (day)                  //分支判断
{
    case "saturday":          //第一种情况
    case "sunday" :           //第二种情况
        Console.WriteLine("今天是周末，可以休息");
        break;

    default:                  //默认情况
        Console.WriteLine("今天是工作日，加油工作吧");
        break;
}
```

但是，以下语句：

```
switch (score)
{
    case (score<80  &&  score>=60):
        ...
}
```

不能通过编译，因为 C#中的 switch 语句只能在几个 case 中选择相等的情况，而不能选择某个范围。

思考：你能根据应用范围来说明 if 和 switch 的区别吗(参考图 4-11)?

图 4-11　if 和 switch 的区别

4.3　案例分析与实现

4.3.1　案例分析

针对本单元所给出的案例，分析如下。

(1) 该问题属于多分支选择问题，可以使用 switch-case 语句来实现。

(2) 旅游的淡季 1～5 月份、10 月份、11 月份的优惠率一样，在 switch 语句中，这几种情况可以使用同一种操作；旅游的旺季 7～9 月份的优惠率一样，可以使用同一种操作；其他情况统一使用同一种操作。

(3) 在上述三种情况中，又分 20 张票以下(包括 20 张)和 20 张票以上有不同的优惠率，则需嵌套判断语句，可以使用 if 语句来实现。

4.3.2　案例实现

(1) 新建一个 Windows 窗体应用程序，默认名称是 WindowsFormsApp1，我们另命名为 demo04。

(2) 出现一个窗体 Form1，选中窗体，在“属性”窗口中修改其 Text 属性为“机票优惠率查询”。利用工具箱中的工具在窗体中画控件，主要有用于输入月份和输入订票张数的 TextBox，分别命名为 txtMonth 和 txtNum；一个按钮 Button，命名为 btnCacul，鼠标单击后，根据月份和订票张数计算出机票优惠率。

(3) 双击按钮进入代码编辑界面，“计算优惠率”按钮的实现代码如下：

```
private void btnCacul_Click(object sender, EventArgs e)
{
    int mon;
    int sum;

    mon = Convert.ToInt32(txtMonth.Text);
    sum = Convert.ToInt32(txtNum.Text);

    switch (mon)
    {
        case 1:
        case 2:
        case 3:
        case 4:
        case 5:
        case 10:
        case 11:
            if (sum > 20)
                lblResult.Text = "优惠率为 30%";
            else
                lblResult.Text = "优惠率为 20%";
                break;
        case 7:
```

```
        case 8:
        case 9:
            if (sum > 20)
                lblResult.Text = "优惠率为 15%";
            else
                lblResult.Text = "优惠率为 5%";
            break;
        default:
            lblResult.Text = "优惠率为 10%";
            break;
    }
}
```

程序运行后，就会出现本单元 4.1 节中的演示结果。

4.4　拓展训练：旅游价格计算

某旅行社的某个旅游项目原价是 8800 元，根据用户输入的出行季节以及选择的是航班出行还是动车出行，折扣不同。5～10 月为旺季，航班出行打 9 折，动车出行打 7.5 折；其他时间为淡季，航班出行打 6 折，动车出行打 3 折。请根据出行的月份和交通方式计算出此旅游行程的价格。

分析：这个例子中，确定此旅游行程价格的过程会有两次判断，一是对出行季节的判断，二是对选择出行方式的判断。

代码中用到 if 嵌套结构，即在 if 判断里面又嵌入 if 判断：

```
namespace demo04_practice01
{
    class Program
    {
        static void Main(string[] args)
        {
            int price = 8800;                    // 某旅游项目的原价
            int month;                           // 出行的月份
            int type;                            // 航班出行为 1，动车出行为 2

            Console.WriteLine("请输入您出行的月份：1-12");
            month = int.Parse(Console.ReadLine());
            Console.WriteLine(
              "请问您选择航班出行/动车出行？航班出行输入 1，动车出行输入 2");
            type = int.Parse(Console.ReadLine());
            if (month >= 5 && month <= 10)   // 旺季
            {
                if (type == 1)                   // 航班出行
                {
                    Console.WriteLine(
                      "您参加此旅游项目的价格为：{0}", price * 0.9);
                }
                else if (type == 2)  // 动车出行
                {
                    Console.WriteLine(
```

```
                    "您参加此旅游项目的价格为：{0}", price * 0.75);
            }
        }
        else  // 淡季
        {
            if (type == 1)             // 航班出行
            {
                Console.WriteLine(
                    "您参加此旅游项目的价格为：{0}", price * 0.6);
            }
            else if (type == 2)        // 动车出行
            {
                Console.WriteLine(
                    "您参加此旅游项目的价格为：{0}", price * 0.3);
            }
        }
        Console.ReadLine();
    }
  }
}
```

习　　题

1. 选择题

(1) 在 C#语言中，if 语句后面的表达式不能是(　　)。

A. 逻辑表达式　　B. 条件表达式　　C. 算术表达式　　D. 布尔类型的表达式

(2) 在 C#语言中，switch 语句用(　　)来处理不匹配 case 语句的值。

A. default　　B. anyelse　　C. break　　D. goto

(3) 有如下程序：

```
using system;
class Example1
{
    public static void main()
    {
        int x=1,a=0,b=0;
        switch(x)
        {
            case 0: b++,break;
            case 1: a++,break;
            case 2: a++,b++,break;
        }
        Console.Writeline("a={0},b={1}",a,b);
    }
}
```

输出结果是(　　)。

A. a=2,b=1　　B. a=1,b=1　　C. a=1,b=0　　D. a=2,b=2

2. 操作题

(1) 编写一个程序，定义三个 float 类型的变量，分别从键盘上给它们输入值，然后用 if-else 选择语句找出它们中的最小数，最后输出结果。

(2) 编写一段程序，运行时向用户提问“你考了多少分？(0～100)”，接受输入后判断其等级并显示出来。判断依据如下：

等级={优(90～100 分)；良(80～89 分)；中(60～79 分)；差(0～59 分)}

(3) 假设星期一到星期五每工作 1 小时的工资是 20 元，星期六和星期日每工作 1 小时的工资是平时的 3 倍，税金是工资的 8%。请编写一个程序，从键盘输入星期序号(用 1～7 分别表示星期一到星期日)和工作小时数，计算该日的税前工资及税金。请分别用 if 语句和 switch-case 语句来实现。

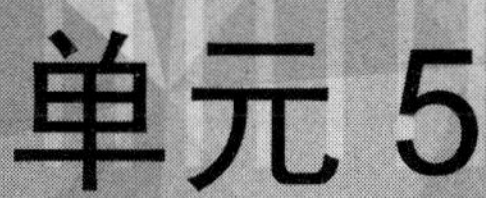

单元 5

循环结构程序设计

微课资源

扫一扫，获取本单元相关微课视频。

循环引入

while 循环

do-while 循环

for 循环

循环跳转与循环中断

单元导读

顺序、分支、循环是结构化程序设计的三种基本结构，所以在高级语言程序设计课程中，掌握这三种结构是学好程序设计的基础。而循环结构是这三者中最复杂的一种结构，几乎所有的程序都离不开循环结构，也是程序设计的基础。本单元内容从初学者的角度出发，阐述 C#语言中循环结构的几种典型应用的实现方法。

学习目标

- 掌握 while、for 循环结构以及 do-while 循环结构。
- 学会使用 break 和 continue 语句。
- 掌握循环嵌套的使用。
- 具有使用循环结构编写程序的能力。

5.1 案例描述

最近电视有一档科学类的真人秀节目《最强大脑》，源自德国节目 *Super Brain*，其中有超级记忆的能力挑战。

本案例将编写一个简易的程序来模拟这样的挑战，在未接收到 end 指令时不断重复输入数值，当输入 end 指令后，统计总共输入了多少个偶数，并且说出所有数里面最大的那个数。执行结果如图 5-1 所示。

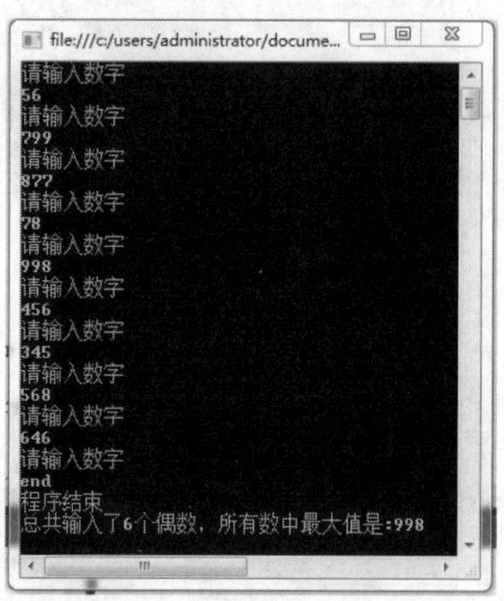

图 5-1 模拟《最强大脑》的记忆挑战

5.2 知识链接

5.2.1 循环结构概述

许多问题的求解归结为重复执行的操作，例如输入多个同学的成绩、对象遍历、迭代求根等问题。

例如，下面的代码计算一个银行账户在 10 年后的金额，假定计算中每年的利息为 5%，且该账户没有其他款项的存取：

```
double balance = 1000;
double interestRate = 1.05;          //每年的利息为 5%
balance *= interestRate;
balance *= interestRate;
balance *= interestRate;
balance *= interestRate;
balance *= interestRate;
balance *= interestRate;
balance *= interestRate;
balance *= interestRate;
balance *= interestRate;
balance *= interestRate;
```

相同的代码编写 10 次很浪费时间，如果把 10 年改为其他值，又会如何？那就必须把该代码行手工复制需要的次数，这是多么痛苦的事！而幸运的是，完全不必这样做。使用一个循环就可以对指令执行需要的次数。

这种重复执行的操作在程序设计语言中用循环控制来实现。几乎所有实用程序都包含循环。这个技术使用起来非常方便，因为可以对操作重复任意多次(上千次，甚至百万次)，而无须每次都编写相同的代码。

循环结构可以减少脚本重复编辑的工作量，在指定的条件下多次重复地执行一组语句，被重复执行的一组语句称为循环体。

C#提供了 4 种循环机制：for、while、do-while 和 foreach。for、while、do-while 和 C/C++中的循环相同。foreach 我们将在关于数组的单元中讲解和学习。

学习具体的循环语句之前，先来看这样一组任务：将下面的实际生活中的例子用程序语言表达。

实例 1：使用空调制冷，今天的天气很热，室内已达到 32 摄氏度，我们将空调开启制冷，并设定温度为 25 摄氏度。分析过程如下。

从　气温等于 32 摄氏度　**开始**

当　气温大于 25 摄氏度

做　降低室内温度

实例 2：烧开水，假定我们接的自来水为 20 摄氏度。分析过程如下。

从　水温等于 20 摄氏度　**开始**

当　水温小于 100 摄氏度

做　增加水的温度

从上面的两个例子我们不难看出，制冷和烧开水都存在循环做的事。因此，可以总结出一个有实际意义的循环结构，其三要素如下。

(1) 循环从什么时候开始(循环初值)。

(2) 满足什么条件要循环(循环控制条件表达式)。

(3) 每次循环要做什么(循环体)。

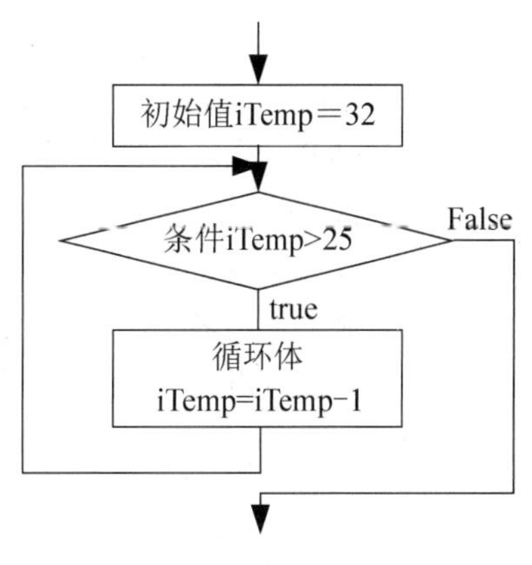

图 5-2　空调制冷的流程

对空调制冷的过程，我们用图 5-2 所示的流程图表示。

写出对应的程序语言表达式为：

```
iTemp = 32;
当 (iTemp > 25)
    iTemp = iTemp - 1;
```

注意： 此处条件 iTemp > 25 或者 iTemp > =26，不能写成 iTemp > =25，因为是高于 25 摄氏度才执行降温，写循环条件时注意执行循环的边界。

5.2.2 while 循环

while 循环又称为“当”型循环，首先判断条件表达式，若条件成立，就执行循环体，否则结束循环。

可以将 while 语句的作用比作现实生活中的检票员。不管我们是去看电影还是去游乐场，都要检票进入。检票员的工作就是循环检票，不到最后一个观众或游客，不遇到意外情况，就会不停地检票放行。其语法格式如下：

```
while(条件表达式)
{ 语句或语句块 }
```

将三要素置入的格式如下：

```
循环初值
while(循环控制条件表达式)
{
    表示循环体的语句或语句块
}
```

while 语句在循环的每次迭代前检查布尔表达式。如果条件是 true，则执行循环；如果条件是 false，则该循环永远不执行。while 语句一般用于一些简单重复的工作，这也是计算机擅长的。另外，与将要介绍的 for 语句相比，while 语句可以处理事先不知道要重复多少次的循环。

while 循环的执行流程如图 5-3 所示。

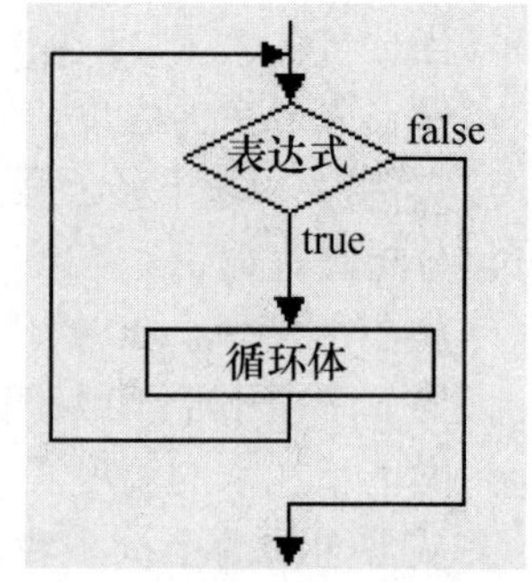

图 5-3　while 循环的执行流程

使用 while 语句时，需注意以下几个问题。

(1) while 语句的特点是先判断表达式的值，然后根据表达式的值决定是否执行循环体中的语句。因此，如果表达式的值一开始就为“假”，则循环体将一次也不执行。

(2) 循环体由多个语句组成时，必须用花括号括起来，形成复合语句。例如：

```
while(x > 0)
{
    sum += x
    x--;
}
```

(3) 应当使循环最终能够结束，而不至于使循环体语句无穷地执行下去，即产生“死循环”。因此，每执行一次循环体，条件表达式的值都应该有所变化，这既可以在表达式中实现，也可以在循环体中实现。

例 5-1　打印出 0～9 的数字，以“ * ”间隔。代码如下：

```
namespace demo05_whileExample
{
    class Program
    {
        static void Main(string[] args)
        {
            int num = 0;
            while (num < 9)
            {
                Console.Write(num + " * ");
                num++;
            }
            Console.Write(num);
            Console.ReadKey();
        }
    }
}
```

程序运行结果如图 5-4 所示。

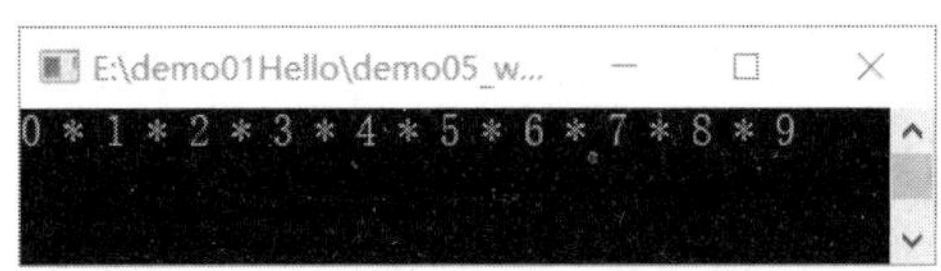

图 5-4　例 5-1 的程序运行结果

5.2.3　do-while 循环

do-while 循环又称“直到型”循环，首先执行循环体，然后判断条件表达式，若为 true，就继续循环，否则，结束循环。与 while 语句不同的是，do-while 循环不管条件成不成立，在计算条件表达式之前都要执行一次。

其语法格式如下：

```
do
{ 语句或语句块(循环体) }
while(条件表达式);
```

将三要素置入的格式如下：

```
循环初值
do
{
    表示循环体的语句或语句块
} while(循环控制条件表达式);
```

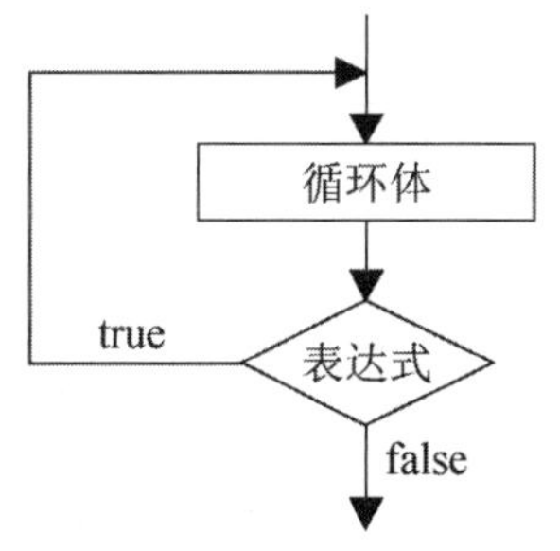

图 5-5　do-while 循环的执行流程

do-while 循环的执行流程如图 5-5 所示。其执行过程如下。

(1) 执行 do 后面循环体中的语句。

(2) 计算 while 后面一对圆括号中表达式的值。当值为非零时，转去执行步骤 1；当值为零时，执行步骤 3。

(3) 退出 do-while 循环。

使用 do-while 语句时，需注意以下几个问题。

(1) do 是关键字，必须与 while 联合使用。

(2) do-while 循环由 do 开始，以 while 结束。

(3) 若 do 和 while 之间的循环体有多个语句，应用大括号括起来，组成复合语句。

注意： while(表达式)后面的 “;” 不能丢，它表示 do-while 语句的结束。

例 5-2 从 0 开始，循环输出 x 的值，直到 x<5 这个条件不成立。代码如下：

```
namespace demo05_doWhileExample
{
    class Program
    {
        static void Main(string[] args)
        {
            int x = 0;
            //当 x<5 成立时，输出 x 的值
            do
            {
                Console.WriteLine(x);
                x++;
              } while (x < 5);
            Console.ReadKey();
        }
    }
}
```

程序运行结果如图 5-6 所示。

图 5-6 例 5-2 的程序运行结果

5.2.4 for 循环

for 循环是使用最广泛的一种循环，并且灵活多变，主要适用于已知循环次数的情况。其语法格式如下：

```
for(表达式 1; 表达式 2; 表达式 3)
{
```

```
    语句或语句块(循环体)
}
```

for 是 C#语言中的关键字，其后面的圆括号中通常含有 3 个表达式，各表达式之间用分号“;”隔开。这三个表达式可以是任意表达式，通常主要用于 for 循环的控制。

for 循环的执行过程如下。

(1) 计算“表达式 1”，即完成初始化。

(2) 计算“表达式 2”，即判断条件，若值为 true，则转步骤 3；若值为 false，则转步骤 5。

(3) 执行一次循环体。

(4) 计算“表达式 3”，实现变量的迭代，然后转向步骤 2。

(5) 结束循环，执行 for 循环之后的语句。

for 循环的执行流程如图 5-7 所示。

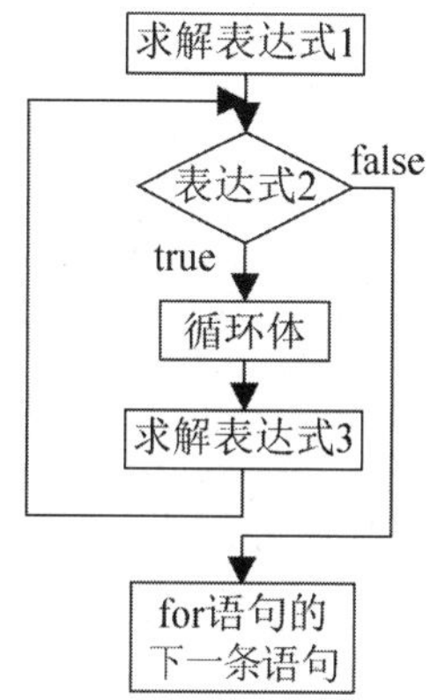

图 5-7 for 循环的执行流程

例 5-3 编写程序，用 for 循环求 1*3*5*...*15 之积。代码如下：

```
namespace demo05_forExample
{
    class Program
    {
        static void Main(string[] args)
        {
            float p;
            int i;
            p = 1;
            for (i=1; i<=15; i+=2)
                p = p * i;
            Console.WriteLine("1*3*5*…*15 之积为{0}", p);
            Console.ReadKey();
        }
    }
}
```

程序运行结果如图 5-8 所示。

图 5-8 例 5-3 的程序运行结果

5.2.5 循环跳转：continue 语句

可以让循环跳过正常控制结构，提前进入下一个迭代过程，这要通过 continue 语句来实现。continue 语句迫使循环的下一次迭代发生，跳过这之间的任何代码。

例 5-4 打印 0～50 之间的偶数。代码如下：

```
namespace demo05_ContinueExample
{
    class Program
    {
        static void Main(string[] args)
        {
            for (int i=0; i<=50; i++)
            {
                if ((i%2) != 0)
                    continue;   //如果 i 是奇数，继续循环，跳过下面的输出语句
                Console.Write(i + " ");
            }
            Console.ReadKey();
        }
    }
}
```

程序运行结果如图 5-9 所示。

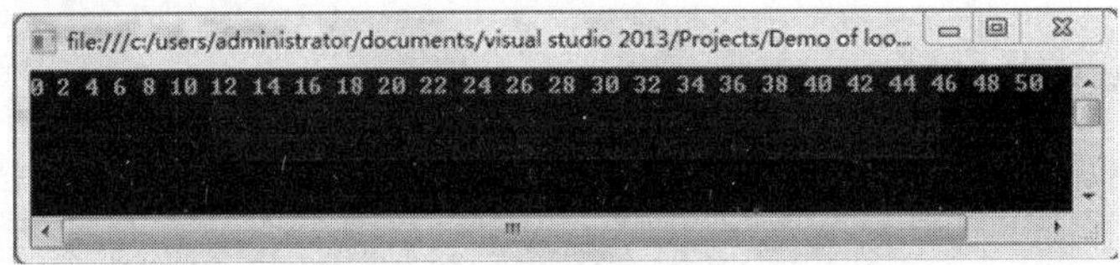

图 5-9 例 5-4 的程序运行结果

上面的程序只打印偶数，而不打印奇数。因为程序通过(i%2)!=0 这个条件来进行判断，当 i 是奇数的时候，该条件成立，执行 continue 语句，continue 语句的作用是跳过循环体中 continue 之后的语句，进入下一次循环，所以会跳过 Console.Write()语句，进入下一次循环。可以简单地用图 5-10 来表示 continue 语句的执行。

在循环中，continue 语句会导致控制直接跳转到条件表达式，然后继续执行循环。

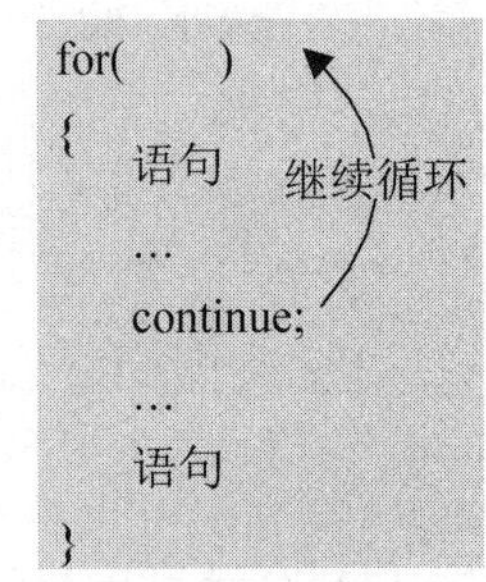

图 5-10 continue 语句的执行流程

5.2.6 提前结束循环：break 语句

使用 break 语句可以强行地从循环中退出，跳过循环体中剩余的代码和循环测试条件。在循环内部遇到 break 语句时，循环将终止，程序控制从跟在循环后的下一条语句继续执行。也可以用 break 语句从 switch 结构中退出。

使用 break 语句时，应注意以下几个问题。

(1) break 语句只能用于循环语句或 switch 语句中。

(2) 由于循环语句的循环体部分还可以使用循环语句，所以，循环语句是可以嵌套使用的。在循环语句嵌套使用的情况下，break 语句只能跳出(或终止)它所在的循环，而不能

同时跳出(或终止)多层循环，例如：

```
for(...)
{
    for(...)
    {
        ...
        break;
    }
}
```

上述 break 语句只能从内层的 for 循环体中跳到外层的 for 循环体中，而不能同时跳出两层循环体。

例 5-5　从 0 开始打印数字，每次递增 1，当平方数大于或等于 100 时退出循环。代码如下：

```
namespace demo05_BreakExample
{
    class Program
    {
        static void Main(string[] args)
        {
            for (int i=0; i<100; i++)
            {
                if (i * i >= 100) break;
                Console.WriteLine(i);
            }
            Console.WriteLine("loop complete");
            Console.ReadKey();
        }
    }
}
```

程序运行结果如图 5-11 所示。

虽然 for 循环是在 0～100 之间循环，但是当平方数大于或等于 100 时，会执行 break 语句，跳出循环，此时只计算了 0～9 的平方。跳出循环后，程序从 for 循环的下一条语句，即 Console.WriteLine(“loop complete”)语句开始执行。break 语句的执行流程可以用图 5-12 来表示。

图 5-11　例 5-5 的程序运行结果

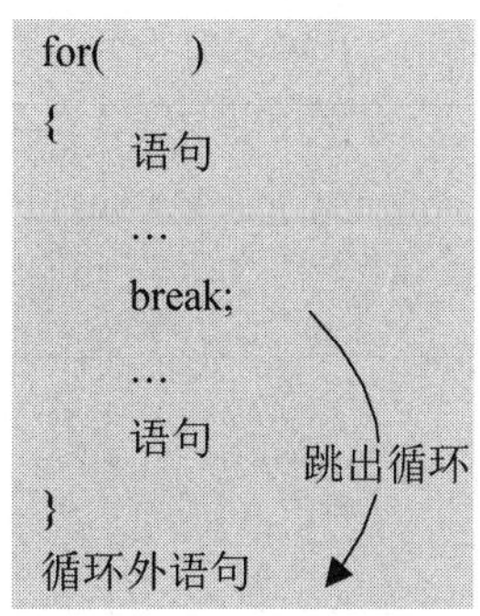

图 5-12　break 语句的执行流程

5.3 案例分析与实现

5.3.1 案例分析

针对本单元所给出的案例，分析如下。

(1) 在未接收到 end 指令时，不断重复输入数字，需要循环解决。

(2) 当输入的不是数字，而是 end 时，循环中断，应该用 break 语句跳出循环。

(3) 统计偶数的个数，需要采用计数变量 count。要找出其中的最大数，需要一个变量 MaxNumber 来解决。

5.3.2 案例实现

用 while 循环实现如下：

```
namespace DemoOfWhile
{
    class Program
    {
        static void Main(string[] args)
        {
            double MaxNumber = 0, Number = 0;
            int count = 0;
            while (true)   //循环输入数字
            {
                Console.WriteLine("请输入数字");
                string s = Console.ReadLine();
                if (s != "end")
                {
                    Number = Convert.ToDouble(s);
                    if (Number % 2 == 0)
                        count++;
                    if (MaxNumber < Number)
                    {
                        MaxNumber = Number;
                    }
                }
                else
                {
                    Console.WriteLine("程序结束");
                    Console.WriteLine("总共输入了{0}个偶数，所有数中最大值是:{1}",
                      count, MaxNumber);
                    break;
                }
            }
            Console.ReadKey();
        }
    }
}
```

用 for 循环实现如下：

```
namespace DemoOfFor
{
    class Program
    {
        static void Main(string[] args)
        {
            double MaxNumber=0, Number=0;
            int count = 0;
            for (int i=0; ; i++)
            {
                Console.WriteLine("请输入数字");
                string s = Console.ReadLine();
                if (s!="end")
                {
                    if (Number%2 == 0)
                        count++;
                    Number = Convert.ToDouble(s);
                    if (MaxNumber < Number)
                    {
                        MaxNumber = Number;
                    }
                }
                else
                {
                    Console.WriteLine("程序结束");
                    Console.WriteLine("总共输入了{0}个偶数，所有数中最大值是:{1}",
                      count, MaxNumber);
                    break;
                }
            }
            Console.ReadKey();
        }
    }
}
```

用 do-while 循环实现如下：

```
namespace DemoOfDoWhile
{
    class Program
    {
        static void Main(string[] args)
        {
            double MaxNumber = 0, Number = 0;
            int count = 0;
            string s;
            do
            {
                Console.WriteLine("请输入数字");
                s = Console.ReadLine();
                if(s=="end")
                {
                    Console.WriteLine("程序结束");
                    Console.WriteLine("总共输入了{0}个偶数，所有数中最大值是:{1}",
```

```
                count, MaxNumber);
               break;
            }
            Number = Convert.ToDouble(s);
            if (Number % 2 == 0)
               count++;
            if (MaxNumber < Number)
            {
               MaxNumber = Number;
            }
         }while (s != "end");
         Console.ReadKey();
      }
   }
}
```

程序运行后，即可看到本单元 5.1 节中的演示结果。

5.4 拓 展 训 练

5.4.1 拓展训练 1：直到型循环

编写并执行以下代码，分析结果：

```
using System;
using System.Collections.Generic;
using System.Linq;
using System.Text;
using System.Threading.Tasks;

namespace WhileExample
{
   class WhileExample
   {
      static void Main(string[] args)
      {
         while (true)
         {
            Console.Write("请输入'高兴'的英文单词:");
            //获得用户输入的单词，并删除首尾空格
            string vol = Console.ReadLine().Trim();
            //判断输入单词是否为 happy，不区分大小写
            if (vol.ToUpper() == "HAPPY")
            {//如果输入正确，则跳出循环
               Console.WriteLine("恭喜你，输入正确");
               break;
            }
            else
            {//如果输入不正确，则继续执行循环
               Console.WriteLine("输入错误，请重新输入！");
            }
         }
         Console.ReadLine();
```

```
        }
    }
}
```

要求用户一直输入“高兴”的英文单词，直到输入正确为止。

5.4.2　拓展训练 2：嵌套循环

假设有 5 个专卖店促销，每个专卖店每人限购 3 件衣服，可以随时选择离开，离店的时候要结账。编写程序，简单模拟这个购物的流程。在这里练习使用 for 语句来实现嵌套循环。代码如下：

```
using System;
using System.Collections.Generic;
using System.Linq;
using System.Text;
using System.Threading.Tasks;

namespace ShoppingExample
{
    class ShoppingExample
    {
        static void Main(string[] args)
        {
            string choice;
            int count = 0;
            for (int i=0; i<5; i++)   // 外层循环控制依次进入下一个专卖店
            {
                Console.WriteLine("\n 欢迎光临第{0}家专卖店", i+1);
                for (int j=0; j<3; j++)   // 内层循环控制一次买一件衣服
                {
                    Console.Write("要离开吗？y/n");
                    choice = Console.ReadLine();
                    if (choice == "y")   // 如果离开，就跳出，结账，进入下一个专卖店
                    {
                        break;
                    }
                    Console.WriteLine("买了一件衣服");
                    count++;         // 买一件衣服
                }
                Console.WriteLine("离店结账");
            }
            Console.ReadLine();
        }
    }
}
```

习　　题

1. 简答题

(1)　比较 while 语句、do-while 语句和 for 语句的异同。

(2) 阅读下列程序，指出运行结果：

```
main()
{
    int a, b;
    for(a=1,b=1; a<=100; a++)
    {
        if(b >= 20)
            break;
        if(b%3 == 1)
        {
            b += 3;
            continue;
        }
        b -= 5;
    }
    Console.WriteLine("a={0}", a);
}
```

(3) 阅读下列程序，指出运行结果：

```
main()
{
    int i, a=0;
    for(i=1; i<=5; i++)
    {
        do
        {
            i++;
            a++;
        } while(i<3);
    }
    i++;
    Console.WriteLine("a={0},i={1}", a, i);
}
```

2. 编程题

(1) 一球从 100 米高度自由落下，每次落地后反弹回原高度的一半，再落下，求它在第 10 次落地时，共经过多少米？第 10 次反弹多高？

(2) 百元买百鸡：用一百元钱买一百只鸡。已知公鸡 5 元/只，母鸡 3 元/只，小鸡 1 元/3 只。

分析：这是个不定方程——三元一次方程组问题(三个变量，两个方程)。

$$\begin{cases} x+y+z=100 \\ 5x+3y+z/3=100 \end{cases}$$

设公鸡为 x 只，母鸡为 y 只，小鸡为 z 只。

(3) 张三、李四、王五三个棋迷，定期来文化宫下棋。张三每五天来一次，李四每六天来一次，王五每九天来一次。问每过多少天他们才能一起在文化宫下棋？

分析：此问题实际上是求最小公倍数的数学问题。设结果为 x，取值范围为 0 ～∞。因上限为无限大，计数值不能预先确定，故用 while 循环结构更为合适。

单元 6

程序调试与异常处理

微课资源

扫一扫，获取本单元相关微课视频。

调试与异常处理

单元导读

程序不可能是完美无缺的，世上没有不出错的软件。在软件开发的过程中，错误捕捉显得尤为重要，因为有的错误会导致软件功能失常，而有的错误甚至会造成破坏性损失。软件的逻辑错误、人为操作的失误、运行条件的改变等因素，都会导致出现异常。在这一单元我们将学习异常处理方法和调试方法。

学习目标

- 学习和掌握调试的方法和技巧。
- 学习和掌握异常处理的方法。
- 掌握常用的异常类。

6.1 案例描述

本案例将设计一个 Windows 应用程序，程序的功能是：在一个文本框中输入 N 个数值，中间用逗号做间隔，然后对数值进行排序输出，程序执行结果如图 6-1 所示。

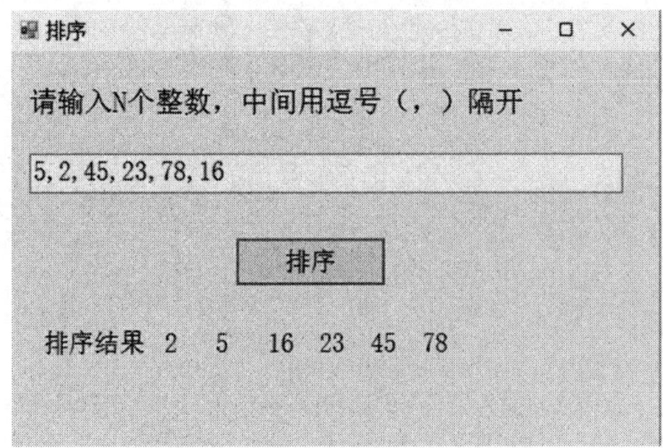

图 6-1 排序小助手

程序代码如下：

```
namespace demo06_ExampleOfException
{
    public partial class Form1 : Form
    {
        public Form1()
        {
            InitializeComponent();
        }

        private void button1_Click(object sender, EventArgs e)
        {
            lblResult.Text = "";
            string[] Nums = txtInput.Text.Split(',');
            int[] a = new int[Nums.Length];
            for(int i=0; i<=Nums.Length; i++)  //将字符串数组转换成整数数组
            {
```

```
            a[i] = Convert.ToInt32(Nums[i]);
        }
        for(int i=1; i<a.Length; i++)        //排序
        {
            for(int j=0; j<a.Length -i; j++)
            {
                if(a[j] > a[j+1])        //相邻两个元素比较交换
                {
                    int temp = a[j+1];
                    a[j + 1] = a[j];
                    a[j] = temp;
                }
            }
        }
        for (int i=0; i<a.Length; i++)
            lblResult.Text += String.Format("{0,-4:D}", a[i]);
    }
  }
}
```

编译通过，代表语法没有错误，但在运行的时候，发生了如图 6-2 所示的异常。

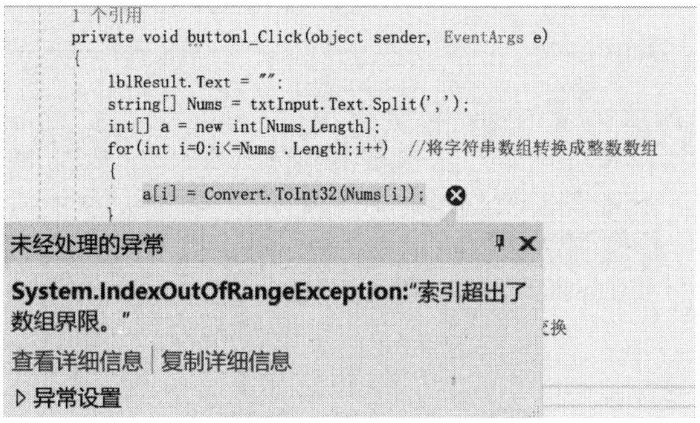

```
1 个引用
private void button1_Click(object sender, EventArgs e)
{
    lblResult.Text = "";
    string[] Nums = txtInput.Text.Split(',');
    int[] a = new int[Nums.Length];
    for(int i=0;i<=Nums .Length;i++)  //将字符串数组转换成整数数组
    {
        a[i] = Convert.ToInt32(Nums[i]);
    }
```

未经处理的异常

System.IndexOutOfRangeException:"索引超出了数组界限。"

查看详细信息 | 复制详细信息

▷ 异常设置

图 6-2　显示异常

上述程序在用户不按规定输入数据时(比如输入大写的“五”)，会发生异常，想修改程序，该怎么做呢？

6.2　知 识 链 接

6.2.1　异常的概念

异常(exception)是异常事件(exceptional event)的缩写，是一个在程序执行期间发生的事件，它将中断正在执行程序中的正常的指令流。

当在一个方法中发生错误的时候，这个方法会创建一个对象，并且把它传递给正在运行的系统。这个对象被叫作异常对象，它包含有关错误的信息，这些信息包括错误的类型和在程序发生错误时的状态。创建一个错误对象并把它传递给正在运行的系统被叫作抛出异常。一个方法抛出异常后，运行时系统就会试着查找一些方法来处理它。

6.2.2 Visual Studio 中的调试方法

程序开发过程中难免会发生错误，在开发大型项目中，程序的调试是一个漫长的过程。

Visual Studio 为开发环境提供了强大的代码调试功能，可以利用它快速消灭代码中的语法错误和逻辑错误。

首先来看语法错误的解决。语法错误是指程序员所输入的代码违反了 C#语言的语法规定，在第 1 单元里我们已经学习过了“错误列表”，双击错误提示，Visual Studio 会自动地将光标定位到出现错误的代码中。这样，可以快速地进行修改。

与语法错误相比，逻辑错误是更让人头痛的问题。逻辑错误是指代码在语法上没有错误，但是从程序的功能上看，代码却无法正确完成其功能。

同样可以使用 Visual Studio 来寻找逻辑错误。在调试模式下运行程序时，Visual Studio 并非仅仅给出最后的结果，还保留了应用程序所有的中间结果，即 Visual Studio 知道代码每一行都发生了什么。既然这样，程序员就可以通过跟踪这些中间结果，来发现 bug 到底藏在哪里。现在人们将在电脑系统或程序中隐藏着的一些未被发现的缺陷或问题统称为 bug(漏洞)。要调试程序，首先应把 Visual Studio 设置在调试环境下，如图 6-3 所示，把下拉选项设置为 Debug。

图 6-3 设置为调试环境

1. 单步执行程序

想要单步执行，可以按快捷键 F11，或者选择“调试”→“逐语句”菜单命令。这里通过例 5-1，即一个 while 循环的例子来执行单步调试，开始单步执行后，程序将首先暂停在主函数的第一行，这也正说明了 Main 函数是程序的入口。继续按快捷键 F10 或 F11 可以向下执行。

注意： 使用 F10 键和 F11 键的区别在于，单步执行时，如果不需要跳到某行代码中所调用的方法里去逐条查看，则使用 F10 键；如果想要进入调用的方法里逐条语句更为细致地查看，则需要使用 F11 键。

继续往下执行，执行到如图 6-4 所示的位置，左边黄色箭头指向的代码行是即将要执行的语句(还没有执行)。在下方可以看到“局部变量”窗口中显示了当前执行位置中各变量值的情况。每当变量的值发生变化时，它的值由红色字体显示。“局部变量”窗口由三列构成，分别是名称、值和数据类型。从图 6-4 中可以看出 num 的值还是 0，代表 num++ 还没有执行，是马上要执行的语句。

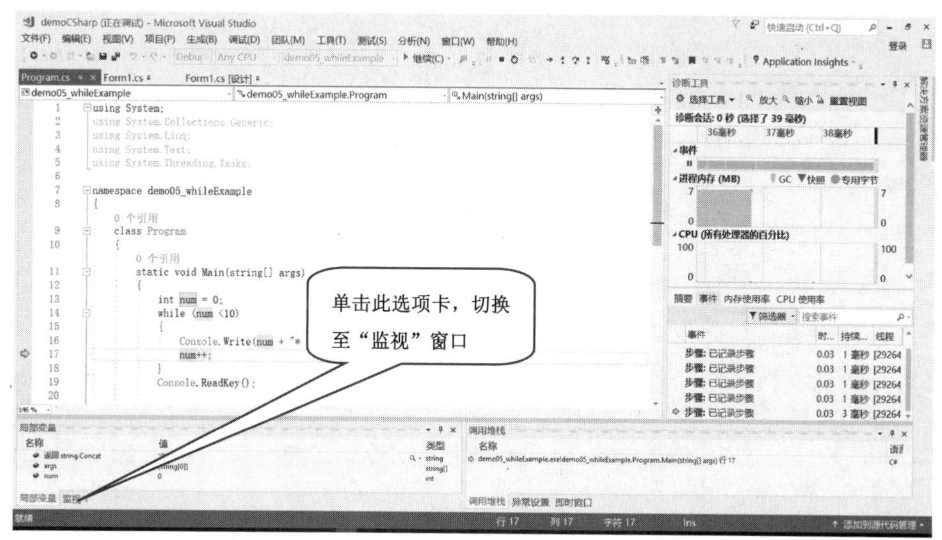

图 6-4　单步执行

如果需要监视某个或某些特定的变量，可以使用“监视”窗口，如图 6-5 所示。

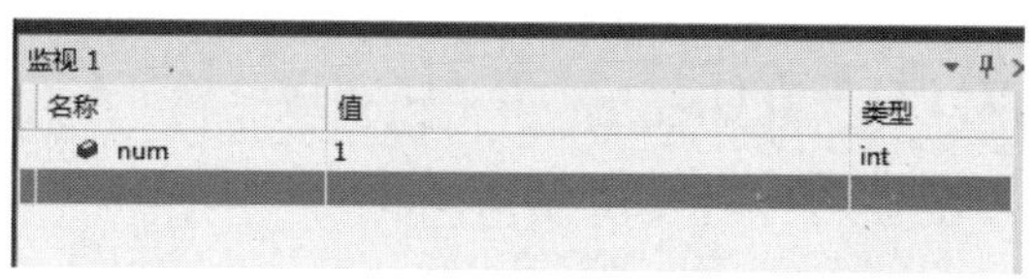

图 6-5　“监视”窗口

同样，“监视”窗口也有 3 列，分别显示想要监视变量的名称、值和数据类型。可以在监视窗口的“名称”栏直接输入想要监视的变量，也可以把变量从代码中选中，然后按住鼠标左键，直接拖放到监视窗口中。

2. 设置断点

单步执行对于较大规模程序的调试显然不可行。在此，还有另一种方式来解决这个问题，就是使代码暂停在程序员想要的地方，也就是设置断点(Breakpoint)。

在设置断点时，首先把光标放置在想要程序暂停的地方，用鼠标单击那一行的前边界(再单击一次表示取消设置)。也可以按快捷键 F9 或者选择“调试”→“新断点”菜单命令来设置断点。在这里我们使用最常用的方法，直接单击某行的前边界。

先来看如下所示的代码，即第 4 单元的拓展训练，但里面由于程序员的疏忽，有个逻辑错误：

```
namespace demo04_practice01
{
    class Program
    {
        static void Main(string[] args)
        {
            int price = 8800;  // 某旅游项目的原价
```

```
            int month;          // 出行的月份
            int type;           // 航班出行为 1，动车出行为 2

            Console.WriteLine("请输入您出行的月份：1-12");
            month = int.Parse(Console.ReadLine());
            Console.WriteLine(
              "请问您选择航班出行/动车出行？航班出行输入 1，动车出行输入 2");
            type = int.Parse(Console.ReadLine());
            if (month >= 5 && month <= 10)  // 旺季
            {
                if (type == 1)          // 航班出行
                {
                    Console.WriteLine(
                      "您参加此旅游项目的价格为：{0}", price * 0.9);
                }
                else if (type == 2)  // 动车出行
                {
                    Console.WriteLine(
                      "您参加此旅游项目的价格为：{0}", price * 0.75);
                }
            }
            else  // 淡季
            {
                if (type == 1)         // 航班出行
                {
                    Console.WriteLine(
                      "您参加此旅游项目的价格为：{0}", price * 0.6);
                }
                else if (type == 1)  // 动车出行
                {
                    Console.WriteLine(
                      "您参加此旅游项目的价格为：{0}", price * 0.3);
                }
            }
            Console.ReadLine();
        }
    }
}
```

程序运行结果如图 6-6 所示。

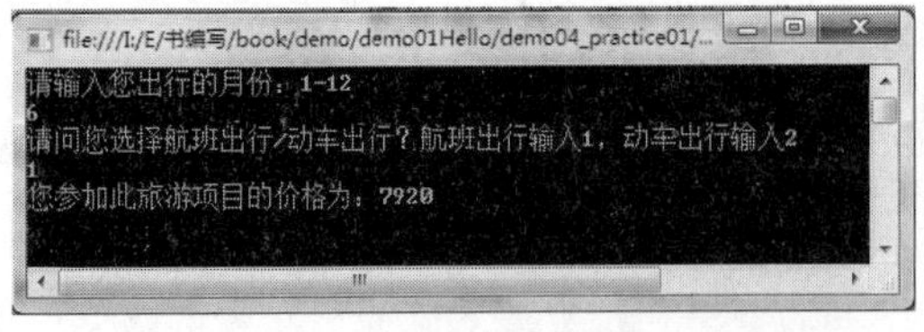

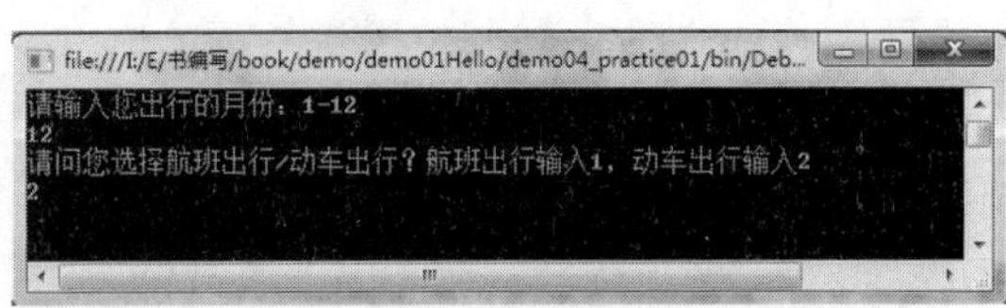

图 6-6　分别选择旺季航班和淡季动车出行时的程序运行结果

结果旺季航班出行的结果是正确的，而淡季动车出行的结果却无任何输出，由此判断问题可能出在处理淡季出行的语句块中。将断点设置在外层 else 语句开始处，最左边界有一个红色圆点标记，如图 6-7 所示。

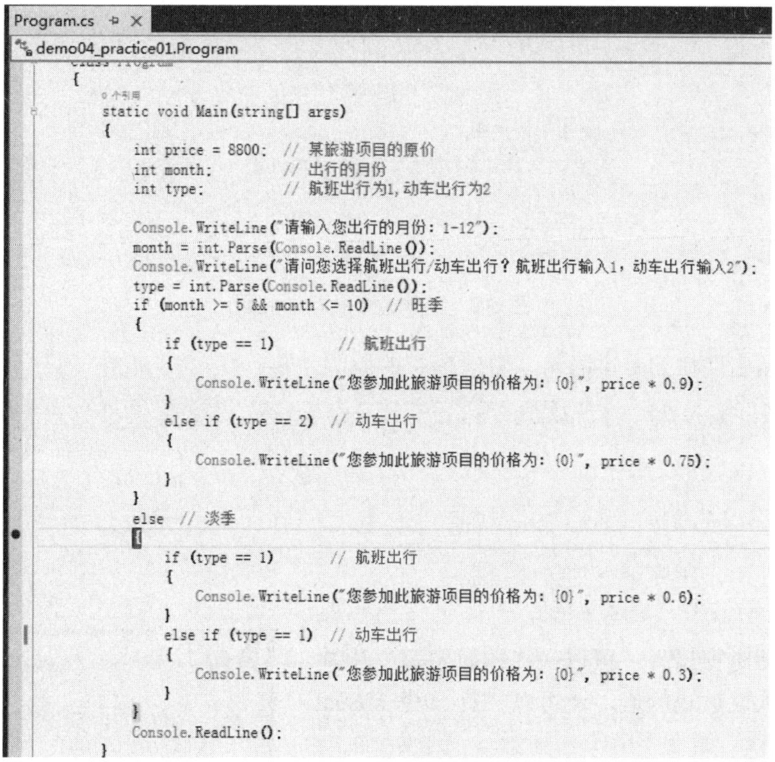

```
Program.cs  ⊕ ×
demo04_practice01.Program
    {
        0 个引用
        static void Main(string[] args)
        {
            int price = 8800;  // 某旅游项目的原价
            int month;         // 出行的月份
            int type;          // 航班出行为1,动车出行为2

            Console.WriteLine("请输入您出行的月份: 1-12");
            month = int.Parse(Console.ReadLine());
            Console.WriteLine("请问您选择航班出行/动车出行？航班出行输入1，动车出行输入2");
            type = int.Parse(Console.ReadLine());
            if (month >= 5 && month <= 10)  // 旺季
            {
                if (type == 1)        // 航班出行
                {
                    Console.WriteLine("您参加此旅游项目的价格为: {0}", price * 0.9);
                }
                else if (type == 2)  // 动车出行
                {
                    Console.WriteLine("您参加此旅游项目的价格为: {0}", price * 0.75);
                }
            }
            else  // 淡季
            {
                if (type == 1)        // 航班出行
                {
                    Console.WriteLine("您参加此旅游项目的价格为: {0}", price * 0.6);
                }
                else if (type == 1)  // 动车出行
                {
                    Console.WriteLine("您参加此旅游项目的价格为: {0}", price * 0.3);
                }
            }
            Console.ReadLine();
        }
```

图 6-7　设置断点

单击“启动调试”按钮 ，或按 F5 键，程序执行到断点处中断，单击“逐语句”按钮或按 F11 键，程序从断点处逐语句执行，以黄色显示当前要执行的语句。当程序逐句执行时，可以选择“调试”→“窗口”菜单命令，打开“局部变量”窗口，从“局部变量”窗口查看当前变量的值。继续按 F11 键，因为我们输入的是淡季 12 月动车出行，动车代码是 2，不符合 if (type == 1)，所以跳到 else if 语句，如图 6-8 所示。

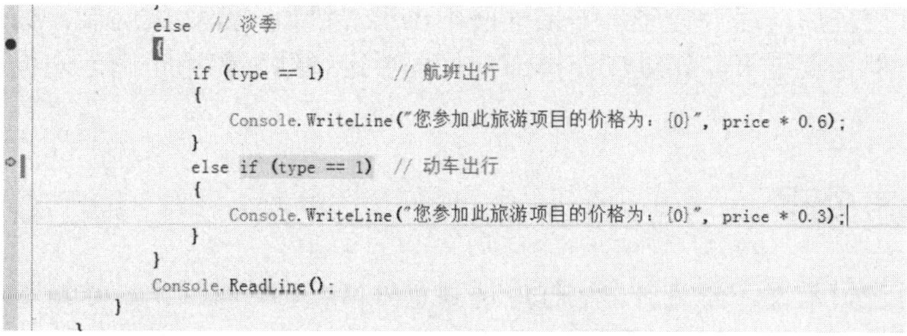

```
            else  // 淡季
            {
                if (type == 1)        // 航班出行
                {
                    Console.WriteLine("您参加此旅游项目的价格为: {0}", price * 0.6);
                }
                else if (type == 1)  // 动车出行
                {
                    Console.WriteLine("您参加此旅游项目的价格为: {0}", price * 0.3);
                }
            }
            Console.ReadLine();
        }
```

图 6-8　设置断点后逐条执行语句

关键问题来了，再按一次 F11 键，代码直接跳过下面这条语句：

```
Console.WriteLine("您参加此旅游项目的价格为: {0}", price * 0.3);
```

此时，左边的黄色箭头指向如图 6-9 所示。

```
        }
        else  // 淡季
        {
            if (type == 1)        // 航班出行
            {
                Console.WriteLine("您参加此旅游项目的价格为：{0}", price * 0.6);
            }
            else if (type == 1)   // 动车出行
            {
                Console.WriteLine("您参加此旅游项目的价格为：{0}", price * 0.3);
            }
        }
        Console.ReadLine();
    }
}
```

图 6-9　继续逐条执行的结果

可见问题出现在 else if 语句，由于疏忽的原因，将：

```
else if (type == 2)  // 动车出行
```

写成了：

```
else if (type == 1)  // 动车出行
```

修改为 2 后，程序运行结果正确。

在调试过程中，选择“调试”→“窗口”命令，打开“即时窗口”，可以在“即时窗口”中检查某个变量或表达式的值，还可以执行一些 Visual Studio 命令，如图 6-10 所示。例如输入“?type”，按 Enter 键会返回 type 当前的值 2，并显示在窗口中。

图 6-10　即时窗口

在设置断点调试中，是有一些技巧的，需要程序员能理清代码的逻辑结构，迅速判定 bug 可能出现的位置，然后在相应的位置设置断点进行验证，这依赖于程序员的经验。

总地来说，可以从外到内，从大到小，逐步锁定 bug 所在的范围。可以通过设置断点，逐个过程执行来实现；或者注释掉一部分代码，然后运行程序，看其是否出错。在注释掉一部分代码之后，运行程序，如果程序不再出现错误，那么很明显，bug 就在注释掉的代码之中。但是反过来，如果注释掉部分代码后运行结果仍不正确，却也不能说注释掉的代码肯定正确。

6.2.3　异常处理

代码中有逻辑错误、公共语言运行库遇到意外情况、数据溢出、数组下标越界等都可能会造成代码异常陷阱。C#提供了异常处理机制，允许开发者捕捉程序运行时可能出现的异常。在.NET Framework 中，用 Exception 类表示基类异常，其他异常是从 Exception 类继承的。System.Exception 没有反映具体的异常信息，多数情况下，我们在写代码时使用的是它的派生类。

在 C#中，经常使用的异常类说明如下。

(1)　与应用程序自身引发有关的异常类。

ApplicationException 类：该类表示应用程序发生非致命错误时所引发的异常(建议：应

用程序自身引发的异常通常用此类)。

(2) 与参数有关的异常类，用于处理给方法成员传递参数时发生的异常。

ArgumentException 类：该类用于处理参数无效的异常，除了继承来的属性名，此类还提供了 string 类型的属性 ParamName，表示引发异常的参数名称。

FormatException 类：该类用于处理参数格式错误的异常。

(3) 与成员访问有关的异常类。

MemberAccessException 类：该类用于处理访问类的成员失败时所引发的异常。失败的原因可能是没有足够的访问权限，也可能是要访问的成员根本不存在(类与类之间调用时常用)。

(4) 与数组有关的异常类。

IndexOutOfRangeException 类：该类用于处理下标超出数组长度时所引发的异常。

ArrayTypeMismatchException 类：该类用于处理在数组中存储数据类型不正确的元素所引发的异常。

RankException 类：该类用于处理维数错误所引发的异常。

(5) 与 I/O 有关的异常类。

IOException 类：该类用于处理进行文件输入输出操作时所引发的异常。

(6) 与算术有关的异常类。

DivideByZeroException 类：表示整数或十进制运算中试图除以零而引发的异常。

NotFiniteNumberException 类：表示浮点数运算中出现无穷大或者非负值时所引发的异常。

一个优秀的应用程序的代码中应该包含必要的异常处理代码。鉴于此，C#提供了异常处理机制，允许开发者捕捉程序运行时可能出现的异常。

在 C#中，使用 try、catch 和 finally 关键字定义异常代码块。

例 6-1　数组的索引超限引发异常。代码如下：

```
namespace demo06_01IndexOutOfRange
{
    class Program
    {
        static void Main(string[] args)
        {
            int[]myArray = new int[5]{1,2,3,4,5};
            myArray[5] = 5;    //错误的赋值，将会引发异常

        }
    }
}
```

显然上述代码中存在着问题，即数组的索引超限。运行后会产生如图 6-11 所示的错误。

Visual Studio 抛出了一个 IndexOutOfRangeException 异常，这种异常可以用 try-catch 语句来进行处理。

使用时，将有可能发生异常的代码放在 try 语句块中，把处理 try 语句中出现的异常的代码放到 catch 语句块中，而不管 try 语句中有没有异常发生，最后都要执行 finally 语句中的程序块。我们将例 6-1 的代码做以下处理。

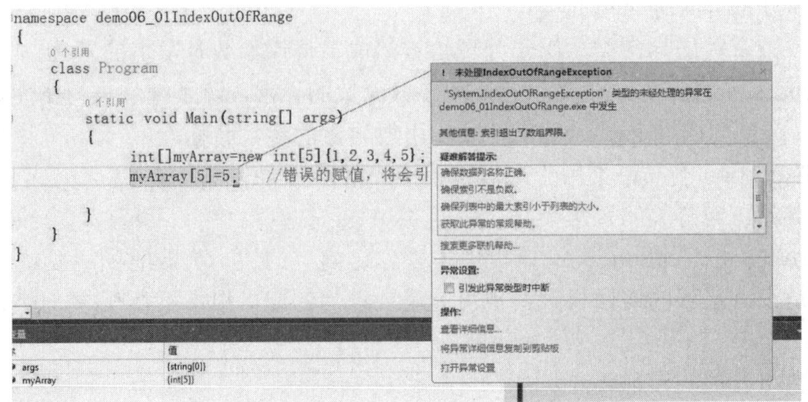

图 6-11　程序抛出异常

例 6-2　使用 try-catch 添加异常处理。代码如下：

```
namespace demo06_02tryCatch
{
    class Program
    {
        static void Main(string[] args)
        {
            int[] myArray = new int[5] { 1, 2, 3, 4, 5 };
            //使用 try-catch 语句捕获异常
            try
            {
                myArray[5] = 5;        //错误的赋值，将会引发异常
            }
            catch (IndexOutOfRangeException e)
            {
                Console.WriteLine(
                  "有 IndexOutOfRangeException 异常，请检查数组索引是否超出范围");
            }
            finally
            {
                Console.WriteLine("本次运行结束，如需更正，联系程序员");
            }
            Console.ReadLine();
        }
    }
}
```

程序的运行结果如图 6-12 所示。

可以看到，程序成功地捕获了 IndexOutOfRangeException 异常，并显示给用户。异常捕捉与处理在做图形界面程序(比如窗体程序)时也非常有用，这时往往需要设计一个窗体，显示一些友好的界面，同时，请求使用者将这些异常信息通过一定的方式发送至开发人员处，并避免程序抛出简单且难以让用户理解的异常提示窗口。

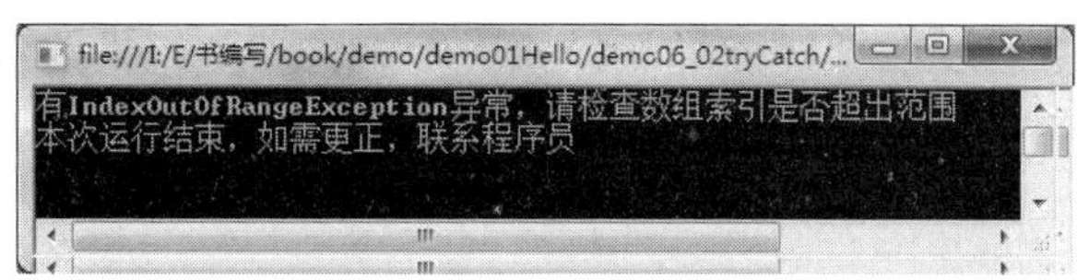

图 6-12　程序捕获了异常

说明： 当在 try{…}代码块中出现异常时，C#将自动转向并执行 catch{…}代码块。通常情况下，要将可能发生异常的多条代码放入 try 块中，一个 try 块必须有至少一个与之相关联的 catch 块或 finally 块，单独一个 try 块是没有意义的。

异常处理的策略通常是，在程序的开发过程中，应当尽力暴露程序的问题，使设计人员尽可能地应对这些可能的异常。而在系统发布后，则应尽可能隐藏程序的问题，在发生异常时，尽量不直接显示给用户，而应该给出友好的提示。

6.3　案例分析与实现

6.3.1　案例分析

本单元的案例程序抛出了一个 IndexOutOfRangeException 异常，这是我们学过的与数组有关的异常类，该类用于处理下标超出数组长度所引发的异常。判定是数组处理时出现了问题，用添加断点的方式查出具体是哪条语句导致数组超出了索引范围，针对用户不按规则输入数据的问题，可以使用 try、catch 语句来改进。

6.3.2　案例实现

(1) 设置断点，如图 6-13 所示。

```
Form1.cs    Form1.cs [设计]
demo06_ExampleOfException | demo06_ExampleOfException.For | button1_Click(object se
            InitializeComponent();
        }

        private void button1_Click(object sender, EventArgs e)
        {
            lblResult.Text = "";
            string[] Nums = txtInput.Text.Split(',');
            int[] a = new int[Nums.Length];
            for (int i=0;i<=Nums .Length;i++)  //将字符串数组转换成整数数组
            {
                a[i] = Convert.ToInt32(Nums[i]);
            }
            for(int i=1;i<a.Length;i++)      //排序
            {
                for(int j=0;j<a.Length -i;j++)
```

图 6-13　设置断点

先按 F5 键启动程序，在窗口输入案例中描述的数据，单击“排序”按钮，当运行到断点处时程序暂停，继续按 F11 键启用逐条语句方式跟踪每一条语句的执行情况，在调试过程中，将数组和 i 变量添加到监视窗口。注意观察各数组元素和 i 的变化过程，如图 6-14 所示。

名称	值	类型
a	{int[6]}	int[]
[0]	5	int
[1]	2	int
[2]	45	int
[3]	23	int
[4]	78	int
[5]	16	int
i	6	int

图 6-14　在监视窗口中观察值的变化

当第 6 次循环执行 i++之后，i 的值为 6，而输入数据总共有 6 个，在以下语句中初始化了 6 个元素的数组(对应的下标即 i 的范围是 0～5)：

```
int[] a = new int[Nums.Length];
```

查出问题是以下语句(“i<=Nums.Length;”中多写了一个“=”)：

```
for(int i=0;i<=Nums.Length;i++)  //将字符串数组转换成整数数组
```

(2) 上述代码在用户不按规定输入数据时，比如“五”，也会发生异常，一并修改源代码，使用 try、catch 语句来实现提醒用户重新输入的功能：

```
namespace demo06_ExampleOfException
{
    public partial class Form1 : Form
    {
        public Form1()
        {
            InitializeComponent();
        }

        private void button1_Click(object sender, EventArgs e)
        {
            lblResult.Text = "";
            string[] Nums = txtInput.Text.Split(',');
            int[] a = new int[Nums.Length];
            try
            {
                for (int i=0; i<Nums.Length; i++)  //将字符串数组转换成整数数组
                {
                    a[i] = Convert.ToInt32(Nums[i]);
                }
            }
            catch (Exception)
            {
                MessageBox.Show("程序发生异常，请重新输入规定格式的数据！");
            }
            for(int i=1; i<a.Length; i++)     //排序
            {
                for(int j=0; j<a.Length-i; j++)
                {
                    if(a[j] > a[j+1])       //相邻两个元素比较交换
                    {
                        int temp = a[j+1];
```

```
                        a[j + 1] = a[j];
                        a[j] = temp;
                    }
                }
            }
            for (int i=0; i<a.Length; i++)
                lblResult.Text += String.Format("{0,-4:D}", a[i]);
        }
    }
}
```

程序运行结果如图 6-15 所示。

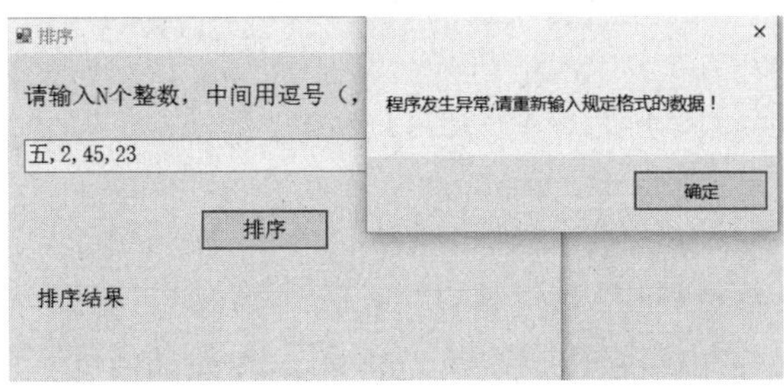

图 6-15　提示用户输入正确数据

6.4　拓展训练：创建用户自定义异常

用户也可以定义自己的异常。用户自定义的异常类派生自 ApplicationException 类。下面的实例演示了这点，代码如下：

```
namespace demo06_UserDefinedException
{
    class Program
    {
        static void Main(string[] args)
        {
            Temperature temp = new Temperature();
            try
            {
                temp.showTemp();
            }
            catch (TempIsZeroException e)
            {
                Console.WriteLine("TempIsZeroException: {0}", e.Message);
            }
            Console.ReadKey();
        }
    }

    public class TempIsZeroException : ApplicationException
    {
        public TempIsZeroException(string message) : base(message)
        {
```

```
        }
    }

    public class Temperature
    {
        int temperature = 0;
        public void showTemp()
        {
            if (temperature == 0)
            {
                throw (new TempIsZeroException("Zero Temperature found"));
            }
            else
            {
                Console.WriteLine("Temperature: {0}", temperature);
            }
        }
    }
}
```

当上面的代码被编译和执行时，会产生如图 6-16 所示的结果。

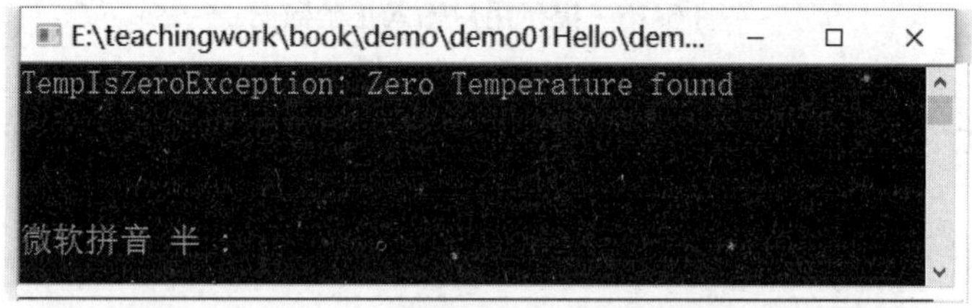

图 6-16　使用用户自定义异常类

习　　题

1. 选择题

(1) 下列关于 try…catch…finally 语句的说明中，不正确的是(　　)。

A. catch 块可以有多个　　B. finally 是可选的

C. catch 块是可选的　　D. 可以只有 try 块

(2) 为了在程序中捕获所有的异常，在 catch 语句的括号中使用的类名为(　　)。

A. Exception　　B. DivideByZeroException

C. FormatException　　D. 以上三个均可

(3) 下列说法中正确的是(　　)。

A. 在 C#中，编译时对数组下标越界将做检查

B. 在 C#中，程序运行时，数组下标越界也不会产生异常

C. 在 C#中，程序运行时，数组下标越界是否产生异常由用户确定

D. 在 C#中，程序运行时，数组下标越界一定会产生异常

2. 简答题

(1) 如何寻找代码中的语法错误和逻辑错误？

(2) 如何处理代码中的异常情况？

3. 操作题

请运用异常处理机制妥善处理做整数除法时，除数为 0 时所出现的异常。

单元 7

数组与集合

微课资源

扫一扫，获取本单元相关微课视频。

数组

ArrayList

单元导读

声明一个变量可以存储一个值，当遇到要存储多个相同类型的值时，变量就显得无能为力了，数组正是在这种存储需求下设计的一种数据结构，数组是具有一组固定类型和固定上限的最简单的数据集合。在 C#中，数组和集合是两个非常重要的概念，这两种类型都可以存储多个数据，在程序中有着非常多的应用。

学习目标

- 理解数组的概念。
- 掌握一维数组的声明和使用。
- 掌握二维数组的声明和使用。
- 掌握数组的基本算法。
- 掌握最常见集合类 ArrayList 的使用。

7.1 案例描述

学院举行一场校园演讲比赛，共有 10 位评委为选手打分，为了让比赛更公平，每位选手的最后得分是在 10 个评委分中去掉一个最高分和一个最低分后所得的平均分，然后进行排序，得到比赛结果。如果是人工操作，难免会有失误，记分员同学于是编写了一道程序来完成这一任务。案例执行的结果如图 7-1 所示。

图 7-1 计分统计程序

7.2 知 识 链 接

7.2.1 数组的定义和使用

数组是大部分编程语言都支持的一种数据类型，是一组具有相同类型和名称的变量的集合，如一组整数、一组字符等。

组成数组的这些变量称为数组的元素。每个数组元素都有一个编号，这个编号叫作下标，C#中的下标是从 0 开始的，最大的下标等于数组元素个数减 1。C#中可以通过下标来区分这些元素。数组元素的个数有时也称为数组的长度。

1. 一维数组

在声明数组时，应先定义数组中元素的类型，其后是一个空方括号和一个变量名。例如，下面声明了一个包含整型元素的一维数组：

```
int[] myInt;          //声明一个 int 类型数组
```

声明了数组后，就必须先为数组分配内存，以保存数组中的所有元素。数组是引用类型，所以必须给它分配堆上的内存。为此，应使用 new 运算符，指定数组中元素的类型和数量来初始化数组变量：

```
int[] myInt;                //声明数组变量
myInt = new int[7];         //初始化数组
```

也可以在声明的同时初始化数组，以上代码可写成：

```
int[] myInt = new int[7];
```

还可以使用数组初始化器为数组中的每个元素赋值：

```
int[] myInt1 = new int[7] { 11, 12, 30, 53, 21, 38, 27 };
```

如果用花括号初始化数组，还可以不指定数组的大小，因为编译器会计算出元素的个数，例如下面的写法与上例的效果是一样的：

```
int[] myInt2 = new int[] { 11, 12, 30, 53, 21, 38, 27 };
```

使用 C#编译器还有一种更简化的形式。使用花括号可以同时声明和初始化数组，编译器生成的代码与前面的例子相同：

```
int[] myInt3 = { 11, 12, 30, 53, 21, 38, 27 };
```

以上三种方式，我们建议初学者用第一种完整的标准形式，以避免出现错误。

数组在声明和初始化后，就可以使用索引器访问其中的元素了。不过，需要注意，数组只支持有整型参数的索引器：

```
int i1 = myInt3[0];        //将数组 myInt3 中的第一项交给变量 i1
int i2 = myInt3[3];        //将数组 myInt3 中的第四项交给变量 i2
myInt3[2] = 18;            //修改数组 myInt3 中的第三项的值
myInt3[5] = 90;            //修改数组 myInt3 中的第六项的值
```

说明： 如果使用了错误的索引器值(不存在对应的元素)，就会抛出 IndexOutOfRangeException 类型的异常。在第 6 单元中，例 6-1 中就出现了数组索引超出范围的异常。

2. 多维数组

一维数组用一个整数来索引。多维数组即用两个或多个整数来索引。

二维数组的声明方式如下：

```
//方式一
int[ , ] numbers;                         //声明
numbers = new int[ , ] {                  //初始化
    {1,2,3,4,5},
    {1,2,3,4,5},
    {1,2,3,4,5},
    {1,2,3,4,5},
    {1,2,3,4,5}
};
//方式二
int[ , ] numbers = new int[ , ] {  //声明并初始化
    { 1, 2, 3, 4, 5 },
    { 1, 2, 3, 4, 5 },
    { 1, 2, 3, 4, 5 },
    { 1, 2, 3, 4, 5 },
    { 1, 2, 3, 4, 5 }
};
```

声明的 numbers 数组可以存放 5 行 5 列的元素，即 numbers.Length = 25，要访问每个元素，可以使用下标，如 numbers[0,0] = 1。依次类推，还可以创建更多维的数组。多维数组不在本书做详细讨论。

3. System.Array 基类

C#中的数组是由 System.Array 类派生而来的引用对象，它提供一些公共的属性和方法，对数组的操作提供了很大帮助。其常用的属性和方法如表 7-1 所示。

表 7-1　System.Array 类常用的属性和方法

属性/方法	说　明
Length 属性	获得一个 32 位整数，表示 Array 的所有维数中元素的总数
Rank 属性	获取 Array 的秩(维数)，如二维数组 numbers，numbers.Rank =2
BinarySearch 方法	使用二分搜索算法在一维的有序 Array 中搜索值
Clone 方法	创建 Array 的浅表(仅复制 Array 的元素，无论它们是引用类型还是值类型)副本
Copy/CopyTo 方法	将一个 Array 的一部分复制到另一个 Array 中
GetLength 方法	获取一个 32 位整数，表示 Array 的指定维中的元素
GetValue/SetValue 方法	获取/设置 Array 中的指定元素值
IndexOf/LastIndexOf 方法	返回一维 Array 或部分 Array 中某个值的第一个/最后一个匹配项索引
Sort 方法	对一维 Array 对象中的元素进行排序

例 7-1　演示 Array 类的用法，创建类型为 int、大小为 5 的数组，代码如下：

```
namespace demo07_01example
{
    class Program
    {
        static void Main(string[] args)
        {
            Array myarr;     //创建数组引用
            int v = 10;
            //创建索引从 0 开始的指定类型的数组实例
            myarr = Array.CreateInstance(v.GetType(), 5);
            myarr.SetValue(v, 2);    //将变量插入指定索引的位置
            myarr.SetValue(88, 3);   //将整数 88 插入指定索引的位置
            //读出数组
            for (int i=0; i<myarr.Length; i++) //用 Length 属性控制索引范围
            {
                Console.WriteLine(myarr.GetValue(i));
                  //读取数组中的值，使用 GetValue 方法
            }
            Console.ReadKey();
        }
    }
}
```

程序运行结果如图 7-2 所示。

图 7-2　例 7-1 的程序运行结果

说明： CreateInstance()方法的第一个参数是元素的类型，第二个参数定义数组的大小。myarr[2]被赋值 10，myarr[3]被赋值 88，其余的元素因为没有初始化，编译器默认初始值为 0。

7.2.2　用 foreach 语句遍历数组

尽管可以采用索引访问数组中的所有元素，但是这种方法还是极为烦琐和复杂的。在程序中难以采用这种方法依次访问数组中的每个元素。当然，我们可以使用循环来遍历数组中的每个元素。

为了提高效率，C#提供了 foreach 语句来实现数组的遍历功能。可以使用 foreach 语句访问数组中的每个元素而不需要确切地知道每个元素的索引。使用格式如下：

```
foreach (data_typt item_name in arr_name)
{
    //遍历每一个元素
}
```

注意： 无论是几维的数组，foreach 语句都会从最深层的原子元素开始，遍历一次且仅一次，因此，不需要嵌套 foreach 循环。而且对数组内容进行只读访问，所以不会改变任何元素的值。

例 7-2 使用 foreach 遍历数组，代码如下：

```
namespace demo07_arrayForeach
{
    class Program
    {
        static void Main(string[] args)
        {
            int[] a = new int [6]{3,6,2,5,9,4};
            int result = 1;
            foreach (int i in a)
                result *= i;
            Console.WriteLine(result);
            Console.ReadKey();
        }
    }
}
```

上述代码执行后，result 的值为数组中所有元素的乘积，即 6480。

7.2.3 数组的常用排序算法

排序(sort)是计算机程序设计中的一种重要操作，也是日常生活中经常遇到的问题。例如学生成绩的排序，字典中单词的排序。

下面就来看看怎样用 C#语言实现经典的冒泡排序。

冒泡排序的原理是从自然界“水中的气泡越轻越容易上浮”这一现象得来的，假设现有 5 个数：3、5、2、4、1，要将它们从小到大排序。冒泡排序的过程如图 7-3 所示。

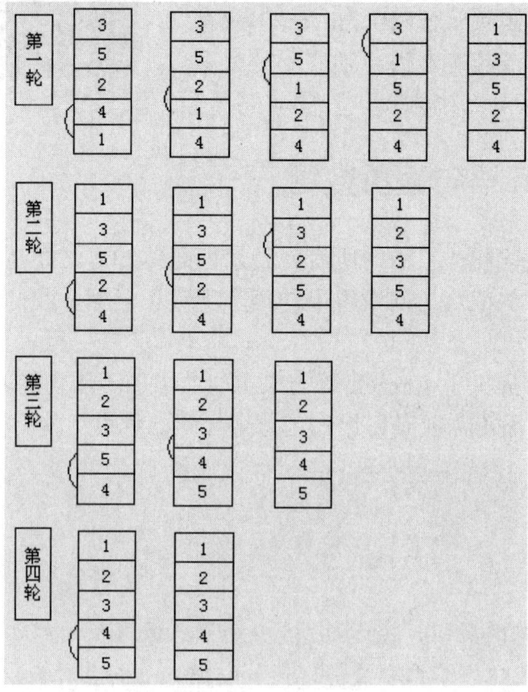

图 7-3 冒泡排序过程

可以将每个元素比作一个气泡，排序的过程就是气泡不断向上冒的过程，越轻的气泡冒得越高。在数组中重复地遍历要排序的数列，一次比较两个元素，如果它们的顺序错误，就把它们交换过来。遍历的工作是重复地进行，直到没有再需要交换的元素，也就是说，所有元素已经排序完成。

以下是冒泡排序的算法：

```
private static void Sort(double[] a)
{
    double  temp;
    for (int i=0; i<a.Length-1; i++)
    {
        for(int j=0; j<a.Length -i-1; j++)
        {
            if(a[j] < a[j+1])
            {
                temp = a[j];
                a[j] = a[j + 1];
                a[j + 1] = temp;
            }
        }
    }
}
```

代码是将数组中的元素进行递减排序，将最小的数排到最后，也可以做适当更改，变为递增排序，读者可自己试一试。除了冒泡排序等算法实现外，C#中还提供了用于排序的其他算法，例如 Array.Sort()和 Array.Reverse()。

例 7-3　使用 Array 类的 Sort 方法对数组进行递增排序，使用 Array 类的 Reverse 方法将排序后的数组反转为降序。代码如下：

```
namespace demo07_arraySortAndReverse
{
    class Program
    {
        static void Main(string[] args)
        {
            int[] numbers = { 32, 51, 24, 45, 19 };
            Console.WriteLine("排序前数组为：");
            foreach (int i in numbers)
                Console.Write(i + " ");
            Console.WriteLine();
            System.Array.Sort(numbers);
            Console.WriteLine("排序后数组为：");
            foreach (int i in numbers)
                Console.Write(i + " ");
            Console.WriteLine();
            System.Array.Reverse(numbers);
            Console.WriteLine("反转后数组为：");
            foreach (int i in numbers)
                Console.Write(i + " ");
            Console.ReadKey();
        }
    }
}
```

程序运行结果如图 7-4 所示。

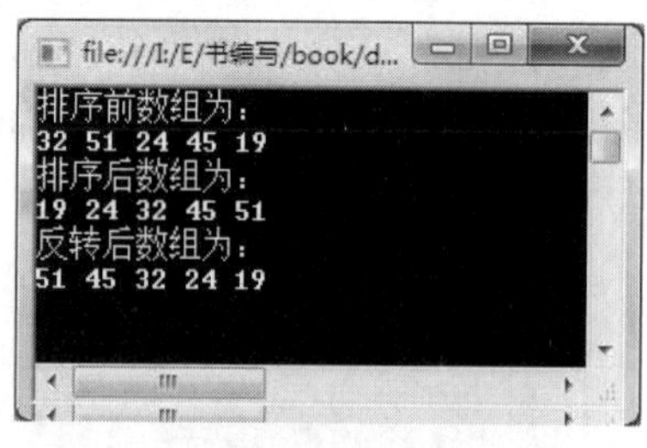

图 7-4　例 7-3 的程序运行结果

7.2.4　集合类

如果将紧密相关的数据组合到一个集合中，则能够更有效地处理这些数据。不用编写不同的代码来处理每一个单独的对象，而是使用相同的调用代码来处理一个集合中的所有元素。

System.Collections 命名空间包含接口和类，这些接口和类定义了各种对象(如动态数组、排序列表、队列、位数组、哈希表和字典)的集合。

System.Collections.Generic 命名空间包含定义泛型集合的接口和类，泛型集合允许用户创建强类型集合，它能提供比非泛型强类型集合更好的类型安全性和性能。

表 7-2 是各种常用的 System.Collections 命名空间的类。

表 7-2　常用的集合类

类	描述和用法
ArrayList (动态数组)	代表了可被单独索引的对象的有序集合。基本上可以替代一个数组
Hashtable (哈希表)	使用键来访问集合中的元素
SortedList (排序列表)	可以使用键和索引来访问列表中的项。排序列表是数组和哈希表的组合
Stack (堆栈)	代表了一个后进先出的对象集合
Queue (队列)	代表了一个先进先出的对象集合
BitArray (位数组)	代表了一个使用值 1 和 0 来表示的二进制数组

其中堆栈和队列在数据结构中会详细介绍，这里主要讲解.NET 类库中使用最频繁的集合类。

1. ArrayList

ArrayList 对象是较为复杂的数组。ArrayList 类提供多数 System.Collections 类都提供的功能，但这些功能在数组(Array)类中没有提供。可以将 ArrayList 看作是扩充了功能的数组，但 ArrayList 并不等同于数组，读者在学习 ArrayList 时一定要牢记这一点。

ArrayList 与数组不同的是：

- 可以使用索引在指定的位置添加或者移除项目，动态数组会自动地重新调整它的大小。
- 允许在列表中进行动态内存分配以及增加、搜索、排序各项。

注意： ArrayList 只提供一维的形式，而数组可以是多维的。

可以在定义一个 ArrayList 时给出它的初始容量：

```
ArrayList myArrayList = new ArrayList(17);
```

表 7-3 列出了 ArrayList 的常用属性。

表 7-3　ArrayList 的常用属性

属　性	说　明
Capacity	获取或设置 ArrayList 可包含的元素数
Count	获取 ArrayList 中实际包含的元素数
IsFixedSize	获取一个值，该值指示 ArrayList 是否具有固定大小
IsReadOnly	获取一个值，该值指示 ArrayList 是否为只读
IsSynchrOnlzed	获取一个值，该值指示是否同步对 ArrayList 的访问
Item	获取或设置指定索引处的元素
SyncRoot	获取可用于同步 ArrayList 访问的对象

说明： 使用 ArrayList 之前，需要在 ArrayList 中添加 System.Collections 引用。

例 7-4　ArrayList 的基本用法。代码如下：

```
namespace demo07_04ArrayList
{
    class Program
    {
        static void Main(string[] args)
        {
            ArrayList al = new ArrayList();
            al.Add(100);                    //单个添加
            foreach (int number in new int[6] { 9, 3, 7, 2, 4, 8 })
            {
                al.Add(number);             //集体添加方法一
            }
            int[] number2 = new int[2] { 11, 12 };
            al.AddRange(number2);           //集体添加方法二
            al.Remove(3);                   //移除值为 3 的元素
            al.RemoveAt(3);                 //移除索引为 3，即第 4 个元素
            ArrayList al2 = new ArrayList(al.GetRange(1, 3));
             //新 ArrayList 只取旧 ArrayList 的一部分

            Console.WriteLine("遍历方法一:");
            foreach (int i in al)           //不要强制转换
            {
                Console.WriteLine(i);
            }

            Console.WriteLine("遍历方法二:");
            for (int i=0; i<al2.Count; i++)  //数组是 length
            {
                int number = (int)al2[i];     //一定要强制转换
                Console.WriteLine(number);
            }
            Console.ReadKey();
        }
    }
}
```

对于从 ArrayList 向数组的转换，C#中的 ArrayList 提供了 ArrayList.ToArray 方法。ArrayList.ToArray 的定义有以下两种：

```
ArrayList.ToArray()
ArrayList.ToArray(Type)
```

ArrayList.ToArray() 可以将 ArrayList 转换为一个 object 数组，而 ArrayList.ToArray(Type)可以设置转换为何种数组。

当采用第 2 种调用方式的时候，必须设置 Type。当 C#不能自动将 ArrayList 转换成设置的 Type 类型数组时，将会引发 InvalidCastException 异常。

例 7-5 实现从 ArrayList 向数组的转换。代码如下：

```
namespace demo07_05ArrayListToArray
{
    class Program
    {
        static void Main(string[] args)
        {
            ArrayList myArrayList = new ArrayList(5);
            string[] myArray = new string[5];
            //向 ArrayList 中添加元素
            myArrayList.Add("H");
            myArrayList.Add("e");
            myArrayList.Add("1");
            myArrayList.Add("1");
            myArrayList.Add("o");
            //限定 string 类型，将 myArrayList 强制转换为 string 类型数组
            myArray = (string[])myArrayList.ToArray(typeof(string));
            foreach (string myStr in myArray)
            {
                Console.WriteLine(myStr);
            }
            Console.ReadKey();
        }
    }
}
```

程序完成了从 ArraryList 到字符串类型 Array 的转换，运行后将分行打印出 H e l l o。

2. 哈希表 Hashtable 类

Hashtable 是 System.Collections 命名空间提供的一个容器，用于处理和表现类似 key/value 的键值对。其中 key 通常用来快速查找，同时 key 是区分大小写的；value 用于存储对应于 key 的值。Hashtable 中的 key/value 键值对均为 object 类型，所以 Hashtable 可以支持任何类型的 key/value 键值对。常用的操作如下。

- HashtableObject.Add(key,value)：在哈希表中添加一个 key/value 键值对。
- HashtableObject.Remove(key)：在哈希表中移除某个 key/value 键值对。
- HashtableObject.Clear()：从哈希表中移除所有元素。
- HashtableObject.Contains(key)：判断哈希表是否包含特定键 key。

例 7-6　Hashtable 的基本使用。代码如下：

```
namespace demo07_06Hashtable
{
    class Program
    {
        static void Main(string[] args)
        {
            Hashtable ht = new Hashtable(); //创建一个 Hashtable 实例
            ht.Add("E", "e"); //添加 key/value 键值对
            ht.Add("A", "a");
            ht.Add("C", "c");
            ht.Add("B", "b");
            string s = (string)ht["A"];
            if (ht.Contains("E")) //判断哈希表是否包含特定键
                Console.WriteLine("the E key:exist");
            ht.Remove("C"); //移除一个 key/value 键值对
            Console.WriteLine(ht["A"]); //此处输出 a
            ht.Clear(); //移除所有元素
            Console.WriteLine(ht["A"]); //此处将不会有任何输出

            Console.ReadKey();
        }
    }
}
```

程序运行结果如图 7-5 所示。

图 7-5　例 7-6 的程序运行结果

Hashtable 的优点就在于其索引的方式，不是通过简单的索引号，而是采用一个键(key)，这样可以方便地查找 Hashtable 中的元素。

另外，Hashtable 带来的好处就是其查找速度非常快，在对速度要求比较高的场合可以考虑使用 Hashtable。

7.3　案例分析与实现

7.3.1　案例分析

针对本单元所给出的案例，分析如下。

(1)　选手人数由比赛前得到的名单确定，程序则设计为用户输入共有多少位选手参赛。代码如下：

```
Console.WriteLine("请问有多少位选手参赛？：");
int num = int.Parse(Console.ReadLine());
double[] scoreResult = new double[num];
```

(2)　同时声明一个一维数组 double[] scorePlayer 来存放每位选手的得分，对这个数组求出最大值和最小值，以及去掉最高分和最低分后的平均分。以下是求出数组最大值的代码(相应地，求最小值的代码由读者自己补充)：

```
double max = 0;
for(int i=0;i<scorePlayer.Length ;i++)
{
   if (max <scorePlayer [i])
       max = scorePlayer[i];
}
```

求平均分用 foreach 遍历数组，注意要去掉最高分和最低分再求平均分，代码如下：

```
double sum = 0;
foreach (double j in averageScore)
   sum += j;
double averageScore = (sum-max-min)/(scorePlayer.Length-2);
```

(3) 对所有选手的得分进行排序，可以用一个 double[] scoreResult 数组来存放每位选手的最后得分，并对该数组进行排序和输出。

7.3.2 案例实现

本单元案例的实现代码如下：

```
namespace demo07_arrayEXAM
{
   class Program
   {
       static void Main(string[] args)
       {
           double averageScore, max, min,sum;
           Console.WriteLine("请问有多少位选手参赛？：");
           int num = int.Parse(Console.ReadLine());
           double[] scoreResult = new double[num];
           double[] scorePlayer = new double[10];
           for (int i=0; i<num; i++)
           {
               Console.WriteLine("请输入第{0}位选手各评委的打分：", i + 1);
               for (int j=0; j<10; j++)
               {
                   scorePlayer[j] = double.Parse(Console.ReadLine());
               }
               min = scorePlayer[0];
               for (int k=0; k<scorePlayer.Length; k++)
               {
                   if (min > scorePlayer[k])
                       min = scorePlayer[k];
               }
               max = scorePlayer[0];
               for (int k=0; k<scorePlayer.Length; k++)
               {
                   if (max < scorePlayer[k])
                       max = scorePlayer[k];
               }
               sum = 0;
               foreach (double j in scorePlayer)
```

```
                sum += j;
            averageScore = (sum - max - min)/(scorePlayer.Length - 2);
            Console.WriteLine(
          "这位选手得分去掉一个最高分{0},去掉一个最低分{1}后，最后得平均分是{2}",
              max, min, averageScore);
            scoreResult[i] = averageScore;
        }
        System.Array.Sort(scoreResult);  //用了 Array.Sort 方法进行递增排序
        System.Array.Reverse(scoreResult);  //反转数组，即所有元素逆序排列
        Console.WriteLine("分数排序后依次是: ");
        foreach (double j in scoreResult)
            Console.Write(j + " , ");
        Console.ReadKey();

        }
    }
}
```

也可以用冒泡排序法

程序运行后，就会看到本单元 7.1 节中的演示结果。

7.4　拓 展 训 练

7.4.1　拓展训练 1：二维数组的使用

编写一个程序，定义一个 n 行 n 列(取 n 为 5)的二维整数数组，赋初值，然后求出对角线上的元素之和。

分析：需要对二维数组的定义比较熟悉，对角线上的元素具有怎样的特征呢？行和列的下标满足两个条件之一即可：i==j 或者 i+j==n+1，i 代表行的索引号，j 代表列的索引号。代码如下：

```
namespace demo07_practice1
{
    class Program
    {
        static void Main(string[] args)
        {
            int n = 5;
            int s = 0;
            int[,] arr = { { 1, 2, 3, 4, 5 }, { 11, 12, 13, 14, 15 },
                         { 21, 22, 23, 24, 25 }, { 31, 32, 33, 34, 35 },
                         { 41, 42, 43, 44, 45 } };
            int i, j;
            for (i=0; i<arr.GetLength(0); i++)
            {
                for (j=0; j<arr.GetLength(1); j++)
                {
                    if (i==j || i+j==n+1)
                        s = s + arr[i, j];
                }
            }
            Console.WriteLine("对角线上的元素之和{0}", s);
```

```
        }
    }
}
```

7.4.2 拓展训练 2：利用 Array 进行排序

随机产生 10 个 1～100 的整数。单击“排序”按钮，在第一个文本框输出数组中数据的原序列，在第二个文本框输出升序序列，在第三个文本框输出降序序列，如图 7-6 所示。

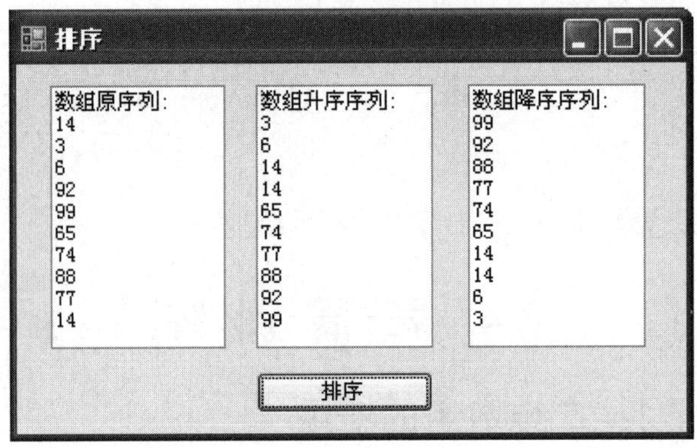

图 7-6 Array 排序

利用 Array 类及其成员进行数组的排序和反转，请读者自己完成。

习　　题

1. 选择题

(1) 在 C#中，下列(　　)语句能创建一个具有 3 个初始值为“”的元素的字符串数组。

A. string StrList[3](“”);　　B. string[3] StrList = {“”,“”,“”};

C. string[] StrList = {“”,“”,“”};　　D. string[] StrList = new string[3];

(2) 下面的语句创建了(　　)个 string 对象。

string[,] strArray = new string[3][4];

A. 0　　B. 3　　C. 4　　D. 12

(3) 假定 int 类型变量占用 4 个字节，若定义 int[] x = new int[10]{0,2,4,4,5,6,7,8,9,10}; 则数组 x 在内存中所占字节数是(　　)。

A. 6　　B. 20　　C. 40　　D. 80

2. 简答题

阅读以下程序，输出结果是什么？

```
static void Main(string[] args)
{
    int[] nums1 = {1,2, 4, 6, 7, 9, 5, 3, 8, 10 };
```

```
    for (int i = 0; i < nums1.Length / 2; i++)
    {
        int temp = nums1[i];
        nums1[i] = nums1[nums1.Length-1- i];
        nums1[nums1.Length-1-i] = temp;
     }
     for (int i = 0; i <nums1.Length ; i++)//输出数组的元素
     {
             Console.WriteLine(nums1[i]);
      }
}
```

3. 操作题

(1) 编写一个程序，定义数组，用 for 循环语句顺序输入 10 个实数，然后逆序输出这 10 个数。

(2) 编写一个程序，输入一个正整数 n，转换为二进制数并输出。提示：利用数组实现。

单元 8

类 和 对 象

微课资源

扫一扫，获取本单元相关微课视频。

类和对象

访问修饰符与静态修饰符

构造函数与析构函数

单元导读

面向对象(Object Oriented，OO)是软件开发方法。面向对象编程技术(Object-oriented Programming，OOP)是计算机编程技术中一次很大的进步。在面向对象编程技术出现之前，普遍采用的是面向过程的程序设计方法。C#是一门面向对象的语言，面向对象是 C#最基本的特征。本单元将学习面向对象的基础知识，包括类和对象的概念及其使用。

学习目标

- 理解面向对象的基本思想。
- 掌握类和对象的关系。
- 掌握类的定义以及对象的创建。

8.1 案 例 描 述

小程是软件研发组成员，所在的小组接到一个员工管理系统的开发任务，而小程的任务是使用面向对象的思想用 C#语言编程，要求创建一个员工信息录入系统，输入其工号、姓名、入职时间、所属部门信息，并输出各项信息。案例的执行结果如图 8-1 所示。

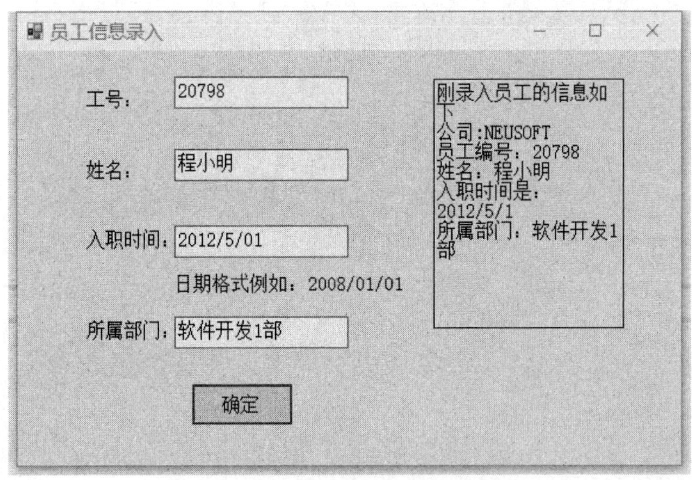

图 8-1　员工信息录入系统

8.2 知 识 链 接

8.2.1　面向对象的基本思想

面向对象程序设计是一种程序设计范型，同时也是一种程序开发方法。它强调在软件开发过程中，当面向客观世界或问题域中的事物时，采用人类在认识客观世界过程中普遍运用的思维方法，直观、自然地描述客观世界中的有关事物。面向对象技术的基本特征主要有抽象性、封装性、继承性和多态性。

首先我们来思考一个问题：这个世界是由什么组成的？

“还用问吗？这个世界是由分子、原子、离子等化学粒子组成的。”

“这个世界是由不同的颜色所组成的。”

“这个世界是由不同类型的物与事所构成的。”

答案多种多样。实际上，我们每个人都是一个分类学家，分类是人们在认识世界时运用的一种手段。

作为面向对象的程序员来说，我们要站在分类学家的角度去考虑问题。这个世界是由动物、植物等组成的。动物又分为单细胞动物、多细胞动物、哺乳动物等，哺乳动物又分为人、大象、老虎……就这样细分下去。

把众多的事物进行归纳、分类是人们在认识客观世界时经常采用的思维方法，“物以类聚，人以群分”就是分类的意思，分类所依据的原则是抽象。抽象(Abstract)就是忽略事物中与当前目标无关的非本质特征，更充分地注意与当前目标有关的本质特征，从而找出事物的共性，并把具有共性的事物划为一类，得到一个抽象的概念。例如，在设计一个学生成绩管理系统的过程中，考查学生王明这个对象时，就只关心他的班级、学号、成绩等，而忽略他的身高、体重等信息。因此，抽象性是对事物的抽象概括和描述，实现了客观世界向计算机世界的转化。

在面向对象的程序里，万物皆对象，即将对象作为程序的基本单元，将程序和数据封装在其中，以提高软件的重用性、灵活性和扩展性。面向对象的封装特性具有以下优点。

- 良好的封装能够减少耦合。
- 类内部的实现可以自由地修改。
- 类具有清晰的对外接口。

可以把类比作生产模具，而对象则是由这种模具产生的实例(产品)。所以人们又把对象叫作类的实例。类是对事物的定义，而对象则是事物本身。

面向对象方法可以将组成这个世界的所有事物都看成是对象。因此，对象的概念是具体的，它可以是一个人、一只狗、一只猫，或者一辆汽车，或者一个皮包。

例如一个学生类有学号、姓名、性别等信息，也有作为学生身份的方法，比如入学、成长和毕业等，如图 8-2 所示。

```
public class Student  //一个学生类
{
    //数据信息
    学号
    姓名
    性别
    //方法
    入学()
    成长()
    毕业()
}
```

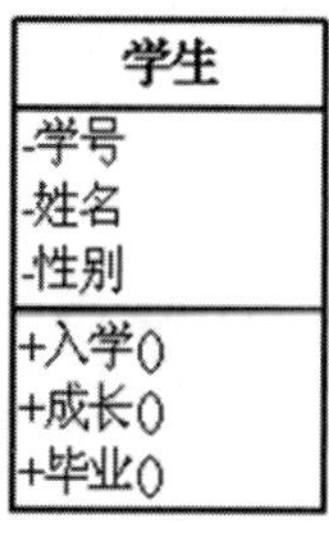

图 8-2　学生类

总而言之，所谓面向对象，就是基于对象概念，以对象为中心，以类和继承为构造机制，来认识、理解、刻画客观世界，并设计、构建相应的软件系统。

8.2.2 类的声明和成员组织以及访问修饰符

定义类的格式与定义结构的格式相似，在类定义中需要使用关键字 class，其简单的定义格式为：

```
class <类名> {类体}
```

“类名”是一个合法的 C#标识符，表示数据类型(类类型)的名称，“类体”以一对大括号开始和结束，在一对大括号后面可以跟一个分号，也可以不加。

类定义了每个类对象(称为实例)可以包含什么数据和功能。比如我们说人类都可以用一些共同的特征来描述，比如高矮、胖瘦、年龄、性别等，当这些特征的值固定下来的时候，就得到了一个具体的人。

人也具有一些共同的功能，比如可以走路、唱歌、说话等。但是，由于前面所说的特征值不同，因此他们执行功能的结果可能也不同。

定义“人”类的代码如下：

```
public class Human            //定义一个人(Human)类
{
    int height;               //人的身高
    int weight;               //人的体重
    int age;                  //人的年龄
    public void Walk()        //人可以走路
    {
    }
    public void Sing()        //人可以唱歌
    {
    }
    public void Speak()       //人可以说话
    {
    }
}
```

如果一个类表示一个顾客，就可以定义字段 CustomerID、FirstName、LastName 和 Address 来包含该顾客的信息。另外，还可以定义处理存储在这些字段中的数据的功能。

代码如下：

```
class Customer
{
   public int CustomerID;
   public string FirstName;
   public string LastName;
   public string Address;
}
```

“类体”包括类中的所有数据及对数据的操作，面向对象程序设计将数据与对数据的操作作为一个整体，以类的形式进行定义，这种机制叫“封装”。

在上例的“类体”中声明的数据都使用 public(公共的)修饰，public 表示这些数据可以直接进行访问。

类中的数据和函数称为类的成员。

1. 数据成员

数据成员包含类的数据——字段、常量。数据成员可以是静态数据(与整个类相关)或实例数据(类的每个实例都有它自己的数据副本)。通常，对于面向对象的语言，类成员总是实例成员，除非用 static 显式声明为静态成员。字段是与类相关的变量。

2. 函数成员

函数成员提供了操作类中数据的某些功能，包括方法、属性、构造函数、析构函数以及索引器等。

表 8-1 为类所能包含的成员种类的说明。

表 8-1　类的成员

成　员	说　明
常量	与类关联的常量值
字段	类的变量
方法	类可执行的计算和操作
属性	与读写类的命名属性相关联的操作
索引器	与以数组方式索引类的实例相关联的操作
事件	可由类生成的通知
运算符	类所支持的转换和表达式运算符
构造函数	初始化类的实例或类本身所需的操作
析构函数	在永久丢弃类的实例之前执行的操作
类型	类所声明的嵌套类型

3. 访问修饰符

C#共有五种访问修饰符：public、private、protected、internal、protected internal，作用范围如表 8-2 所示。

表 8-2　访问修饰符

访问修饰符	说　明
public	公有访问。不受任何限制
private	私有访问。只限于本类成员访问，子类、实例都不能访问
protected	保护访问。只限于本类和子类访问，实例不能访问
internal	内部访问。只限于本项目内访问，其他不能访问
protected internal	内部保护访问。只限于本项目或是子类访问，其他不能访问

C#成员类型的可修饰及默认修饰符如表 8-3 所示。

表 8-3　C#成员类型的可修饰及默认修饰符

成员类型	默认修饰符	可修饰符
enum	public	none
class	private	public、protected、internal、private、protected internal
interface	public	none
struct	private	public、internal、private

考虑这样的一个应用：我们编写了类 Cat，然后想要记录在程序中创建 Cat 对象的次数，也就是说，想要知道程序中有几只猫。这里提到了数量的概念，可以用字段 Count 来描述，读者可以想一想，这个字段与以往我们提到的字段有何不同？

像 birthday 这样的字段，对于每个具体的对象来说，它的值可能是不同的，但是对于 Count，所有的 Cat 对象的 Count 值应该是相同的，因为这个字段描述的是 Cat 对象的总数，与具体的对象无关。对于这样的类成员，我们使用关键字 static 来修饰。

类可以具有静态成员，例如，静态变量、静态方法、静态属性等。静态成员的定义就是在类成员的定义前添加 static 修饰符。

例如：

```
private int itemName;                  //非静态变量的定义
private static int itemNo;             //静态变量的定义
public int getItemNo(){...}            //普通方法的定义
public static int getItemNo(){...} // 静态方法的定义
```

在使用上，静态成员与非静态成员的区别在于：静态成员可以被全体成员共享，而非静态成员只能被类的具体实例对象使用。即使没有创建类的实例，也可以调用该类中的静态方法、字段、属性或事件。如果创建了该类的实例，就不能使用实例来访问静态成员。静态方法和属性只能访问静态字段和静态事件。静态成员通常用于表示不会随对象状态而变化的数据或计算的情况。

在类及其派生类中访问类的静态成员时，可以直接访问；在类及其派生类以外，访问类的静态成员的语法为：

```
类名.成员名
```

例 8-1　静态成员的定义和使用。代码如下：

```
namespace demo08_01static
{
    class Cat
    {
        public static int Count;
        static Cat()
        {
            Count = 0;      //读者可以尝试改为 Count=2;的情况，观察 Count 的值变化
        }
        public Cat()
        {
```

```
            Cat.Count++;
        }

        class Program
        {
            static void Main(string[] args)
            {
                Cat catA = new Cat();
                Cat catB = new Cat();
                Cat catC = new Cat();

                Console.WriteLine("当前猫的数量为：" + Cat.Count);
                Console.ReadKey();
            }
        }
    }
}
```

程序运行结果如图 8-3 所示。

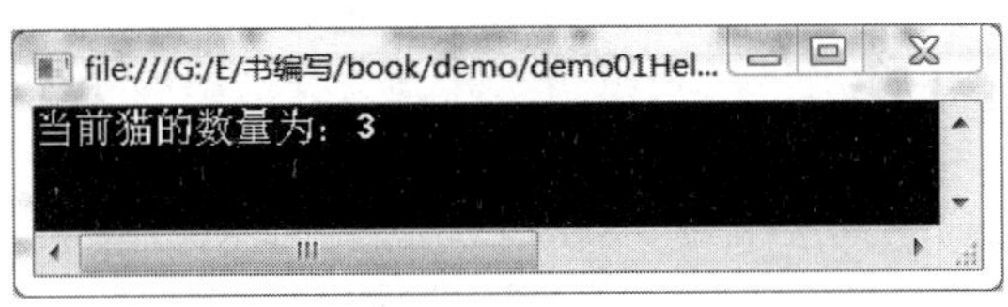

图 8-3　例 8-1 的程序运行结果

8.2.3　创建类实例

我们定义的类属于自定义类型，也是引用类型。在 C#中创建类的实例化对象时，使用 new 关键字。例如如下语句，其中 A、B、C 表示类：

```
A a = new A();
B b = null;
C c;
```

第一句中 new A() 表示创建 A 的对象并对其进行初始化。a 是引用，指向 new A() 这个对象的引用。

第二句中声明引用 b，并指向 null。

第三句声明引用 c，不指向任何对象。

由上面的分析可以了解到，在 C#中实例化一个对象时，需要经历下面这几步。

(1) 声明引用。

(2) 使用 new 关键字创建类的对象并对其初始化(分配内存空间)。

(3) 将引用指向类的对象。

若未使用 new 关键字创建类的实例，则表示仅仅创建引用，指向的对象为 null。

注意： 变量本质上是引用的一个别名而已。对象声明后，须用 new 关键字进行初始化，这样才能为对象在内存中分配保存数据的空间。

前面定义过一个顾客类 Customer，这里就可以实例化这个类的对象，以表示某个具体顾客，并为这个实例设置一些字段，使用其功能。

一旦实例化 Customer 对象，就可以使用 Object.FieldName 语法来访问这些字段。

例如：

```
Customer Customer1 = new Customer();
Customer1.CustomerID = 8866;
Customer1.FirstName = "Simon";
Customer1.LastName = "Green";
```

上述代码为对象 Customer1 的数据成员 FirstName 赋值。也可以使用对象变量为另一对象变量整体赋值，在上述代码基础上，添加如下代码：

```
Customer Customer2;
Customer2 = Customer1;
```

或者：

```
Customer Customer2 = Customer1;
```

这时，不需要使用 new 关键字对 Customer2 初始化。

当然，也可以将对象中的某一成员赋值给相同数据类型的变量。例如：

```
//将对象 Customer1 的 FirstName 成员值赋给字符串变量 sName
string sName = Customer1.FirstName;
```

再例如，创建一个人类的实例对象，并让他唱歌，代码如下：

```
Human p1 = new Human();
p1.Sing();
```

方法成员的具体调用在第 9 单元会有更详细的阐述。

8.2.4 类的构造函数和析构函数

构造函数是一种特殊的方法成员，构造函数的主要作用是在创建对象(声明对象)时初始化对象。一个类定义必须至少有一个构造函数，如果定义类时，没有声明构造函数，系统会提供一个默认的构造函数；如果声明了构造函数，系统将不再提供默认的构造函数。

如果只有默认的构造函数，在创建对象时，系统会将不同类型的数据成员初始化为相应的默认值。例如，数值类型被初始化为 0，字符类型被初始化为空格，字符串类型被初始化为 null(空值)，逻辑(bool)类型被初始化为 false 等。

例 8-2 默认构造函数的使用。代码如下：

```
namespace demo08_02 构造函数
{
    class student    //类名为 student
    {
        //声明字段
        public string id;
        public string name;
        public bool sex;
        public int age;
    }
```

```
   class Program
   {
      static void Main(string[] args)
      {
         char SSex;
         student S1 = new student();
         if (S1.sex == true)
            SSex = '男';
         else
            SSex = '女';
         Console.WriteLine("学号: " + S1.id + "姓名: " + S1.name
            + "性别: " + SSex + "年龄: {0}", S1.age);
         Console.ReadLine();
      }
   }
}
```

程序运行结果如图 8-4 所示。

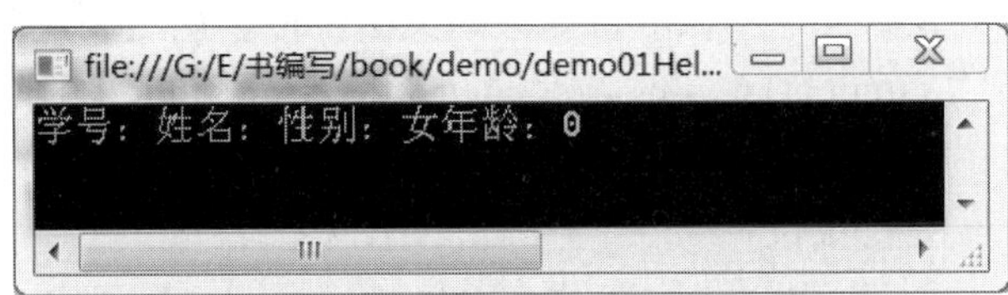

图 8-4　例 8-2 的程序运行结果

说明： 出现这样的结果，是因为系统将 student 类的数据成员 id 与 name 初始化为 null，将 sex 初始为 false，将 age 初始为 0 的缘故。

如果想在创建对象时，将对象的数据成员初始为指定的值，则需要专门声明构造函数。声明构造函数与声明普通方法类似，但是它与普通的构造函数又有不同之处。

- 不允许有返回类型(包括 void 类型)。
- 名称必须与类名相同。

由于通常声明构造函数是为了在创建对象时，对数据成员初始化，所以构造函数往往需要使用形参。例如创建一个学生类对象时，需要给出学生的学号、姓名、性别及年龄等，所以学生类构造函数可以声明如下：

```
public student(string ID, string NAME, bool SEX, int AGE)
{
   id = ID;
   name = NAME;
   sex = SEX;
   age = AGE;
}
```

由于声明了上述带参数的构造函数，所以系统不再提供默认的构造函数，这样在创建对象时，必须按照声明的构造函数的参数要求给出实际参数，否则将产生编译错误。例如：

```
student S2 = new student("12345", "张三", true, 21);
```

由上述创建对象的语句可知，new 关键字后面实际上是对构造函数的调用。

如果声明构造函数时使用的参数名称与类数据成员名称相同，则构造函数中使用的类数据成员名称需要用关键字 this 引导，以免系统分不清形参与数据成员而产生二义性。将上例中的形参名称改为与数据成员同名的构造函数，声明如下：

```
public student(string id, string name, bool sex, int age)
{
    this.id = id;
    this.name = name;
    this.sex = sex;
    this.age = age;
}
```

关键字 this 指所创建的对象，是声明对象时，由系统自动传递给构造函数的对象的引用形参。事实上，在调用类的非静态方法成员时，系统均会自动传递该引用形参，不过最好的办法是使形参的名称与数据成员的名称有所区别。

构造函数与方法一样可以重载，关于重载，在第 9 单元的方法学习中会详细介绍。重载构造函数的主要目的是给创建对象提供更大的灵活性，以满足创建对象时的不同需要。例如，在创建一个学生(student)对象时，有时可能需要只初始化姓名，而不初始化其他值，那么可以在前述声明构造函数的基础上再重载一个只初始化姓名的构造函数，代码如下：

```
public student(string NAME)
{
    name = NAME;
}
```

由于该构造函数与前述构造函数的参数个数不同，所以是一个合法的构造函数重载。有了这个构造函数后，就可以声明只有一个实参的对象，例如：

```
student S3 = new student("姚明");
```

如果在声明了带参数的构造函数后，还想保留默认构造函数，则必须显式声明一个默认构造函数，显式声明的默认构造函数实际上是一个不实现任何功能的空函数。以 student 类为例，声明默认构造函数如下：

```
public student() {}     //显式声明默认构造函数
```

例 8-3 创建 student 类，并声明构造函数及构造函数的重载。代码如下：

```
namespace demo08_03构造函数重载
{
   class student          //类名为student
   {
                          //声明字段
      public string id;
      public string name;
      public char sexx;
      public bool sex;
      public int age;
      //声明构造函数
      public student() { }     //显式声明默认构造函数
```

```
        //重载初始化学号、姓名、性别与年龄的构造函数
        public student(string id, string name, bool sex, int age)
        {
            this.id = id;
            this.name = name;
            this.sex = sex;
            this.age = age;
        }
        public student(string NAME)      //重载只初始化姓名的构造函数
        {
            name = NAME;
        }
    }
    class Program
    {
        static void Main(string[] args)
        {
            char SSex;
            student S1 = new student(); //声明无参对象(调用默认构造函数)
            if (S1.sex == true)
                SSex = '男';
            else
                SSex = '女';
            Console.WriteLine("学号: " + S1.id + ", 姓名: " + S1.name
                + ", 性别: " + SSex + ", 年龄: {0}", S1.age);

            //声明带学号、姓名、性别及年龄初始值的对象(调用 4 个参数构造函数)
            student S2 = new student("12345", "张三", true, 21);
            if (S2.sex == true)
                SSex = '男';
            else
                SSex = '女';
            Console.WriteLine("学号: " + S2.id + ", 姓名: " + S2.name
                + ", 性别: " + SSex + ", 年龄: {0}", S2.age);

            //声明带姓名初始值的对象(调用 1 个参数构造函数)
            student S3 = new student("姚明");
            if (S3.sex == true)
                SSex = '男';
            else
                SSex = '女';
            Console.WriteLine("学号: " + S3.id + ", 姓名: " + S3.name
                + ", 性别: " + SSex + ", 年龄: {0}", S3.age);
            Console.ReadLine();
        }
    }
}
```

程序运行结果如图 8-5 所示。

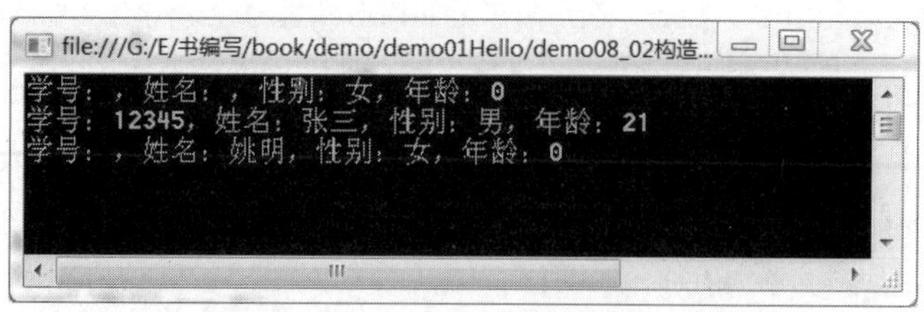

图 8-5　例 8-3 的程序运行结果

说明： 由于构造函数的重载，程序中可以用不同的初始化方式声明对象，为创建对象提供了灵活性。

析构函数与构造函数是相对的，其用途是完成内存清理。在类中仅有一个析构函数。程序员对于什么时候调用析构函数没有控制权，.NET 框架会自动运行析构函数，销毁内存中的对象。

析构函数的名字与类的名字相同，但有一个前缀“～”。定义格式如下：

```
class 类名
{
    public ～类名()          //定义析构函数
    {...}
}
```

8.3　案例分析与实现

8.3.1　案例分析

针对本单元所给出的案例，分析如下。

(1) 利用面向对象的编程方法来完成员工管理系统中员工信息的输入，按照本单元学习的内容，先定义一个员工类 Employee：

```
class Employee
{
   public static string Company = "NEUSOFT";  //静态字段
   public string no;
   public string name;
   public DateTime entryDate;
   public string dept;
   public Employee(string no, string name, DateTime entryDate,
     string dept)
   {
      this.no = no;
      this.name = name;
      this.entryDate = entryDate;
      this.dept = dept;
   }
}
```

(2) 在窗口设计界面中，添加相应的控件，即 4 个文本框 TextBox，分别是 txtNO、

txtName、txtDate 和 txtDept，用于接收录入一个员工的工号、姓名、入职日期以及所属部门。另外，还有一个确定按钮 btnOK，以及一个文本框 txtInfor(设置 MultiLine 的属性为 True)，用来显示刚才所录入的信息。员工信息录入界面如图 8-6 所示。

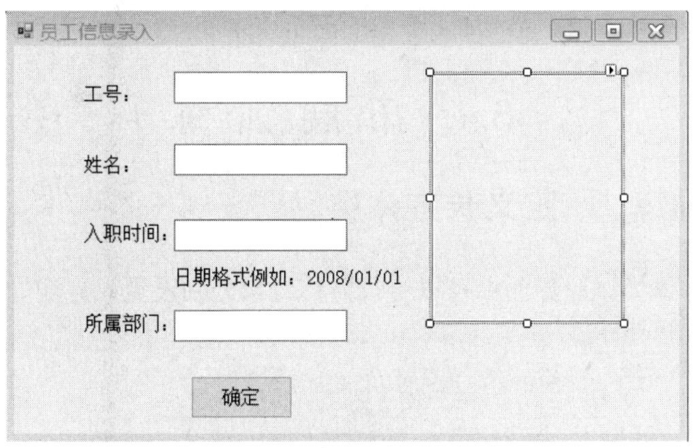

图 8-6　员工信息录入界面设计

(3) 录入的信息通过调用构造函数传值给员工对象的对应字段。

8.3.2 案例实现

编写“确定”按钮的 btnOK_Click 事件，代码如下：

```
namespace demo08_ClassExample
{
    public partial class Form1 : Form
    {
        public Form1()
        {
            InitializeComponent();
        }

        private void btnOK_Click(object sender, EventArgs e)
        {
            string no = txtNO.Text;
            string name = txtName.Text;

            //字符串类型转换成 DateTime 类型
            DateTime entryDate = Convert.ToDateTime(txtDate.Text);

            string dept = txtDept.Text;

            //创建类的对象，构造函数传值
            Employee a = new Employee(no, name, entryDate, dept);

            txtInfor.Text = "刚录入员工的信息如下\r\n 公司:" + Employee.Company
                + "\r\n 员工编号：" + a.no + "\r\n 姓名：" + a.name
                + "\r\n 入职时间是："
                + a.entryDate.ToShortDateString().ToString()
```

```
            + "\r\n所属部门：" + a.dept;
        }
    }
}
```

程序运行后，即可看到本单元 8.1 节中的演示效果。

8.4 拓 展 训 练

8.4.1 拓展训练 1：定义长方体类

定义一个长方体类，在界面中可以给长方体对象分别设置长、宽、高，然后显示其信息，如图 8-7 所示。

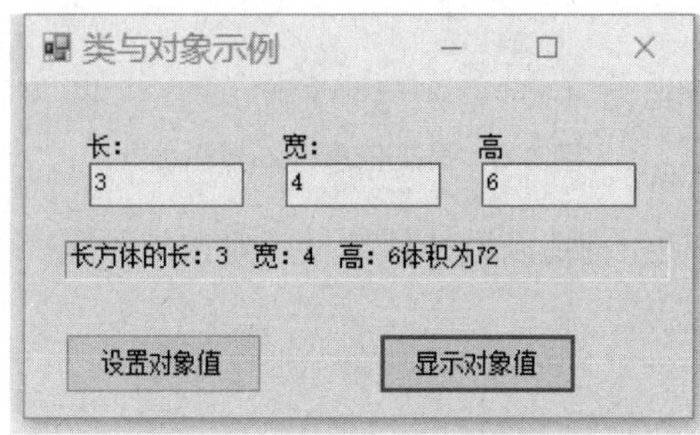

图 8-7 运用长方体类和对象

先定义长方体的类 Cuboid，有三个 double 类型的数据成员 length、width、height，分别代表长、宽、高，完整代码如下：

```
namespace demo08_Practice01
{
    public partial class Form1 : Form
    {
        Cuboid cubiod = new Cuboid();
        public Form1()
        {
            InitializeComponent();
        }
        private void button1_Click(object sender, EventArgs e)
        {
            double l = double.Parse(txtLength.Text);
            double w = double.Parse(txtWidth.Text);
            double h = double.Parse(txtHigh.Text);
            cubiod.Length = l;
            cubiod.Width = w;
            cubiod.Height = h;
            lblInfo.Text = "对象值设置完毕！";
        }
        private void button2_Click(object sender, EventArgs e)
        {
            lblInfo.Text = "长方体的长：" + cubiod.Length + "  宽：" 
                + cubiod.Width
```

```
            + "  高: " + cubiod.Height;
        lblInfo.Text +=
          "体积为" + cubiod.Length*cubiod.Width*cubiod.Height;
    }
  }
  class Cuboid
  {
    public double length;
    public double width;
    public double height;
  }
}
```

8.4.2 拓展训练 2：识别静态成员

阅读下面的程序，识别静态成员并预测程序的输出结果：

```
namespace demo08_拓展 2
{
  class Item
  {
      private static int itemQty;
      private int itemId;
      private string itemName;
      private double price;
      private int qtyOh;
      public Item(int itemId, string itemName, double Price, int qtyOh)
      {
          itemQty++;
          this.itemId = itemId;
          this.itemName = itemName;
          this.price = price;
          this.qtyOh = qtyOh;
      }
      public static int getItemQty()
      {
          return itemQty;
      }
      public void display()
      {
         Console.Write("商品编号: " + itemId.ToString());
         Console.Write(", 商品名称: " + itemName);
         Console.Write(", 商品单价: " + price.ToString());
         Console.Write(", 现有数量: " + qtyOh.ToString() + '\n');
      }
  }
  class Program
  {
     static void Main(string[] args)
     {
         int total;
         Item item1 = new Item(1, "旺旺饼干", 1.6, 3);
         item1.display();
```

```
            Item item2 = new Item(2, "维维豆奶", 25, 3);
            item2.display();
            Item item3 = new Item(3, "花生", 20, 5);
            item3.display();
            total = Item.getItemQty();
            Console.WriteLine("商品种类数为: " + total.ToString());
            Console.ReadKey();
        }
    }
}
```

习　　题

1. 简答题

(1) 简述类和对象的概念及二者之间的关系。

(2) 什么是类的构造函数和析构函数？构造函数是必需的吗？简述构造函数的特性。

2. 选择题

(1) 下列关键字中，不属于定义类时使用的关键字是(　　)。

A. class　　B. struct　　C. public　　D. default

(2) 下列关于构造函数的描述中，错误的是(　　)。

A. 构造函数可以重载

B. 构造函数名同类名

C. 带参数的构造函数具有类型转换作用

D. 构造函数是系统自动调用的

3. 操作题

(1) 设计一个表示猫的类，包括猫的颜色、体重、年龄等数据，具有设置猫的颜色、修改和显示猫的体重及年龄等操作。

(2) 设计一个 Student 类，包含学号、姓名、性别、出生日期、班级字段，要求如下。

① 学号、姓名、班级为 public，出生日期为 private。

② 在 main 函数中输入学号、姓名、班级字段的值。

③ 尝试在 main 函数中输入出生日期字段，如果无法输入，则在不更改出生日期 private 访问限制的情况下想办法解决。

④ 输出 Student 的所有信息。

单元 9

类的方法和属性

微课资源

扫一扫，获取本单元相关微课视频。

方法的定义

方法的调用与参数

方法的重载

单元导读

在第 8 单元中，我们介绍了如何定义类的数据成员，本单元中，我们来继续学习如何定义类的另外两个成员——方法和属性。方法是包含一系列语句的代码块，它可以改变对象的状态。而属性(attribute)是一种特殊的方法，通过提高类的灵活性，为控制对类的实例数据的访问提供了简化的方式。

学习目标

- 理解方法的定义。
- 掌握方法的调用和参数的传递。
- 掌握方法重载。
- 掌握属性的定义和使用。

9.1 案例描述

在 ATM 柜员机上存取款是大部分人生活中都有过的经历，本案例将编写一个程序来模拟存取款的过程。功能包括查询余额、存款、取款，以及退出。单击“存款”按钮，可以输入存款的金额，确认后，将显示存款成功并显示当前余额。单击“取款”按钮，当取款金额大于余额时，会提示用户，可重新单击“取款”按钮并输入合理的数据，确认取款后，显示当前余额。案例的执行结果如图 9-1 所示。

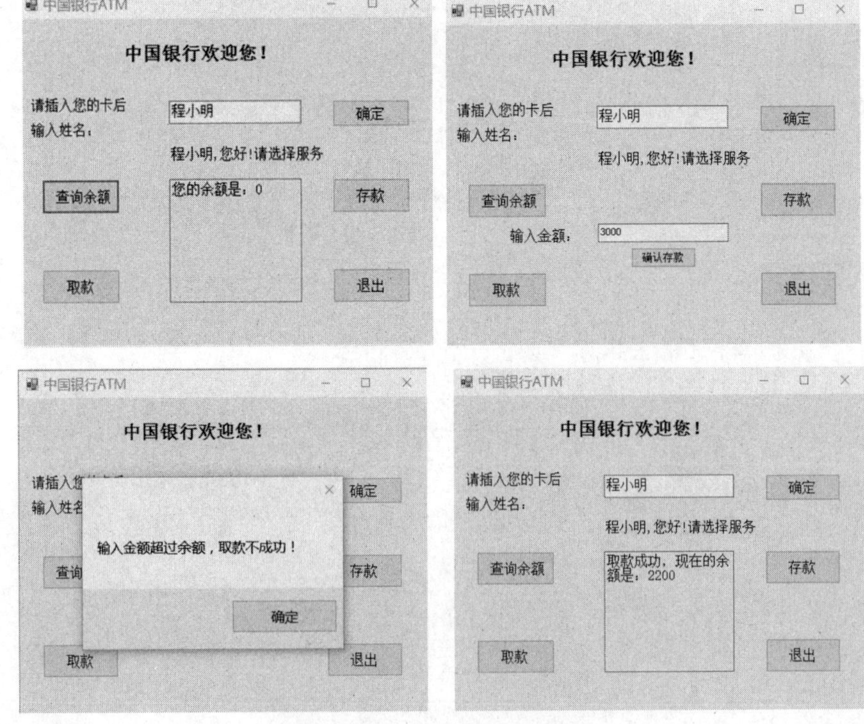

图 9-1　模拟 ATM 柜员机存取款

9.2 知 识 链 接

9.2.1 方法的定义

所谓方法，就是把一些相关的语句组织在一起，用于解决某一特定问题的语句块。方法必须放在类定义中。方法同样遵循先声明后使用的规则。

要使用方法，我们首先应该学习如何定义方法。方法在类中声明，最基本的声明格式如下：

```
访问修饰符　返回值类型　方法名(形式参数表)
{
    语句组(即方法体)
}
```

例如：

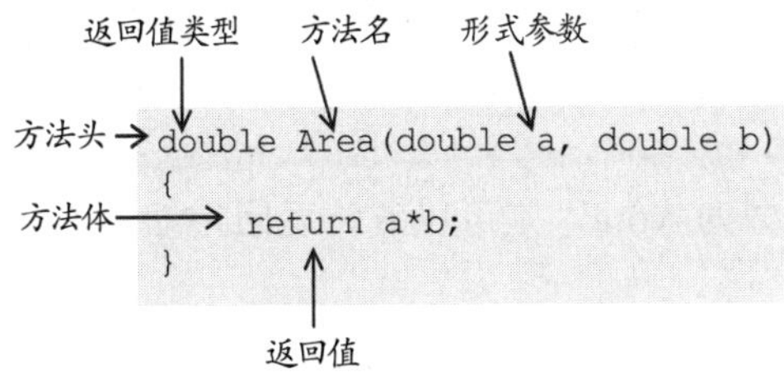

说明如下。

(1) 返回值类型是必选项，它指定了方法返回值的数据类型，可以指定为任何数据类型，如 int、double 和 string 等。如果方法的返回值为空，那么必须使用 void 关键字来指定，表示方法的返回值类型为空类型。

(2) 方法名为方法的名称，它的取名遵循 C#的合法标识符规则，并且方法的命名应当采用 Pascal 风格，使用动词或动词短语命名。例如 AddValues 是一个采用 Pascal 风格命名的且具有一定意义的方法名。

(3) 参数列表是可选的，在调用方法时，用来给方法传递信息。声明方法时，如果有参数，则必须写在方法名后面的小括号内，并且必须指明它的类型和名称；若有多个参数，需要用逗号(,)隔开。例如“int num1, int num2;”。声明方法时的参数，称为形式参数，简称“形参”。

(4) 语句组即方法体，是调用方法时执行的代码块。它是可选项，但一般都会有方法体，否则方法就失去了意义。

(5) return 表达式为可选项，用于给方法返回一个指定数据类型的值。

方法的示例如下：

```
class Motorcycle  //机动车类
{
   public void StartEngine() { } //发动引擎
   public void AddGas(int gallons) { }  //加油
   public int Drive(int miles, int speed)    //驾驶
```

```
    { return 0; }
}
```

注意：return 语句的表达式的值的数据类型必须跟定义方法时指定的方法返回值类型相同(相容)，否则会发生编译错误。

如下面定义的方法：

```
string AddValues(int num1, int num2)
{
    long sum;
    sum = (long)(num1 + num2);
    return sum;
}
```

这里，方法返回值的数据类型为 string，而返回的表达式 sum 是长整型的，编译时将发生错误。

return 语句是一种跳转语句，用于终止其方法的执行并将控制返回给调用方法，具有跳转的功能，即位于 return 语句之后的任何语句都不会执行(如果在 return 语句后面添加其他语句，编译器会给出警告)。因此，return 语句一般位于方法体的尾部，以免导致方法结束。

如果方法不返回任何信息，即返回值的类型为 void，则可以省略返回方法值的 return 语句后面的表达式，即：

```
return;
```

在没有任何返回信息的情况下，也可以直接省略 return 语句。

9.2.2 方法的调用

声明方法的目的就是为了使用方法，在 C#中，使用方法的过程称为方法的调用。

调用方法的一般形式如下：

```
方法名(参数列表);
```

说明如下。

(1) 方法名为所调用方法的名称。

(2) 方法名后面的小括号不能省略。如 ToString()方法和 Close()方法，若省略了后面的“()”，会发生编译错误。

(3) 参数列表为可选项，若声明方法时没有指定参数，则调用时也不能有任何的参数。调用方法时指定的参数列表必须与声明方法时指定的参数列表一一对应，即参数的个数、数据类型、顺序都必须一致。

(4) 调用方法时的参数称为实际参数，简称“实参”。

调用对象的方法类似于访问字段。在对象名称之后，依次添加句点、方法名称和括号。参数在括号内列出，并用逗号隔开。因此，可以这样来调用 Motorcycle 类的方法：

```
Motorcycle moto = new Motorcycle();
moto.StartEngine();
```

```
moto.AddGas(15);
moto.Drive(5, 20);
```

再如，下面的调用方法也是正确的(在已经声明前面介绍的 AddValues()方法的前提下)：

```
int x, y;
long z;
x=2, y=4;
z = AddValues(x, y);
```

说明： 代码“z = AddValues(x, y);”的含义是——调用方法 AddValues()，计算整数 x 与 y 之和，显然结果为 6，再将 6 的值赋给长整型变量 z。

注意： 在同一个类中，方法的定义可以在调用之前，也可以在调用之后。

例 9-1　方法的定义与调用。代码如下：

```
namespace demo09_01 方法的调用
{
    class MyClass
    {
        public void myMethod()
        {
            int i;
            for (i=0; i<10; i++)
            {
                if (i%3 == 0)
                    continue;
                Console.WriteLine("{0}\t", i);
            }
        }
    }

    class Program
    {
        static void Main(string[] args)
        {
            MyClass mycls = new MyClass();
            mycls.myMethod();
            Console.ReadKey();
        }
    }
}
```

程序运行结果如图 9-2 所示。

图 9-2　例 9-1 的程序运行结果

9.2.3 方法中的参数传递

调用方法时，可以给方法传递一个或多个值。传给方法的值称为实参(argument)，在方法内部，接收实参值的变量称为形参(parameter)，形参在紧跟着方法名的括号中声明。形参的声明语法与变量的声明语法一样。

形参与实参的关系可以总结以下两点。

(1) 形参变量只有在被调用时才分配内存单元，在调用结束时，即刻释放所分配的内存单元。因此，形参在函数内部有效。函数调用结束返回主调用函数后则不能再使用该形参变量。

(2) 实参和形参在数量上、类型上、顺序上应严格一致，否则就会发生类型不匹配的错误。

图 9-3 展示了形参和实参类型匹配的关系。

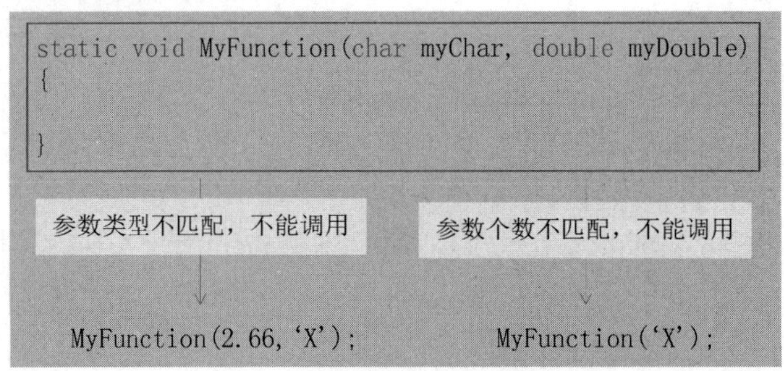

图 9-3　形参和实参类型匹配的关系

C#方法的参数类型主要包括值参数、引用参数、输出参数、参数数组。

1. 值参数

没有用任何修饰符声明的参数为值参数，用于表明实参与形参之间按值传递。

当方法被调用时，编译器为值参数分配存储单元，然后将对应的实参的值拷贝到形参中。

实参可以是变量、常量、表达式，但要求其值的类型必须与形参声明的类型相同或者能够被隐式地转化为这种类型。

这种传递方式的好处是在方法中对形参的修改不会影响外部的实参，也就是说，数据只能传入方法，而不能从方法传出。

例 9-2　方法的定义与调用中值参数的传递。代码如下：

```
namespace demo09_02值传递
{
    class MyClass
    {
        public void Swap(int x, int y)    //定义方法，x、y为形参
        {
            int k;
```

```
            k = x;
            x = y;
            y = k;
            Console.WriteLine( "x={0},y={1}", x, y);
        }
    }

    class Program
    {
        static void Main(string[] args)
        {
            int a = 8, b = 10;
            Console.WriteLine("a={0},b={1}", a, b);
            MyClass mycls = new MyClass();
            mycls.Swap(a, b);          //调用方法，a、b 为实参
            Console.WriteLine("a={0},b={1}", a, b);
            Console.ReadKey();
        }
    }
}
```

程序运行结果如图 9-4 所示。

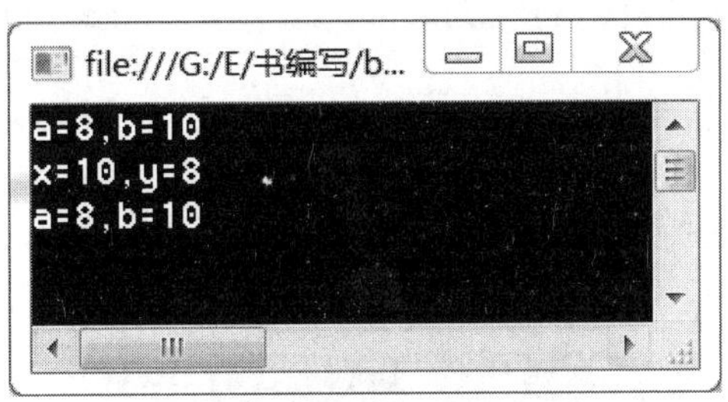

图 9-4　例 9-2 的程序运行结果

说明： Swap(int x, int y)方法中通过值传递，接收实参 a 和 b 的值，利用中间变量 k 将形参 x 和 y 的值进行交换。从程序结果可以看到，形参的改变并没有影响实参的值。因为被调用的方法接收的是实参的一个副本。

2. 引用参数

值传递有时候只能改变要处理的变量，而做不到改变用作参数的变量。因此我们引入一种新的参数——引用参数，它属于形参中的一种。

引用形式参数的声明格式如下：

```
函数类型 函数名(ref 参数类型 参数名称)
```

引用参数与值参数不同，引用参数并不创建新存储单元，它与方法调用中的实参变量同处一个存储单元。因此，在方法内对形参的修改就是对外部实参变量的修改。

在函数调用中，引用参数必须被赋初值。

在调用时，传递给 ref 参数的必须是变量，类型必须相同，并且必须使用 ref 修饰。

例 9-3　方法的定义与调用中引用类型参数的传递。

```
namespace demo09_03 引用类型参数
```

```
{
    class MyClass
    {
        public void Swap(ref int x, ref int y) //定义方法，x、y为引用形参
        {
            int k;
            k = x;
            x = y;
            y = k;
            Console.WriteLine("x={0},y={1}", x, y);
        }
    }

    class Program
    {
        static void Main(string[] args)
        {
            int a = 8, b = 10;
            Console.WriteLine("a={0},b={1}", a, b);
            MyClass mycls = new MyClass();
            mycls.Swap(ref a, ref  b);  //调用方法，a、b为实参
            Console.WriteLine("a={0},b={1}", a, b);
            Console.ReadKey();
        }
    }
}
```

程序运行结果如图 9-5 所示。

图 9-5　例 9-3 的程序运行结果

说明： 注意与例 9-2 中形式参数的区别(ref)，从程序结果可以看出，形参的改变直接影响到实参的值。

3. 输出参数

函数的返回值一般来说只有一个，但是，有时候我们需要返回的值超过了一个，C#为此有了一种新的参数类型——输出参数，输出参数的声明格式如下：

```
函数类型 函数名(out 参数类型 参数名称)
```

输出参数与引用参数类似，它也不产生新的存储空间。

两者的区别在于：out 参数只能用于从方法中传出值，而不能从方法调用处接收实参数值；在方法体内 out 参数被认为是未赋过值的，所以在方法结束之前，应该对 out 参数赋值。

例 9-4　使用输出参数传值，代码如下：

```
namespace demo09_04OUT 参数
{
    public class Student
    {
        private string strName; //姓名
        private int nAge;       //年龄

        ///构造函数
        public Student(string _strName, int _nAge)
        {
            strName = _strName;
            nAge = _nAge;
        }
        ///长大_nSpan 岁
        public void Grow(int _nSpan, out int _nOutCurrentAge)
        {
            nAge += _nSpan;
            _nOutCurrentAge = nAge;
        }
    }

    class Program
    {
        static void Main(string[] args)
        {
            Student s = new Student("姚明", 21);
            int nCurrentAge;
            s.Grow(3, out nCurrentAge);
            Console.WriteLine(nCurrentAge);
            Console.ReadKey();
        }
    }
}
```

程序运行结果如图 9-6 所示。

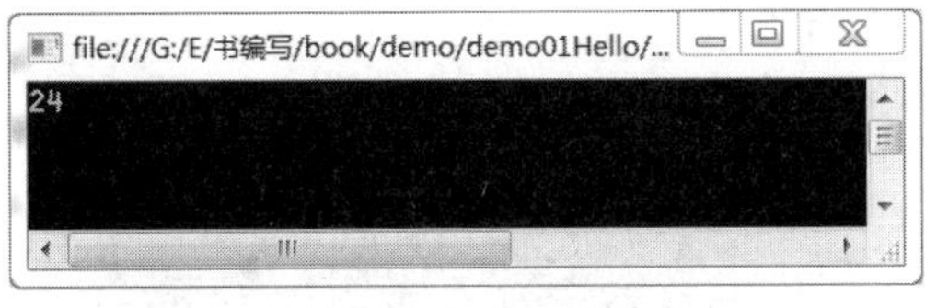

图 9-6　例 9-4 的程序运行结果

注意： 在该例中，调用时，需要在输入参数前加 out 关键字。

4. 参数数组

有时候，在调用一个方法时，预先不能确定参数的数量、数据类型等，怎么办呢？

一种解决方案是使用 params 关键字。params 关键字用于指明一个输入参数，此输入参数将被视为一个参数数组，这种类型的输入参数只能作为方法的最后一个参数。

每次调用方法都单独确定数组的大小传值。

例 9-5 使用参数数组传值。代码如下：

```
namespace demo09_05params参数
{
    public class Student
    {
        public string strName;   //姓名
        public int nAge;     //年龄
        public System.Collections.ArrayList strArrHobby =
            new System.Collections.ArrayList();  //爱好
        public Student(string _strName, int _nAge) //构造函数
        {
            this.strName = _strName;
            this.nAge = _nAge;
        }
        public void SetHobby(params string[] _strArrHobby) //为爱好赋值
        {
            for (int i=0; i<_strArrHobby.Length; i++)
                this.strArrHobby.Add(_strArrHobby[i]);
        }
    }

    class Program
    {
        static void Main(string[] args)
        {
            Student s = new Student("Kevin", 20);

            s.SetHobby("游泳", "音乐", "旅游", "美食");
            Console.WriteLine("{0}的爱好有:", s.strName);
            for (int i=0; i<s.strArrHobby.Count; i++)
                Console.WriteLine(s.strArrHobby[i]);
            Console.ReadKey();
        }
    }
}
```

程序运行结果如图 9-7 所示。

图 9-7 例 9-5 的程序运行结果

该例为 Student 类实现了一个为爱好赋值的方法，用于确定学生的爱好。因为无法确定学生的爱好数目，因此可以使用 params 参数来接收多个字符串参数，并整体地作为数组传递给方法。

9.2.4　方法重载

重载是面向对象程序设计的一个重要特征，通过重载，可以使多个具有相同功能但参数不同的方法共享同一个方法名。重载的意义何在呢？比如驾驶员(driver)可以驾驶汽车，可以驾驶飞机，还可以驾驶轮船。那么在写这个 driver 类的时候，既要写驾驶飞机的方法，又要写驾驶汽车的方法，还要写驾驶轮船的方法。这时候方法的名字就不容易编写了。所以就引进了方法的重载。使得代码的组织及可读性获得改善。

在一个类中，同一个方法实现不同的操作即方法的重载，重载的要求是：

- 在同一个类中。
- 方法名必须相同。
- 参数列表不同(包括参数的个数、顺序和数据类型不一样)。

例 9-6　使用方法重载。代码如下：

```
namespace demo09_06OverLoading
{
    class Program
    {
        static int calUnion(int a, int b)
        {
            return a + b;
        }
        static string calUnion(string a, string b)
        {
            return a + b;
        }
        static void Main(string[] args)
        {
            Console.WriteLine("{0}", Program.calUnion(3, 4));
            Console.WriteLine("{0}", Program.calUnion("3", "4"));
            Console.ReadLine();
        }
    }
}
```

程序运行结果如图 9-8 所示。

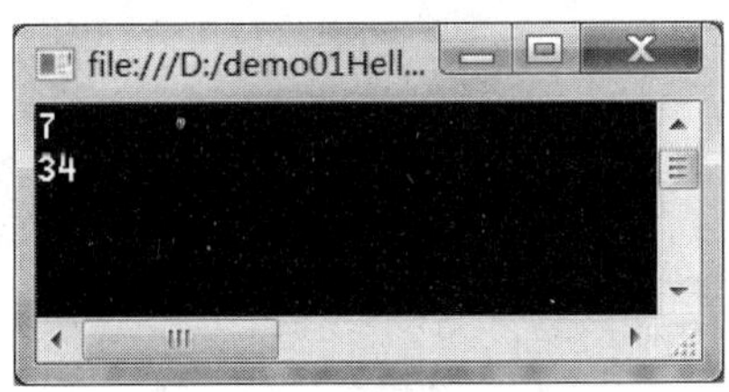

图 9-8　例 9-6 的程序运行结果

代码中有两个 calUnion()方法，Main 函数会根据参数为整型还是字符类型来判断调用哪一个 calUnion()方法，整型则执行两数相加，返回和，而字符类型则执行连接操作。

注意： 方法的重载与返回值类型和访问修饰符没有关系。

例如下面的代码：

```
public void Show() //①
{
   Console.WriteLine("Nothing");
}

public void Show(int number) //②
{
   Console.WriteLine(number);
}
/*
public int Show(int number) //③不算重载，而且违规！
{
   Console.WriteLine(number);
   return number % 5;
}
*/
```

对于上面的代码，①没有参数，②使用了一个 int 类型的参数，①和②之间就构成了重载。②与③相比仅仅返回值不同，虽然重载不关心返回值类型，但是在 C#中不允许存在方法名和参数列表相同而返回值类型不同的方法，所以②和③不能同时存在于代码中，如果不注释掉上面③的代码，是没有办法通过编译的。在上一单元里介绍构造函数时，系统默认构造函数与自定义带参数的构造函数就是重载的关系。

9.2.5 属性

一般情况下，我们不提倡将字段的访问级别直接设为 public，因为用户可以随意访问 public 字段。在很多情况下，考虑到安全问题，需要把字段对外隐藏，而通过属性(property)来访问这些字段。

C#通过属性来读取、编写或计算私有字段的值。属性相当于对字段访问的封装。属性是字段的自然扩展，而且访问字段和属性的语法是相同的。然而，属性与字段不同，属性不表示存储位置。相反，属性有访问器(accessor)，这些访问器指定在它们的值被读取或写入时需执行的语句。通常，属性包括 get 和 set 代码块，get 用于读取字段的值，set 用于设置字段的值。所以也可以把属性归为一种特殊的方法成员。

如下所示为类属性的例子：

```
class Student
{
   //定义姓名和身高的字段
   private string name;
   private int height;
   //定义姓名的属性
   public string Name
   {
      get
      {
         return name;
```

```
        }
        set
        {
            name = value;
        }
    }
    //定义身高的属性
    public int Height
    {
        get
        {
            return height;
        }
        set
        {
            height = value;
        }
    }
}
```

代码中定义的 Name 属性同时包括 get 和 set 代码块。get 代码块中定义了访问的方法，本例中返回字段 name 的值。set 代码块定义了设置 name 字段的方法，其中代码块中的 value 表示属性被赋的值。Height 属性也是同理，属性返回值的数据类型跟对应的字段的数据类型是相同的。以上标准的属性格式可以用 Visual Studio 的工具快速生成，如图 9-9 所示，封装 Student 的 birthDay 字段为属性。

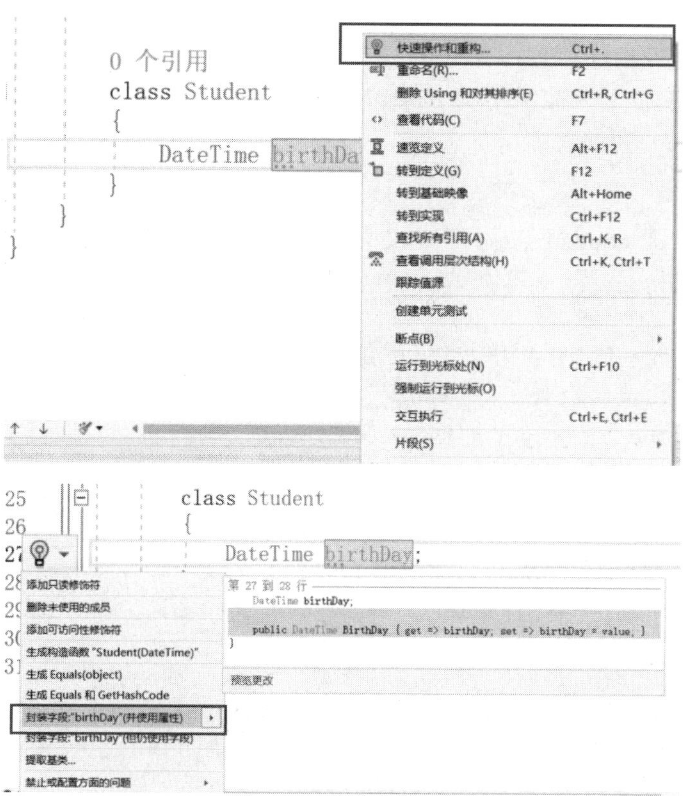

图 9-9　利用右键快捷封装字段并使用属性

```
class Student
{
    DateTime birthDay;

    0 个引用
    public DateTime BirthDay
    { get => birthDay; set => birthDay = value; }
}
```

图 9-9　利用右键快捷封装字段并使用属性(续)

注意： 在属性中可以不同时包括 get 和 set 代码块，但至少应该包含一个，因为两者都不包含的属性是没有任何意义的，也就是说，属性要么可读，要么可写，要么可读可写。

属性与字段有什么区别呢？

属性是类中可以像类的字段一样访问的方法。属性可以为类字段提供保护，避免字段在对象不知道的情况下被更改。属性具有多种用法：它们可在允许更改前验证数据；它们可透明地公开某个类上的数据，该类的数据实际上是从其他源(例如数据库)检索到的；当数据被更改时，它们可采取行动，例如引发事件或更改其他字段的值。

get 访问器体与方法体相似。它必须返回属性类型的值。执行 get 访问器相当于读取字段的值。

例 9-7　使用 Age 属性。代码如下：

```
namespace demo09_07propertyExample
{
    class Student
    {
        private string name; // 定义类的字段
        public string Name   // 定义类的属性
        {
            get
            {
                return name!=null? name : "NoName";
            }
        }
        private  int age;     // 定义类的字段
        public int Age        // 定义类的属性
        {
            set
            {
                if(value>0 && value<120)
                    age = value;
                else
                    age = 18;
            }
            get
            {
                return age;
            }
        }
    }
```

```
    class Program
    {
        static void Main(string[] args)
        {
            Student p = new Student();
            p.Age = -20;
            Console.WriteLine("该生的姓名是{0}，年龄是{1}", p.Name, p.Age);
            Console.ReadKey();
        }
    }
}
```

程序运行结果如图 9-10 所示。

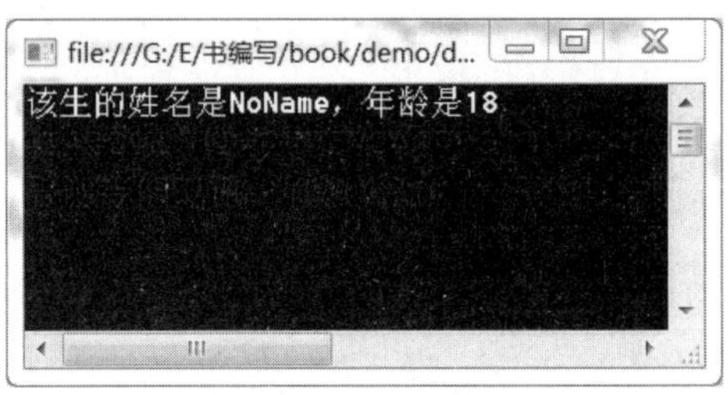

图 9-10　例 9-7 的程序运行结果

说明： 如果代码给学生的年龄一个-20 的值，这是不合逻辑的。可以通过加入一个公有的 Age 属性成员，当输入一个非法的数据-20 的时候，set 代码块根据分支执行赋值语句，程序会输出 18 这样的较为合理的数据。

9.3　案例分析与实现

9.3.1　案例分析

针对本单元所给出的案例，分析如下。

(1) 从面向对象的角度来分析，定义一个银行客户账号类，包含的数据成员有账户号码、客户姓名、客户身份证号、账号余额，能完成的功能有存款、取款和查询余额：

```
class BankAccount
{
    private int accountID;    //账户号码
    public int AccountID
    {
        get { return accountID; }
        set { accountID = value; }
    }

    private string customerName; //客户姓名
    public string CustomerName
    {
        get { return customerName; }
        set { customerName = value; }
    }
```

```
    private string customerID; //客户身份证号
    public string CustomerID
    {
        get { return customerID; }
        set { customerID = value; }
    }

    private double balance; //账号余额
    public BankAccount()
    {
        balance = 0;
    }
    /// <summary>
    /// 一般构造函数
    /// </summary>
    public BankAccount(int accountID, string customerID,
      string customerName): this()
    {
        this.accountID = accountID;
        this.customerID = customerID;
        this.customerName = customerName;
    }
    /// <summary>
    /// 存款
    /// </summary>
    public double Deposit(double amount)
    {
        balance = balance + amount;
        return balance;
    }

    /// <summary>
    /// 查询余额
    /// </summary>
    public double QueryBalance()
    {
        return balance;
    }

    /// <summary>
    /// 取款
    /// </summary>
    public bool Withdraw(double amount)
    {
        if (balance >= amount)
        {
            balance = balance - amount;
            return true;
        }
        else
        {
            return false;
        }
    }
}
```

(2) 在进行界面设计时，主要控件是文本框 TextBox 和按钮 Button，注意命名规范，可以通过代码更改控件的 visible(取值 True 或者 False)属性来控制其是否可见。

(3) 用户插入卡和输入姓名后，生成银行客户账号对象，然后选取服务，分别调用对象的存款 Deposit(double amount)、取款 Withdraw(double amount)以及查询 QueryBalance()方法。

9.3.2 案例实现

本单元案例的实现代码如下：

```
namespace demo09_BankExample
{
    public partial class Form1 : Form
    {
        public Form1()
        {
            InitializeComponent();
        }
        BankAccount newAccount;  //全局对象变量
        private void btnOK_Click(object sender, EventArgs e)
        {
            string name = txtName.Text;
            //生成客户账号对象
            newAccount =
              new BankAccount(62270008, "42010101199001012261", name);
            lblWelcome.Text = newAccount.CustomerName + ",您好!请选择服务";
            lblWelcome.Visible = true;      //显示欢迎客户消息
        }
        /// <summary>
        /// “查询余额”按钮的单击事件
        /// </summary>
        private void btnQuery_Click(object sender, EventArgs e)
        {
            txtResult .Text = "您的余额是："
              + newAccount.QueryBalance().ToString(); //调用查询方法
        }
        /// <summary>
        /// “存款”按钮的单击事件
        /// </summary>
        private void btnDeposit_Click(object sender, EventArgs e)
        {
            txtResult.Visible = false;
            txtMoney.Text = "";
            lblMoney.Visible = true;
            txtMoney.Visible = true;
            btnConfirm.Visible = true;
        }
        /// <summary>
        /// 输入存款数额后，“确认存款”按钮单击事件
        /// </summary>
        private void btnConfirm_Click(object sender, EventArgs e)
        {
            txtResult.Visible = true;
            lblMoney.Visible = false;
```

```
            txtMoney.Visible = false;
            btnConfirm.Visible = false;
            txtResult.Text = "存款成功，现在的余额是："
              + newAccount.Deposit(double.Parse(txtMoney.Text)).ToString();
        }
        /// <summary>
        /// “取款”按钮的单击事件
        /// </summary>
        private void btnWithdraw_Click(object sender, EventArgs e)
        {
            btnConfirm.Visible = false;
            txtResult.Visible = false;
            txtMoney.Text = "";
            lblMoney.Visible = true;
            txtMoney.Visible = true;
            btnConfirmWithdraw.Visible = true;
        }
        /// <summary>
        /// 输入取款数额后，“确认取款”按钮的单击事件
        /// </summary>
        private void btnConfirmWithdraw_Click(object sender, EventArgs e)
        {
            lblMoney.Visible = false;
            txtMoney.Visible = false;
            btnConfirmWithdraw.Visible = false;
            bool succeed =
              newAccount.Withdraw(double.Parse(txtMoney.Text));
            if (succeed == false)
            {
                MessageBox.Show("输入金额超过余额，取款不成功！");
            }
            else
            {
                txtResult.Visible = true;
                txtResult.Text = "取款成功，现在的余额是："
                  + newAccount.QueryBalance().ToString();
            }
        }
        /// <summary>
        /// 退出，关闭当前窗口
        /// </summary>
        private void btnExit_Click(object sender, EventArgs e)
        {
            this.Close();
        }
    }
}
```

9.4 拓展训练：设计一个类的定义和封装

本实训设计一个游戏里英雄类的定义和封装。

新建项目 MyGame，添加 Hero 类，在该类中定义英雄的名字、生命值和等级 3 个字

段，并用属性封装，定义构造方法，完成对名字、生命值和等级的初始化。然后，添加showInfo方法，实现名字和英雄信息的输出。

为英雄添加一个战斗的方法，该方法拥有一个英雄类型的参数，当传入参数是另一个英雄的对象时，能降低对方10点血，如对方血量降到0，则返回true，表示被打败。再增加一个战斗的重载方法，加入一个绝招类型参数，通过输入不同的绝招参数，降低对方不同的血量(这里简化为：1，多杀13点血；2，多杀16点血；3，多杀20点血)。参考代码如下：

```
namespace MyGame
{
    class Hero
    {
        string name;
        double level;
        double health;
        public Hero(string name, double level, double health)
        {
            this.Health = health;
            this.Level = level;
            this.Name = name;
        }

        public string Name
        {
            get { return name; }
            set { name = value; }
        }

        public double Health
        {
            get { return health; }
            set { health = value; }
        }

        public double Level
        {
            get { return level; }
            set { level = value; }
        }
        public void showInfo()
        {
            Console.WriteLine("英雄的名字是{0}", name);
            Console.WriteLine("英雄的等级是{0}", level);
            Console.WriteLine("英雄的生命值是{0}", health);
        }
        public bool Attack(Hero hero)
        {
            hero.health = health - 10;
            if (hero.health == 0)
            {
                return true;
            }
            else
            {
```

```
                return false;
            }
        }
        public bool Attack(Hero hero, int num)
        {
            if (num == 1)
            {
                hero.health = health - 13;
            }
            else if (num == 2)
            {
                hero.health = health - 16;
            }
            else if (num == 3)
            {
                hero.health = health - 20;
            }

            if (hero.health == 0)
            {
                return true;
            }
            else
            {
                return false;
            }
        }
    }
}
```

请读者在主类的方法中编写代码并测试。

习　　题

1. 选择题

(1) 在类的定义中，类的(　　)描述了该类的对象的行为特征。

A. 类名　　B. 方法　　C. 所属的名字空间　　D. 字段

(2) 以下是关于类 MyClass 的定义，count 属性属于(　　)。

```
class MyClass
{
    int i;
    int count
    {
        get { return i; }
    }
}
```

A. 只读　　B. 只写　　C. 可读写　　D. 不可读不可写

2. 简答题

(1) 简述 C#中属性和字段的区别。

(2) 指出下列代码的执行结果:

```
int Square(ref int n)
{
   n = 2 * n;
   return n;
}
private void Form1_Load(object sender, EventArgs e)
{
   int n = 5;
   MessageBox.Show(n.ToString());
   MessageBox.Show(Square(ref n).ToString());
   MessageBox.Show(n.ToString());
}
```

(3) 值传递与引用传递有什么不同？为什么值传递时，被调用方法中的形参值改变不会影响相应的实参？

3. 操作题

(1) 编写一个求圆的面积的程序，输入圆的半径，调用 CircleArea()方法求圆的面积。

(2) 编写一个控制台程序，添加一个汽车类 Car，它包含以下三种属性。

颜色(Color)：读写属性。

车名(Name)：读写属性。

产地(ProductPlace)：只读属性。

并包含一个方法 Run()，该方法输出车的以上属性信息。

(3) 构造一个日期类，要求具有如下功能。

① 能够推算“明天”的日期。

② 能够打印出某天的日期。

③ 具有判断某个月有几天的能力。

单元 10

类的继承与多态性

微课资源

扫一扫，获取本单元相关微课视频。

继承

多态性之重写与隐藏

多态性之抽象类

多态性之接口

单元导读

人们开发出各种软件模块后，为了增强程序的复用性和可扩充性，提高软件的开发利用效率，总是希望能够利用前人或者自己以前的开发成果，同时又希望能够加入现在自己的想法，以便有足够的灵活性，不拘泥于已有的框架。面向对象的程序语言因此提出了“继承”和“多态性”的概念。

学习目标

- 了解 C#中继承的基本概念。
- 掌握方法覆盖。
- 理解如何通过虚方法来实现对象。
- 理解抽象类和接口的概念。

10.1 案例描述

在雇员系统里有不同的雇员，根据雇员的分类不同，也有不同的工资算法。本案例定义雇员基类，共同的属性有姓名、地址、工资和提成，子类有程序员、秘书、高层管理、清洁工，他们有不同的工资算法。其中，高级主管和程序员采用底薪加提成的方式，高级主管和程序员的底薪分别是 10000 元和 8000 元，秘书和清洁工采用固定工资的方式，工资分别是 5000 元和 3000 元。案例的执行结果如图 10-1 所示。

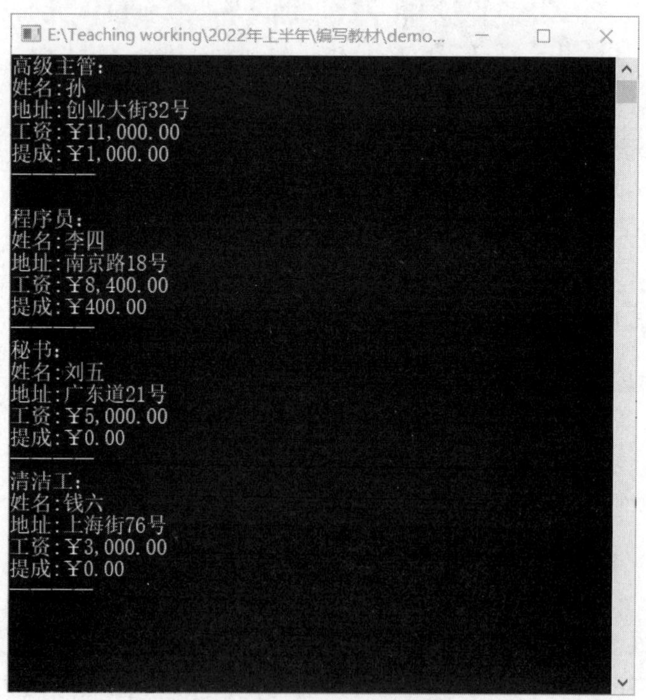

图 10-1 不同雇员的不同工资算法

10.2　知 识 链 接

10.2.1　类的继承

现实世界中的许多实体之间不是相互孤立的，它们往往具有共同的特征，也存在内在的差别，人们可以采用层次结构来描述这些实体之间的相似之处和不同之处。

例如，图 10-2 中反映了生物的派生关系，越下层的事物越具体，并且下层包含了上层的特征。生物包含最一般和最普通的特征，动物有生物的特征，同时还包含自己的特征，它们之间的关系是基类与派生类的关系，也可以说是父类和子类的关系。

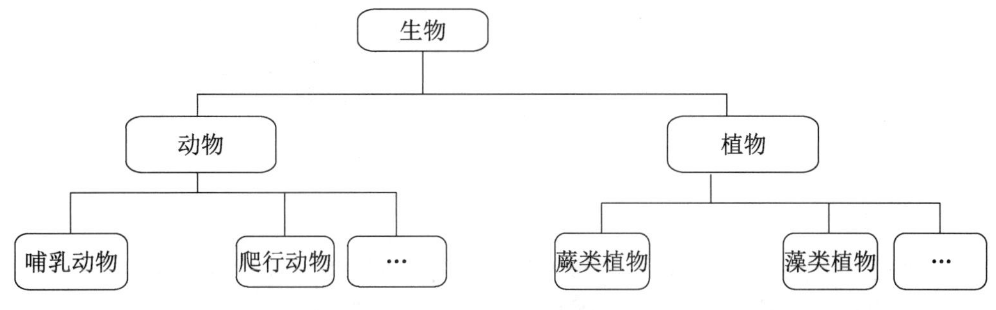

图 10-2　自然界中的继承关系示例

在面向对象程序设计中，为了有效地描述现实世界中的事物关系，引入了类的继承性。继承就是在已有类的基础上创建新类。

继承的定义：当一个类 A 能够获取另一个类 B 中所有非私有的数据和操作的定义作为自己的部分或全部成分时，就称这两个类之间具有继承关系。被继承的类 B 称为父类或超类，继承了父类或超类的数据和操作的类 A 称为子类。

图 10-3 所示为无继承时的重复和冗余。

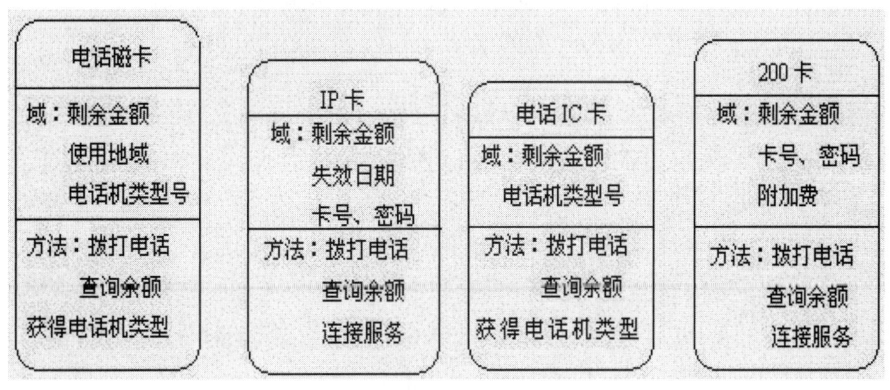

图 10-3　独立定义的电话卡类

通过引入继承和派生的概念，重新定义的电话卡类如图 10-4 所示。

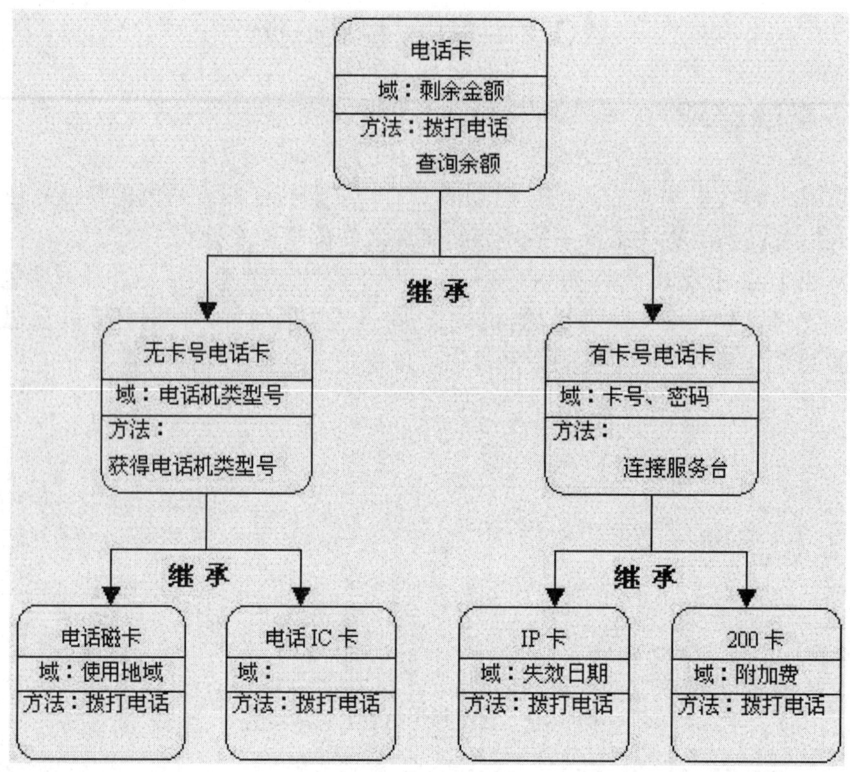

图 10-4　通过继承关系定义的电话卡类

所以，继承的意义在于：继承定义了类如何相互关联，共享特性。

注意： C#只支持单继承，也就是说，一个父类可以有多个子类；一个子类只能继承于一个父类。

所有的类都直接或间接地继承了 object 类，通过继承可以高效地重用代码。

图 10-5 所示为 man 类对 person 类的继承。

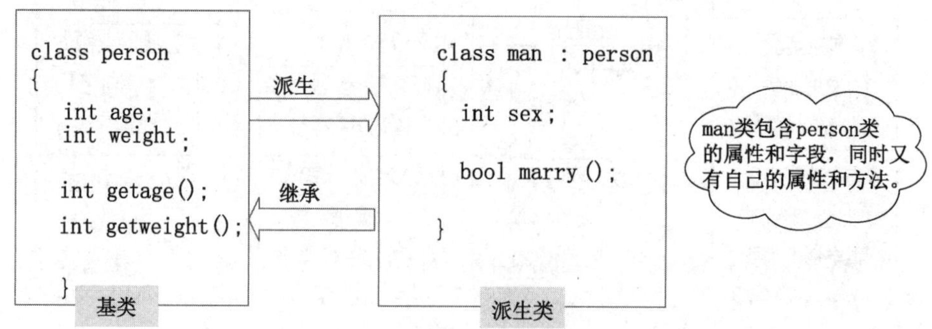

图 10-5　通过继承关系共享特性和操作

可以看出，后来定义的 man 类就节省了代码，因为不需要重复定义年龄和体重等字段，这就实现了继承的初衷：代码重用。

继承的语法规则如下：

```
[访问权限]  class  <派生类名> : <基类名>
{
    //派生类定义
}
```

例如：

```
class A
{
    private int n;          //私有字段
    protected int m;        //保护的字段
    public void afun()      //公有方法
    {
        //方法的代码
    }
}
class B : A
{
    private int x;          //私有字段
    public void bfun()      //公有方法
    {
        //方法的代码
    }
}
```

在主函数中包含以下代码：

```
B b = new B();
b.afun();
```

afun 方法可以直接被 B 的对象调用。

下面通过一个车辆的例子进一步理解基类与派生类的继承关系。

例 10-1　基类与派生类的继承关系。

```
namespace demo10_01inheritance
{
    class Vehicle //定义汽车类
    {
        public int wheels; //公有成员：轮子个数
        protected float weight; //保护成员：重量
        public Vehicle()
        {
        }
        public Vehicle(int w, float g)
        {
            wheels = w;
            weight = g;
        }
        public void Speak()
        {
            Console.WriteLine("this vehicle is speaking!");
        }
    }
```

```
    class Car : Vehicle //定义轿车类从汽车类中继承
    {
        int passengers; //私有成员：乘客数
        public Car(int w, float g, int p) : base(w, g)
        {
            passengers = p;
        }
        static void Main(string[] args)
        {
            Car car1 = new Car(4, 2, 5);
            Console.WriteLine(
              "小汽车 car1 的轮子数为：{0}，重量为{1}，荷载人数为{2}",
              car1.wheels, car1.weight, car1.passengers);
            car1.Speak();
            Console.ReadKey();
        }
    }
}
```

说明： Vehicle 作为基类，体现了汽车这个实体具有的公共性质。汽车都有轮子和重量，Car 类继承了 Vehicle 的这些性质，并且添加了自身的特性：可以搭载乘客。

对于继承的规则，总结如下。

(1) 继承是可传递的。如果 C 从 B 中派生，B 又从 A 中派生，那么 C 不仅继承了 B 中声明的成员，同样也继承了 A 中的成员。Object 类是所有类的基类。

(2) 派生类应当是对基类的扩展。派生类可以添加新的成员，但不能除去已经继承的成员的定义。

(3) 构造函数和析构函数不能被继承。除此以外的其他成员，不论对它们定义了怎样的访问方式，都能被继承。基类中成员的访问方式只能决定派生类能否访问它们。

(4) 派生类如果定义了与继承而来的成员同名的新成员，就可以覆盖已继承的成员。但这并不意味着派生类删除了这些成员，只是不能再访问这些成员。

在继承关系中，子类实例化的过程是：如果类是从一个基类派生出来的，那么在调用这个派生类的默认构造函数之前会调用基类的默认构造函数。调用的次序将从最远的基类开始。

例 10-2 子类实例化的过程。

```
namespace demo10_02 子类实例化过程
{
    class A //基类
    {
        public A() { Console.WriteLine("调用类 A 的构造函数"); }
    }
    class B : A //从 A 派生类 B
    {
        public B() { Console.WriteLine("调用类 B 的构造函数"); }
    }
    class C : B //从 B 派生类 C
```

```
    {
        public C() { Console.WriteLine("调用类 C 的构造函数"); }
    }

    class Program
    {
        static void Main(string[] args)
        {
            C cc = new C();
            Console.ReadKey();
        }
    }
}
```

程序运行结果如图 10-6 所示，验证了子类实例化时调用构造函数的次序将从最远的基类开始。

图 10-6　子类实例化过程

而子类对象销毁的过程是：当销毁对象的时候，它会按照相反的顺序来调用析构函数。首先调用派生类的析构函数，然后调用最近基类的析构函数，最后才调用那个最远的析构函数。

例 10-3　子类对象销毁的过程。

```
namespace demo10_03 子类对象销毁过程
{
    class A //基类
    {
        ~A() { Console.WriteLine("调用类 A 的析构函数"); }
    }
    class B : A //从 A 派生类 B
    {
        ~B() { Console.WriteLine("调用类 B 的析构函数"); }
    }
    class C : B //从 B 派生类 C
    {
        ~C() { Console.WriteLine("调用类 C 的析构函数"); }
    }

    class Program
    {
        static void Main(string[] args)
        {
            C cc = new C();
        }
    }
}
```

程序运行结果如图 10-7 所示，验证了子类对象销毁时调用析构函数的次序将从最近的基类开始。

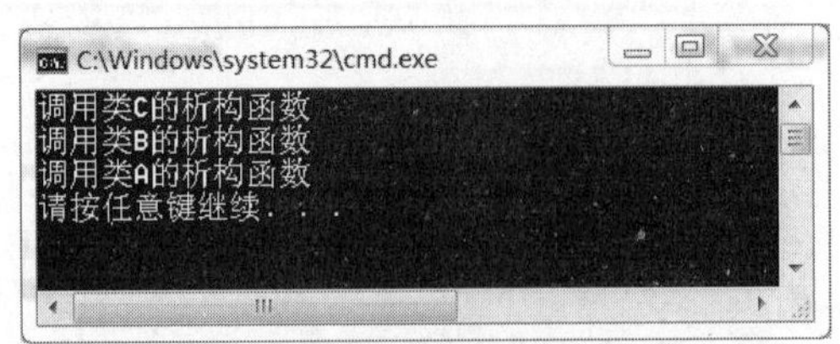

图 10-7　子类对象销毁的过程

在例 10-1 中，我们注意到 Car 类的构造函数代码中有个关键字 base：

```
public Car(int w, float g, int p) : base(w, g)
```

它有什么用呢？base 关键字用于从派生类中访问基类的成员，指代基类的对象。

base 是 C#关键字，虽然派生类不继承基类中的构造函数和析构函数，但是派生类可以通过使用 base 关键字调用直接基类的构造函数。

派生类显式调用基类构造函数的一般形式如下：

```
public 派生类构造函数名(形参列表) : base(向基类构造函数传递的实参列表){}
```

这表示调用基类的有参构造函数。传递给基类构造函数的实参列表，通常包含在派生构造函数的“形参列表”中，例如：

```
public Student(string myid, string myname, string mygender) : base(myid,
  myname, mygender) { }
```

上述构造函数中，调用基类构造函数的参数，就是传递给 Student 类构造函数的形参。下面的用法也是如此：

```
public Student(string myid, string myname, string mygender,
  string mysid, string mymajor) : base(myid, myname, mygender){}
```

需要注意的是，创建派生类对象时，先按指定的参数调用基类特定的构造方法，然后返回，执行派生类构造函数中的语句，进行派生类字段部分的初始化。

相应地，C#中还有一个 this 关键字，用在类中，用于访问该类的成员。当类实例化后，this 代表被实例化的对象。例如下面定义的一个 Person 类：

```
class Person
{
    private string name;
    private int age;
    private string hobby;
    public Person(string name, int age, string hobby)
    {
        this.name = name;
        this.age = age;
        this.hobby = hobby;
    }
    public void Display()
    {
```

this 代表类本身，故“=”号左边的 this.name 代表类的字段，“=”号右边的 name 代表函数的局部变量

```
        Console.WriteLine(this.name + ", "
          + this.age + "岁, 喜欢" + this.hobby);
    }
}
```

10.2.2　多态性：虚方法和重写

多态即表示多种形态，什么是类的多种形态呢？它有什么用处？

“多态性”一词最早用于生物学，指同一种族的生物体虽然具有相同的本质特性，但在不同的具体环境下又有可能呈现出不同的表现形式。

在面向对象的系统中，多态性是一个非常重要的概念。它允许程序员以一致的方式对一个对象进行操作，而具体实现哪个动作、如何实现，则由系统负责解释。

在 C#中，多态性的定义是：同一操作作用于不同的类的实例，不同的类将进行不同的解释，最后产生不同的执行结果。C#支持两种类型的多态性。

- 编译时的多态性：编译时的多态性是通过重载来实现的，方法重载和操作符重载实现了编译时的多态性。对于非 virtual 的成员来说，系统在编译时，根据传递的参数、返回的类型等信息决定实现何种操作。
- 运行时的多态性：运行时的多态性就是指直到系统运行时才根据实际情况决定实现何种操作。C#中，运行时的多态性通过虚成员实现。

编译时的多态性具有运行速度快的特点，而运行时的多态性则具有高度灵活和抽象的特点。可以看到，类的定义方式十分简单。

重载是面向对象编程中多态性的一种体现，而对基类虚方法的重载，是函数重载的另一种特殊形式。C#可以在派生类中实现对基类某个方法的重新定义，要求方法名称、返回值类型、参数表中的参数个数/类型/顺序都必须与基类中的虚函数完全一致。这种特性称为虚方法重载，又称重写方法。

实现虚方法重载要求在定义类时，在基类中为要重载的方法添加 virtual 关键字。然后，在派生类中对同名的方法使用 override 关键字。

基类中声明虚方法的格式如下：

```
public virtual 方法名([参数列表]) {...}
```

派生类中重载虚方法的格式如下：

```
public override 方法名([参数列表]){...}
```

例 10-4　虚方法重写范例。

```
namespace demo10_04virtualAndOverride
{
    class Vehicle //定义汽车类
    {
        public int wheels; //公有成员：轮子个数
        protected float weight; //保护成员：重量
        public Vehicle(int w, float g)
        {
```

```
            wheels = w;
            weight = g;
        }
        public virtual void Speak()
        {
            Console.WriteLine("the w vehicle is speaking!");
        }
    }
    class Car:Vehicle //定义轿车类
    {
        int passengers; //私有成员：乘客数
        public Car(int w, float g, int p) : base(w,g)
        {
            wheels = w;
            weight = g;
            passengers = p;
        }
        public override void Speak()
        {
            Console.WriteLine("The car is speaking:Di-di!");
        }
    }
    class Truck : Vehicle //定义卡车类
    {
        int passengers; //私有成员：乘客数
        float load; //私有成员：载重量
        public Truck (int w, float g, int p, float l) : base(w,g)
        {
            wheels = w;
            weight = g;
            passengers = p;
            load = l;
        }
        public override void Speak()
        {
            Console.WriteLine("The truck is speaking:Ba-ba!");
        }
    }

    class Program
    {
        static void Main(string[] args)
        {
            Vehicle v1 = new Vehicle(6, 3);
            Car c1 = new Car(4, 2, 5);
            Truck t1 = new Truck(6, 5, 3, 10);
            v1.Speak();
            v1 = c1;
            v1.Speak();
            c1.Speak();
            v1 = t1;
            v1.Speak();
            t1.Speak();
            Console.ReadKey();
        }
```

```
    }
}
```

程序运行结果如图 10-8 所示。

```
the w vehicle is speaking!
The car is speaking:Di-di!
The car is speaking:Di-di!
The truck is speaking:Ba-ba!
The truck is speaking:Ba-ba!
```

图 10-8　使用虚方法重写

这里，Vehicle 类的实例 v1 先后被赋予 Car 类的实例 c1，以及 Truck 类的实例 t1 的值。在执行过程中，v1 先后指代不同的类的实例，从而调用不同的版本。

这里，v1 的 Speak 方法实现了多态性，并且 v1.Speak 究竟执行哪个版本，不是在程序编译时确定的，而是在程序的动态运行时根据 v1 某一时刻的指代类型来确定的，所以体现了动态的多态性。

new 关键字表示在派生类中定义一个新的同名方法，将隐藏基类中的成员。当在派生类中创建与基类中的方法或数据成员同名的方法或数据成员时，原来基类中的方法或成员将被隐藏。

例 10-5　方法隐藏范例。

```
namespace demo10_05virtualAndNew
{
    class Animal
    {
        public void Eat()
        {
            Console.WriteLine("Eat something");
        }
    }
    class Cat : Animal
    {
        public new void Eat()      //暂时覆盖基类的方法
        {
            Console.WriteLine("Eat small fishes");
        }
    }

    class Program
    {
        static void Main(string[] args)
        {
            Cat mycat = new Cat();
            mycat.Eat();
            Console.ReadKey();
        }
```

```
    }
}
```

程序运行结果如图 10-9 所示。

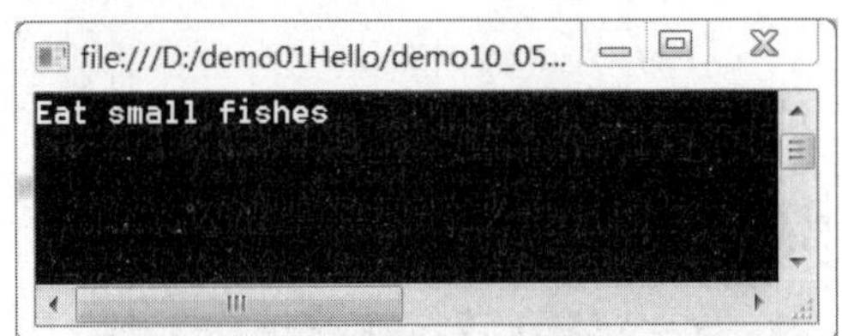

图 10-9　方法隐藏

需要特别注意 override 和 new 的不同，再通过一个例子来说明它们的区别。

例 10-6　重写和隐藏的应用。

```
namespace demo10_06OverrideAndNew
{
    public class Animal
    {
        public virtual void Eat()
        {
            Console.WriteLine("Eat something");
        }
    }
    public class Cat : Animal
    {
        public override void Eat() //完全取代基类方法
        {
            Console.WriteLine("Eat small fishes!");
        }
    }
    public class Dog : Animal
    {
        public new void Eat() //暂时覆盖基类方法
        {
            Console.WriteLine("Eat bones");
        }
    }
    class Program
    {
        static void Main(string[] args)
        {
            Animal mycat = new Cat();
            Animal mydog = new Dog();
            mycat.Eat();
            mydog.Eat();
            Console.ReadKey();
        }
    }
}
```

程序运行结果如图 10-10 所示。

图 10-10　例 10-6 的程序运行结果

说明： 二者都是在派生类中定义了与基类中相同的方法。相同点是：派生类对象将执行各自的派生类中的方法；不同点是：派生类对象在向基类转型后，重写基类调用的是派生类的方法，而隐藏基类调用的是基类的方法。

10.2.3　多态性：抽象类

使用多态的时候，有时我们并不需要创建父类对象，而且父类中的某些方法不需要方法体，只是表达一种抽象的概念，用来为它的派生类提供一个公共的界面。这时可以使用抽象类和抽象方法。

例如，计算平面图形面积没有具体的实现方法，只有针对具体的平面图形，如圆形、矩形，我们才能算出实际的面积值。对于这种情况，可以把平面图形定义成抽象类，并将该类的计算面积功能定义成抽象方法来解决这个问题。

在 C#中，在类前面加关键字 abstract 就可以定义一个抽象类。抽象类的定义格式如下：

```
abstract class 类名
{
    //抽象类成员的定义
    ...
}
```

不含方法体的方法就是抽象方法，它的方法体由该类的子类根据自己的情况去实现。抽象方法的定义格式与抽象类相同，需要在方法名前面加 abstract 关键字。定义格式如下：

```
public abstract void 方法名(方法参数);
```

抽象方法没有可执行代码，所以在定义语句的最后必须有一个分号“;”。

由于抽象类是不能实例化的，因此，抽象方法的功能需要在派生类中用重写同名方法的方式实现。重写的方法与抽象类中的方法的参数及其类型、方法名都应相同。重写抽象方法时要在方法前面加 override 关键字。应注意：

- 抽象方法必须被子类覆盖后才可以被调用，因此所有的抽象方法都是 virtual 的，并且不需要声明。
- 在基类定义中，只要类体中包含一个抽象方法，该类即为抽象类。

例 10-7　抽象类的应用。

```
namespace demo10_07Abstract
```

```
{
    abstract class Shape
    {
        public abstract double calculateArea();//定义计算平面图形面积的抽象方法
    }
    class Circle : Shape                            //圆形类
    {
        private double radius;
        private double PI = 3.14;
        public Circle(double radius)
        {
            this.radius = radius;
        }
        public override double calculateArea() //重写基类的抽象方法
        {
            return PI * radius * radius;
        }
    }
    class Rectangle : Shape                         //长方形类
    {
        private double width;
        private double length;
        public Rectangle(double width, double length)
        {
            this.width = width;
            this.length = length;
        }
        public override double calculateArea()
        {
            return width * length;
        }
    }
    class Program
    {
        static void Main(string[] args)
        {
            Shape obj;
            double area;
            Circle objCircle = new Circle(5.0);
            obj = objCircle;
            area = obj.calculateArea();
            Console.WriteLine("the area of circle is : {0}", area);
            Rectangle objRect = new Rectangle(4.0, 5.0);
            obj = objRect;
            area = obj.calculateArea();
            Console.WriteLine("the area of rectangle is : {0}", area);
            Console.ReadKey();
        }
    }
}
```

程序运行结果如图 10-11 所示。

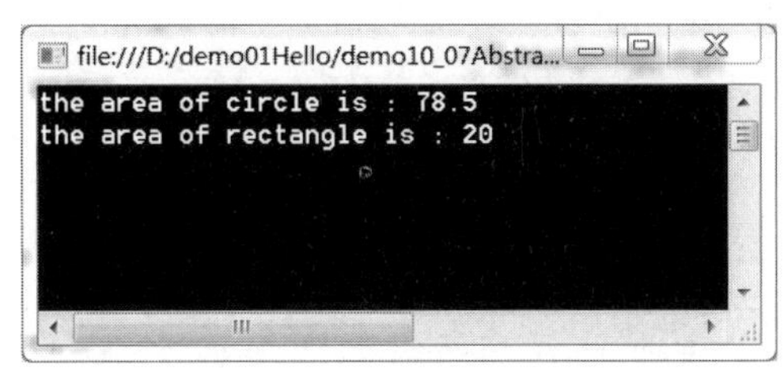

图 10-11　例 10-7 的程序运行结果

注意： 如果子类没有实现抽象基类中所有的抽象方法，则子类也必须定义成一个抽象类。

10.2.4　多态性：接口

在现实生活中，接口是一套规范，满足这个规范的设备，我们就可以把它们组装到一起，从而实现该设备的功能。比如，图 10-12 所示的 USB 接口。

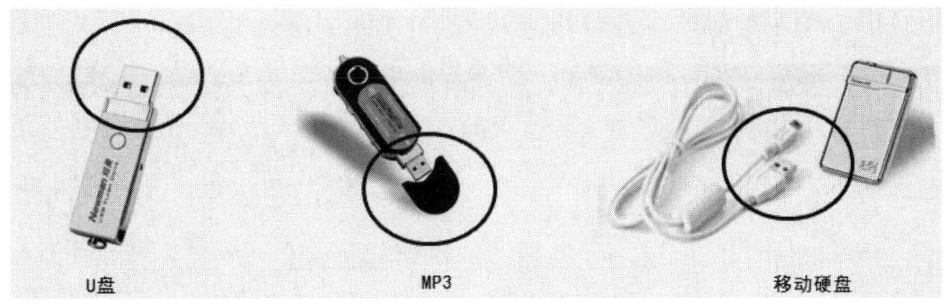

图 10-12　USB 接口

C#中，接口是用来定义一种程序的协定。通俗地说，接口就是说明一个类“能做什么”，接口与抽象类非常相似，它定义了一些未实现的属性和方法。所有继承它的类都继承这些成员，在这个角度上，可以把接口理解为一个类的模板。并且，实现接口的类或者结构要与接口的定义严格一致。

接口由方法、属性、索引器和事件的声明组成。接口中既不能包含构造函数或字段，也不能包含运算符的重载。同时，接口也不允许在成员上加修饰符。

接口定义如下：

```
interface  接口名
{
    //接口成员的定义，包括方法、属性、索引及事件
    ...
}
```

接口命名通用的约定是在接口名称的前面加大写字母 I。

例如 IPict 接口：

```
public interface IPict
{
    int DeleteImage();
```

可以显式声明为 public

```
    void DisplayImage();    //成员无访问修饰符
}
```

定义接口以后，就可以在类中实现该接口。例如，MyImages 类继承接口 IPict：

```
public class MyImages : IPict
{
    public int DeleteImage()                                    //第一个方法的实现
    {
        Console.WriteLine("DeleteImage 实现！");
        return(5);
    }

    public void DisplayImage()                                  //第二个方法的实现
    {
        Console.WriteLine("DisplayImage 实现！");
    }
}
```

注意：实现接口的类必须实现整个接口(即全部方法)，而不能只选择实现其中一部分。否则编译时将会产生图 10-13 所示的错误。

图 10-13 没有实现全部接口成员编译中会发生错误

例 10-8 由接口实现平面图形面积的计算。

```
namespace demo10_08InterfaceExam
{
    interface IShape                        //定义接口
    {
        double calculateArea();             //接口成员方法，平面图形有计算面积的功能
    }
    class Circle : IShape                   // 类 Circle 继承接口 IShape
    {
        private double radius;
        private double PI = 3.14;
        public Circle(double radius)
        {
            this.radius = radius;
        }
        public double calculateArea()  //实现接口成员，具体执行求圆面积的代码
        {
            return PI * radius * radius;
        }
    }
    class Rectangle : IShape                // 类 Rectangle 继承接口 IShape
    {
        private double width;
```

```
        private double length;
        public Rectangle(double width, double length)
        {
            this.width = width;
            this.length = length;
        }
        public double calculateArea() //实现接口成员，具体执行求长方形面积的代码
        {
            return width*length;
        }
    }
    class Program
    {
        static void Main(string[] args)
        {
            double area;
            IShape objShape = new Circle(5.0);
            area = objShape.calculateArea();
            Console.WriteLine("the area of circle is : {0}", area);
            objShape = new Rectangle(4.0, 5.0);
            area = objShape.calculateArea();
            Console.WriteLine("the area of rectangle is : {0}", area);
            Console.ReadKey();
        }
    }
}
```

从以上例子可以看出，接口是与抽象类非常相似的另一个概念，我们将它们做一个比较。

(1) 接口和抽象类的相似之处表现在以下两个方面。

- 两者都包含可以由子类继承的抽象成员。
- 两者都不直接实例化。

(2) 两者的区别表现在以下几个方面。

- 抽象类除拥有抽象成员之外，还可以拥有非抽象成员；而接口中所有的成员都是抽象的。
- 抽象成员可以是私有的，而接口的成员一般都是公有的。
- 接口中不能含有构造函数、析构函数、静态成员和常量。
- C#只支持单继承，即子类只能继承一个父类，而一个子类却能继承多个接口。也就是说，一个类可以实现多个接口。在类实现多个接口时，需要用逗号把各个接口隔开。

例如：

```
public class MyImages : IPict, IPictManip
```

10.3　案例分析与实现

10.3.1　案例分析

针对本单元所给出的案例，分析如下。

定义基类 Employee，而子类主管 Master、程序员 Programmer、秘书 Secretary、清洁工 Cleaner 派生于基类。定义基类如下：

```
class Employee
{
    private string name;
    private string address;
    private double salary;
    private double increase;
    public Employee(string n, string a, double m)
    {
        name = n;
        salary = m;
        address = a;
    }
    public string Name
    {
        get { return name; }
        set { name = value; }
    }
    public string Address
    {
        get { return address; }
        set { address = value; }
    }
    public double Increase
    {
        get { return increase; }
        set { increase = value; }
    }
    public double Salary
    {
        get { return salary; }
        set { salary = value; }
    }
    public virtual void Raise(double percent)
    {
        increase = salary * percent;
    }
    public void Print()
    {
        Console.WriteLine("姓名:{0}", name);
        Console.WriteLine("地址:{0}", address);
        Console.WriteLine("工资:{0:c}", salary);
        Console.WriteLine("提成:{0:c}", increase);
        Console.WriteLine("———");
    }
}
```

10.3.2 案例实现

分别在项目中添加子类。

(1) 主管 Master：

```
class Master : Employee
{
    public Master(string n, string a, double m) : base(n, a, m)
    { }
    public override void Raise(double percent)
    {
        Console.WriteLine("高级主管：");
        base.Raise(percent);
        base.Salary += base.Increase;
        //Console.WriteLine("{0}", salary);
    }
}
```

(2) 程序员 Programmer：

```
class Programmer : Employee
{
    public Programmer(string n, string a, double m) : base(n, a, m)
    { }
    public override void Raise(double percent)
    {
        Console.WriteLine("程序员：");
        base.Raise(percent);
        base.Salary += base.Increase;
        //Console.WriteLine("{0}", salary);
    }
}
```

(3) 秘书 Secretary：

```
class Secretary : Employee
{
    public Secretary(string n, string a, double m) : base(n, a, m)
    { }
    public override void Raise(double percent)
    {
        Console.WriteLine("秘书：");
        base.Raise(percent);
        base.Salary += base.Increase;
        //Console.WriteLine("{0}", salary);
    }
}
```

(4) 清洁工 Cleaner：

```
class Cleaner : Employee
{
    public Cleaner(string n, string a, double m) : base(n, a, m)
    {
    }
    public override void Raise(double percent)
    {
        Console.WriteLine("清洁工：");
        base.Raise(percent);
```

```
        base.Salary += base.Increase;
        //Console.WriteLine("{0}", salary);
    }
}
```

然后，在主程序中编写代码测试：

```
namespace demo10_EmployeeSystem
{
    class Program
    {
        static void Main(string[] args)
        {
            Master M = new Master("孙", "创业大街 32 号", 10000);
            M.Raise(0.1);
            M.Print();
            Console.WriteLine();
            Programmer  P = new Programmer("李四", "南京路 18 号", 8000);
            P.Raise(0.05);
            P.Print();
            Secretary S = new Secretary("刘五", "广东道 21 号", 5000);
            S.Raise(0);
            S.Print();
            Cleaner C = new Cleaner("钱六", "上海街 76 号", 3000);
            C.Raise(0);
            C.Print();
            Console.ReadLine();
        }
    }
}
```

10.4　拓展训练：从接口继承

(1)　定义一个 IPerson 接口，要求如下。

属性：string Name 表示姓名，DateTime Birthday 表示出生日期；方法：ushort Age()用于返回年龄，void ShowMessage()用于显示信息。

(2)　定义一个 IAddress 接口，要求如下。

属性：string Street 用于表示街道，string City 表示所在城市。

(3)　定义一个 IAddress2 接口，实现对 IAddress 接口的扩展，增加 string Province、string State 属性，分别表示所在省份和国家；增加 string ShowAddress()方法，用来按照“国家+省份+城市+街道”的形式显示地址。

(4)　定义一个 ITest 接口，包含一个 void ShowMessage()方法。

(5)　定义一个 Employee 类，实现 IPerson 和 IAddress2 接口。

(6)　定义一个 Student 类，继承 Employee 类并实现 ITest 接口。

参照代码如下：

```
namespace demo10_Practice1
{
```

```
/// <summary>
/// 定义一个 IPerson 接口
/// </summary>
public interface IPerson
{
    string Name { set; get; }
    DateTime Birthday { set; get; }
    ushort Age();
    void ShowMessage();
}
/// <summary>
/// 定义一个 IAddress 接口，string Street 表示街道，string City 表示所在城市
/// </summary>
public interface IAddress
{
    string Street { set; get; }
    string City { set; get; }
}
/// <summary>
///定义一个 IAddress2 接口，实现对 IAddress 接口的扩展
/// </summary>
public interface IAddress2 : IAddress
{
    string Province
    { set; get; }
    string State { set; get; }
    void ShowAddress();
}
/// <summary>
/// 定义一个 ITest 接口，包含一个 void ShowMessage()方法
/// </summary>
public interface ITest
{
    void ShowMessage();
}
/// <summary>
/// 定义一个 Employee 类，实现 IPerson 和 IAddress2 接口
/// </summary>
public class Employee : IPerson, IAddress2
{

    private string state;
    public string State
    {
        set { state = value; }
        get { return state; }
    }
    private string province;
    public string Province
    {
        set { province = value; }
        get { return province; }
    }
    private string city;
    public string City
```

```
    {
        set { city = value; }
        get { return city; }
    }
    private string street;
    public string Street
    {
        set { street = value; }
        get { return street; }
    }
    private string name;
    public string Name
    {
        set { name = value; }
        get { return name; }
    }
    private DateTime birthday;
    public DateTime Birthday
    {
        set { birthday = value; }
        get { return birthday; }
    }
    public ushort Age()
    {
        return (ushort)(2011 - int.Parse(Birthday.Year.ToString()));
    }
    public void ShowMessage()
    {
        Console.WriteLine("name: {0} birthday: {1} age: {2}",
          Name, Birthday, this.Age());
    }
    public void ShowAddress()
    {
        Console.WriteLine(State + Province + City + Street);
    }
}
/// <summary>
/// 定义一个 Student 类，继承 Employee 类并实现 ITest 接口
/// </summary>
public class Student : Employee, ITest
{
    public Student(string Name, string Birthday, string State,
      string Street, string City, string Province)
    {
        this.Name = Name;
        this.Birthday = DateTime.Parse(Birthday);
        this.State = State;
        this.Street = Street;
        this.City = City;
        this.Province = Province;
    }
    public new void ShowMessage()
    {
        Console.WriteLine("名字: {0} 出生日期: {1} 年龄: {2} ",
          Name, Birthday, this.Age());
```

```
            Console.WriteLine("地址: " + State + Province + City + Street);
        }
    }
    class Program
    {
        static void Main(string[] args)
        {
            Student st = new Student(
              "程小明", "1995/10/01", "中国", "中山大道", "广州", "广东省");
            st.ShowMessage();
            Console.ReadLine();
        }
    }
}
```

习　　题

1. 选择题

(1) (　　)是软件重用的一种形式。

A. 重载　　B. 继承　　C. 多态　　D. 事件

(2) 只有在基类的定义或在派生类的定义中，才能访问基类的(　　)成员。

A. abstract　　B. Sealed　　C. Protected　　D. public

(3) 在(　　)关系中，一个类的对象也可以被看作它的基类的对象。

A. 重载　　B. 继承　　C. 多态　　D. 事件

(4) 通过(　　)引用，派生类构造函数可以调用基类构造函数。

A. object B. Class C. Base D. system

2. 简答题

简述 override(重写) 和 overload(重载) 的区别。

3. 操作题

(1) 定义商品类及其多层的派生类。以商品类为基类。第一层派生出服装类、家电类、车辆类。第二层派生出衬衣类、外衣类、帽子类、鞋子类；第三层派生出空调类、电视类、音响类；第四层派生出自行车类、轿车类、摩托车类。要求给出基本属性和派生过程中增加的属性。

(2) 设计一个学生类，包括学号、姓名、性别属性。设计一个大学生类，继承于学生类，其属性除具备学生类的属性外，还有专业、高考成绩。设计一个中学生类，继承于学生类，其属性除具备学生类的属性外，还有年级、班级属性。对类进行测试(生成对象、输出对象属性)。

单元 11

委托与事件

微课资源

扫一扫，获取本单元相关微课视频。

事件

委托

单元导读

如今各种各样的事件驱动(event driven)编程方式应用非常广泛。C#也支持用事件(events)与委托(delegates)来实现事件驱动编程。

回调(callback)函数是 Windows 编程的一个重要部分，有 C 或 C++编程背景的编程者都了解，回调函数实际上是方法调用的指针，也称为函数指针，具有非常强大的编程特性。在.NET 时代，函数指针有了更安全、更优雅的包装，就是委托。而事件，则是为了限制委托灵活性而引入的新“委托”，有了事件，可以大大简化编程工作，类库变得更开放，消息传递变得更加简单。本单元将学习委托与事件。

学习目标

- 了解委托和方法的关系，并掌握如何定义及使用委托。
- 理解事件响应机制，并掌握事件处理机制。

11.1 案例描述

有一家 IT 公司，董事长不希望雇员在上班时间玩游戏，但又不可能每时每刻都盯着所有雇员，因此，他希望使用一种新的方式实现监视雇员的效果：如果有雇员违反规定，上班时选择进入的不是工作界面，某个设备或专门的监查人员将自动发出一个消息通知他，董事长只需要在事情发生时进行处理即可。

案例的执行结果如图 11-1 所示。

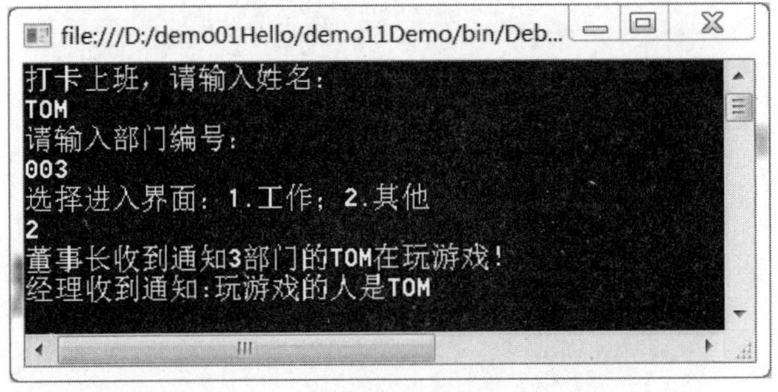

图 11-1　事件发送和处理

11.2 知识链接

11.2.1 委托和方法

C#中的方法类似于 C 中的函数，在内存中有一个入口物理地址，它就是方法被调用的地址。方法的入口地址可以被赋给委托，通过委托来调用该方法，因此，从这个意义上来说，可以认为委托就是方法的指针。

委托也称指代、代表、代理。与函数指针不同，委托是面向对象的，并且是类型安全的。

委托可以看作是对象的一种新类型，使用委托，可以将方法引用封装在委托对象内，然后可以将该委托对象传递给可以调用所引用方法的代码，而不必在编译时知道将调用哪个方法，如图 11-2 所示。

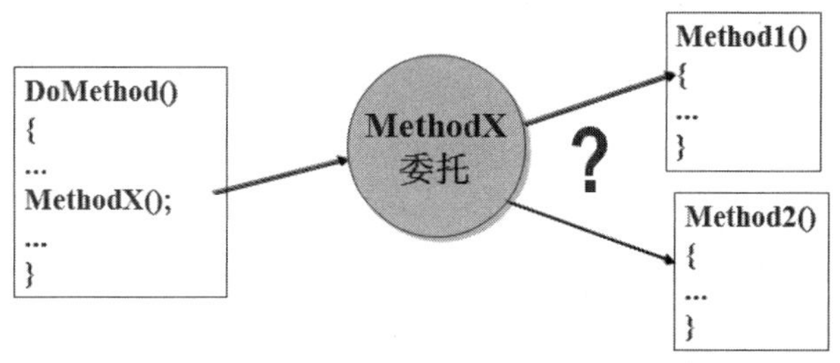

图 11-2　以委托实现方法回调

一个委托类型表示了函数的签名(函数的参数类型、个数及顺序)，一个委托实例可以表示一个具体的函数，即某个类的实例方法或静态方法。

委托的声明格式如下：

```
[访问修饰符] delegate 返回类型　委托名(参数列表);
```

其中，访问修饰符与类中普通成员的访问修饰符含义相同；delegate 是关键字，返回类型为该委托类型封装的方法的返回类型；委托名是符合 C#语法的标识符；参数列表为该委托类型封装的方法的参数。

在 C#中，委托具有以下特点。

- 委托属于引用类型，它是对特定返回类型和参数列表的方法的引用，委托封装了方法。
- 委托是用户自定义类型，因此在定义委托的时候，并不是定义委托类型的变量，而是定义一个数据类型。
- 委托封装的方法可以是静态的方法，也可以是实例的方法，对方法的名称没有任何特殊要求，也不限制方法能做什么。
- 调用委托其实就是调用委托所封装的方法，委托相当于一个代理。

注意： 委托的声明与方法的声明类似，这是因为委托就是为了进行方法的引用，但要特别注意，委托是一种类型，而方法是类的成员。

下列代码定义了一个封装返回值为整型、带有两个整型参数的方法的委托类型：

```
delegate int Compute(int x, int y);
```

委托的典型使用步骤如下。

(1) 定义委托类型。

(2) 定义委托封装的方法。

(3) 实例化委托。

实例化委托就是使用 new 运算符创建一个该委托的对象，并将委托指向的方法名作为参数传给委托对象。语法格式如下：

```
委托名 委托对象 = new 委托名(委托封装的方法);
```

这里传递的方法必须符合委托对方法的要求。

(4) 调用委托。

调用委托即调用委托中封装的方法，语法格式如下：

```
委托对象(参数列表);
```

例 11-1 输入两个整数，根据用户的提示，求出这两个整数的和、差、积或商，并且输出。

定义类文件 CalculateData.cs：

```
class CalculateData
{
   //定义一个委托类型 delCalculate
   public delegate int delCalculate(int x, int y);

   //添加如下四个方法，分别实现两个数相加、相减、相乘和相除运算
   int Add(int x, int y) //相加
   {
      return x+y;
   }
   int Sub(int x, int y) //相减
   {
      return x-y;
   }
   int Mul(int x, int y) //相乘
   {
      return x*y;
   }
   int Div(int x, int y) //相除
   {
      return x/y;
   }
   //根据用户的提示，通过委托动态调用对应的方法完成两个数的运算
   public int ComputeData(string flag, int x, int y)
   {
      int result; //保存计算的结果
      flag = flag.ToLower();
      delCalculate obj; //声明委托类型 delCalculate 的变量
      switch(flag) //根据标记符 flag 来实例化委托，同时指明委托调用的方法名
      {
         case "a":
            obj = new delCalculate(Add);
            break;
         case "s":
            obj = new delCalculate(Sub);
            break;
         case "m":
            obj = new delCalculate(Mul);
            break;
         default:
            obj = new delCalculate(Div);
```

```
            break;
        }
        result = obj(x, y); //通过委托调用方法，计算结果
        return result;
    }
}
```

在主方法 Main 中编写代码，提示用户输入两个整数和操作标记符，并将计算的结果输出：

```
namespace demo11_01delegateExam
{
    class Program
    {
        static void Main(string[] args)
        {
            int num1, num2, result;
            string flag;
            Console.Write("请输入第一个数：");
            num1 = int.Parse(Console.ReadLine());
            Console.Write("请输入第二个数：");
            num2 = int.Parse(Console.ReadLine());
            Console.Write("请输入一个字符(a 表示两数相加、s 相减、m 相乘、d 相除):");
            flag = ((char)Console.Read()).ToString();
            CalculateData cd = new CalculateData();
            result = cd.ComputeData(flag, num1, num2);
            Console.WriteLine("两数计算后的结果是：{0}", result);
            Console.ReadKey();
        }
    }
}
```

程序运行结果如图 11-3 所示。

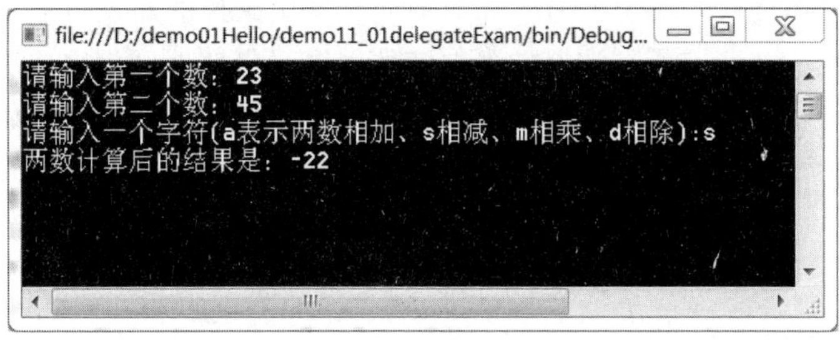

图 11-3　例 11-1 的程序运行结果

利用委托的好处在于：

- 可以更加灵活地调用方法。
- 可以异步回调。
- 多线程编程中可以使用委托来指定启动一个线程时调用的方法。
- C#中的事件模型。用委托指明处理给定事件的方法。

这些优点在我们以后编程的过程中，会慢慢体会到。

11.2.2 事件处理

在 C#中，类或对象可以通过事件向其他类或对象通知发生的相关事情。发送(或引发)事件的类称为“发布者”，接收(或处理)事件的类称为“订阅者”。一个事件可以有一个或多个订阅者，事件的发布者也可以是该事件的订阅者。

图 11-4 形象地体现了事件发布者和订阅者对事件的响应机制。事件发布者宣布“请听题～”作为事件源，那么，事件的订阅者——“抢答者”会立刻做出响应，即集中注意力聆听，而其他人未参与此类活动，没有订阅该事件，则对事件不关心，即没有响应。

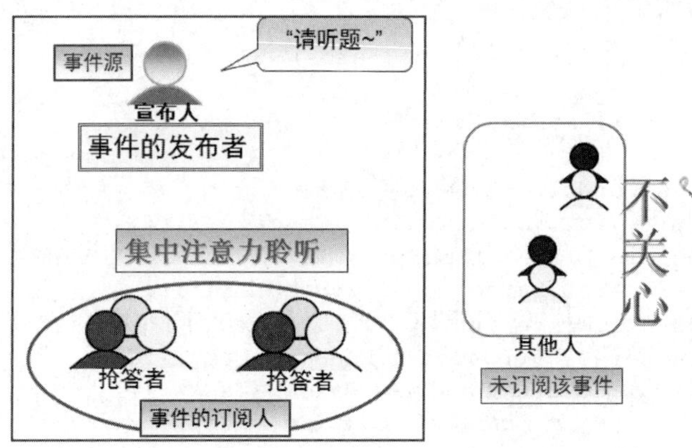

图 11-4　事件中的发布者和订阅者

在基于 Windows 平台的程序设计中，事件(event)是个非常重要的概念。因为在几乎所有的 Windows 应用程序中，都会涉及大量的异步调用，比如响应按钮单击、处理 Windows 系统消息等，这些异步调用都需要通过事件的方式来完成。

事件机制的工作过程：关心某事件的对象向能发出事件的对象进行事件处理程序的注册，当事件发生时，会调用所有注册的事件处理程序，事件处理程序要用委托来表示，可以认为，事件就是委托实例，只不过为了便于应用，C#语言在委托的基础上进行了一些增强，在使用方式上进行了一些限定。

在定义事件时，通常要将事件与某个委托相关联，这意味着该事件对应的处理程序必须是此委托指定的、具有特定返回类型和参数的方法。定义事件的语法格式如下：

```
[访问修饰符] event 委托名 事件名;
```

其中，event 是关键字，委托名为与该事件相关联的委托，事件名是符合 C#语法的标识符。

如下代码段定义了一个自定义事件的委托及使用该委托的事件：

```
//用户自定义一个委托
public delegate void Compute(int x, int y);

//定义使用委托 Compute 的事件 RequestCompute
public event Compute RequestCompute;
```

使用事件时的基本过程如下。

(1) 定义与事件相关联的委托。

定义事件委托跟定义普通委托相同，只不过要首先确定事件发生时应该有哪些参数，然后再定义事件委托。

(2) 定义事件。

(3) 订阅事件。

订阅事件其实就是将事件和事件处理方法通过事件委托相关联，基本语法为：

```
事件名 += new  委托名(方法名);
```

一个事件可以与多个方法相关联。当然，也可以通过运算符“-=”取消事件与事件处理方法的关联。

(4) 触发事件。

触发事件就是依次执行与该事件相关联的所有方法。触发事件的语法格式为：

```
事件名(事件参数列表);
```

例 11-2　输入一个日期格式的字符串，使用事件驱动机制求出该日期对应的星期数，并输出结果。代码如下：

```
namespace demo11_02TestEvent
{
    class TestEvent
    {
        delegate void delTellWeek(string dateStr); //定义委托
        event delTellWeek myEvent; //定义事件
        void TellYouWeek(string dateStr)
        {
            DateTime date = DateTime.Parse(dateStr);
            Console.WriteLine(dateStr + "是{0:ddd}。", date);
        }
        public void TrigEvent()
        {
            myEvent += new delTellWeek(TellYouWeek); //订阅事件
            Console.WriteLine("准备触发事件...");
            Console.Write("请输入一个日期格式的字符串(yyyy-mm-dd): ");
            string dateStr = Console.ReadLine();
            Console.WriteLine("正在处理事件...");
            //触发事件，通过委托调用方法 TellYouWeek 来输出该日期对应的星期
            myEvent(dateStr);
            Console.WriteLine("事件处理结束! ");
        }
    }
    class Program
    {
        static void Main(string[] args)
        {
            TestEvent testEvent = new TestEvent();
            testEvent.TrigEvent();      //调用 TrigEvent 方法来输出处理结果
            Console.ReadKey();
        }
    }
```

```
}
```

说明： 类 TestEvent 中定义一个与委托 delTellWeek 匹配的方法，来求出某日期对应的星期数。

程序运行结果如图 11-5 所示。

```
file:///D:/demo01Hello/TestEvent/bin/Debug/TestEv...
准备触发事件...
请输入一个日期格式的字符串(yyyy-mm-dd)：2015-03-21
正在处理事件...
2015-03-21是周六。
事件处理结束！
```

图 11-5　例 11-2 的程序运行结果

在适当的条件下，使用事件模型，不仅可以减轻程序员的编程负担，而且可以实现处理事件的目的。在.NET 框架类库中已经定义了许多事件和事件委托，并规定了事件发生时事件参数是如何组成的，这样，程序员的主要工作是编写事件的处理程序来完成应用程序要实现的目标，而不必考虑事件是如何实现的。

11.3　案例分析与实现

11.3.1　案例分析

针对本单元所给出的案例，分析如下。

(1) 首先，我们需要在董事长类与雇员类之间定义一个委托类型，用于传递两者之间的事件，这个委托类型就是一个监视设备或专门负责打小报告的监查人员：

```
public delegate void DelegateClassHandle();
```

(2) 新建一个雇员类 Employee，代码如下：

```
public class Employee
{
    public event DelegateClassHandle PlayGame;
    public void Games()
    {
        if (PlayGame != null)
        {
            PlayGame();
        }
    }
}
```

其中，定义了一个 DelegateClassHandle 类型的事件 PlayGame，它的定义方式也很特殊，首先必须使用关键字 event，表示 PlayGame 是一个事件，同时还必须声明该事件的委托类型为 DelegateClassHandle，即将来由该类型的委托对象负责通知事件。如果有雇员开始玩游戏，它将执行 Games 方法，而只要该方法一被调用，就会触发一个 PlayGame 事件，然后董事长就会收到这个事件的消息——有人在玩游戏了。

(3) 董事长类的代码如下，有一个方法 Notify 用于接收消息：

```
class President
{
    public void Notify(object sender, CustomeEventArgs e)
    {
      Console.WriteLine("董事长收到通知" + e.DeptNo.ToString()
        + "部门的" + e.Name +  "在玩游戏！");
    }
}
```

Employee 的 PlayGame 事件如何与 President 的 Notify 方法关联起来呢？只需通过事件绑定即可实现。通过 DelegateClassHandle 将两个类的交互进行绑定，当 employee.PlayGame 方法调用后，触发 PlayGame 事件，而该事件将被委托给 president 对象的 Notify 方法处理，通知董事长有雇员在上班时间玩游戏：

```
President  president = new President();
employee.PlayGame += new DelegateClassHandle(president.Notify);
```

(4) 但董事长并不满足这种简单的通知，他还想知道究竟是谁在上班时间违反规定。显然，现在委托对象必须传递必要的参数才行，这个要求也很容易实现。事件的参数可以设置为任何类型的数据，在.NET 框架中，还提供了事件参数基类 EventArgs，专门用于传递事件数据。

从 EventArgs 类派生一个自定义的事件参数类 CustomeEventArgs，这个类型将携带雇员姓名和部门信息。

(5) 委托是可以多路广播(Mulitcast)的，即一个事件可以委托给多个对象接收并处理。在上面的案例中，如果有另一位经理与董事长具有同样的要求，也可以让委托对象将雇员的 PlayGame 事件通知他。所以，同样地，也定义一个经理类 Manager。

委托的多路广播绑定的方法仍然是使用“+=”运算符，其方法如下面的代码所示：

```
President president = new President();
Manager manager = new Manager();
employee.PlayGame += new DelegateClassHandle(admin.Notify);
employee.PlayGame += new DelegateClassHandle(manager.Notify);
```

president 和 manager 的 Notify 方法都会被事件通知并调用执行。通过这样的方法，董事长和经理都会知道 Mike 在玩游戏了。

如果董事长不希望经理也收到这个通知，该如何解除 PlayGame 对 manager 的事件绑定呢？同样非常简单，在 employee.PlayGame 方法被调用前执行下面的语句即可：

```
employee.PlayGame -= new DelegateClassHandle(manager.Notify);
```

11.3.2　案例实现

定义传递雇员和董事长及经理间事件的委托类型，并携带必要的参数：

```
public delegate void DelegateClassHandle(
  object sender, CustomeEventArgs e);
```

雇员类 Employee：

```
class Employee
{
    private string _name;
    public string Name
    {
        get { return _name; }
        set { _name = value; }
    }
    private int _deptNo;
    public int DeptNo
    {
        get { return _deptNo; }
        set { _deptNo = value; }
    }
    public event DelegateClassHandle PlayGame;
    public void Games()
    {
        if (PlayGame != null)
        {
            CustomeEventArgs e = new CustomeEventArgs();
            e.Name = this._name;
            e.DeptNo = this._deptNo;
            PlayGame(this, e);
        }
    }
}
```

董事长类 President：

```
class President
{
    public void Notify(object sender, CustomeEventArgs e)
    {
        Console.WriteLine("董事长收到通知" + e.DeptNo.ToString()
          + "部门的" + e.Name +  "在玩游戏！");
    }
}
```

经理类 Manager：

```
public class Manager
{
    public void Notify(object sender, CustomeEventArgs e)
    {
        Console.WriteLine("经理收到通知：玩游戏的人是" + e.Name);
    }
}
```

自定义的事件参数类 CustomeEventArgs，携带雇员姓名和部门信息：

```
public  class CustomeEventArgs : EventArgs
{
```

```
    string name = "";
    int _deptNo = 0;
    public CustomeEventArgs()
    { }
    public string Name
    {
        get { return this.name; }
        set { this.name = value; }
    }
    public int DeptNo
    {
        get { return this._deptNo; }
        set { this._deptNo = value; }
    }
}
```

主函数：

```
class Program
{
    static void Main(string[] args)
    {
        Employee employee = new Employee();
        Console.WriteLine("打卡上班，请输入姓名：");
        employee.Name = Console.ReadLine();
        Console.WriteLine("请输入部门编号：");
        employee.DeptNo = int.Parse(Console .ReadLine ());
        Console.WriteLine("选择进入界面：1.工作；2.其他");
        string choice = Console.ReadLine();
        if(choice != "1")
        {
            President admin = new President();
            Manager manager = new Manager();
            employee.PlayGame += new DelegateClassHandle(admin.Notify);
            employee.PlayGame += new DelegateClassHandle(manager.Notify);
            //employee.PlayGame -= new DelegateClassHandle(manager.Notify);
            employee.Games();
        }
        Console.ReadKey();
    }
}
```

11.4　拓展训练：使用委托和事件

利用委托和事件来编写一个场景，主人饿了，会指定吃饭的地点和消费，而助理会响应，来安排这一事件。

分析：定义类 EatEventArgs，必须继承自类 EventArgs，用来在引发事件时封装数据。

代码如下：

```
public class EatEventArgs : EventArgs
{
    public String restaurantName;      //饭店名称
```

```
    public decimal moneyOut;          //准备消费金额
}
```

定义一个委托 EatEventHandler 来处理吃饭事件：

```
public delegate void EatEventHandler(object sender, EatEventArgs e);
```

引发吃饭事件(EatEvent)的类 Master(主人)必须实现以下要求。

- 声明一个名为 EatEvent 的事件——public event EatEventHandler EatEvent;。
- 通过一个名为 OnEatEvent 的方法来引发吃饭事件，给那些处理此事件的方法传递数据。
- 说明在某种情形下引发事件——在饿的时候。用方法 Hungry 来模拟。

具体实现代码如下：

```
namespace demo11_ExpandingTraining
{
    public class EatEventArgs : EventArgs
    {
        public String restaurantName;          //饭店名称
        public decimal moneyOut;               //准备消费金额
    }

    //这个委托用来说明处理吃饭事件的方法的方法头(模式)
    public delegate void EatEventHandler(object sender, EatEventArgs e);

    /// <summary>
    /// 引发吃饭事件(EatEvent)的类Master(主人)
    /// </summary>
    public class Master
    {
        //声明事件
        public event EatEventHandler EatEvent;

        //引发事件的方法
        public void OnEatEvent(EatEventArgs e)
        {
            if (EatEvent != null)
            {
                EatEvent(this, e);
            }
        }
        //当主人饿的时候，他会指定吃饭地点和消费金额
        public void Hungry(String restaurantName, decimal moneyOut)
        {
            EatEventArgs e = new EatEventArgs();
            e.restaurantName = restaurantName;
            e.moneyOut = moneyOut;

            Console.WriteLine("主人说：");
            Console.WriteLine("我饿了，要去{0}吃饭，消费{1}元",
              e.restaurantName, e.moneyOut);

            //引发事件
```

```
            OnEatEvent(e);
        }
    }
    /// <summary>
    /// 类Assistant(助理)有一个方法ArrangeFood(安排食物)来处理主人的吃饭事件
    /// </summary>
    public class Assistant
    {
        public void ArrangeFood(object sender, EatEventArgs e)
        {
            Console.WriteLine();
            Console.WriteLine("助理说:");
            Console.WriteLine("我的主人, 您的命令是 : ");
            Console.WriteLine("吃饭地点 -- {0}", e.restaurantName);
            Console.WriteLine("准备消费 -- {0}元 ", e.moneyOut);
            Console.WriteLine("好的, 正给您安排...");
            Console.WriteLine("主人, 您的食物在这儿, 请慢用");
        }
    }
    class Program
    {
        static void Main(string[] args)
        {
            Master Bill = new Master();          //主人Bill
            Assistant Tom = new Assistant();     //助理Tom

            Bill.EatEvent += new EatEventHandler(Tom.ArrangeFood);

            //比尔饿了, 想去希尔顿大酒店, 消费5000元
            Bill.Hungry("希尔顿大酒店", 5000.0m);
            Console.ReadKey();
        }
    }
}
```

习　　题

1. 选择题

(1) 一个委托在某一时刻(　　)指向多个方法。

A. 可以　　　　B. 不可以

(2) 将事件通知其他对象的对象称为(　　)。

A. 发布者　　　　B. 订阅者　　　　C. 通知者

(3) 有以下的C#代码:

```
using System;
using System.Threading;
class App
{
    Public static void Main()
    {
```

```
        Timer timer =
          new Timer(new TimerCallback(CheckStatus), null, 0, 2000);
        Console.Read();
    }
    Static void CheckStatus(Object state)
    {
        Console.WriteLine("正在运行检查...");
    }
}
```

在使用代码创建定时器对象时，同时指定了定时器的事件，程序运行时，将每隔两秒钟打印一行“正在运行检查...”，因此，TimerCallback 是一个(　　)。(选一项)

A. 委托　　B. 结构　　C. 函数　　D. 事件

(4) 声明一个委托 public delegate int myCallBack(int x);，则用该委托产生的回调方法的原型应该是(　　)。

A. void myCallBack(int x)　　B. int receive(int num)

C. string receive(int x)　　D. 不确定的

(5) C#中，关于事件的定义，正确的是(　　)。

A. private event OnClick();

B. private event OnClick;

C. public delegate void Click(); public event Click void OnClick();

D. public delegate void Click(); public event Click OnClick;

2. 简答题

C#中的委托是什么？事件是不是一种委托？

3. 操作题

假设有个高档的热水器，我们给它通上电，当水温超过 95℃时，扬声器开始发出语音，告诉你水的温度；液晶屏也会显示水温的变化，来提示水已经快烧开了。现在需要编写程序来模拟这个烧水的过程。

单元 12 泛型

微课资源

扫一扫，获取本单元相关微课视频。

泛型

泛型类的定义与使用

单元导读

泛型是 C# 2.0 中新增加的一个特性，是 C#编程中不可缺少的部分，也是程序设计语言的一种特性，为使用 C#语言编写面向对象程序提供了极大的有效性和灵活性。本单元将详细介绍泛型的语法、理论及用法，主要学习 List<T>泛型类，其他的泛型集合用法可查阅 MSDN。

学习目标

- 学习泛型的特点，理解使用它的意义所在。
- 掌握如何创建和使用一个泛型类。
- 学习泛型方法。

12.1 案例描述

在某信息系统中，要添加学生信息，包括小学生、中学生和大学生。

本案例要求模拟这一模块的功能，输入姓名后，选择是添加小学生、中学生或者大学生。案例的执行结果如图 12-1 所示。还可以显示课程信息，根据不同的学生类别，所显示的学习课程也不相同，并完成对学生信息的添加和信息的输出，如图 12-2 所示。

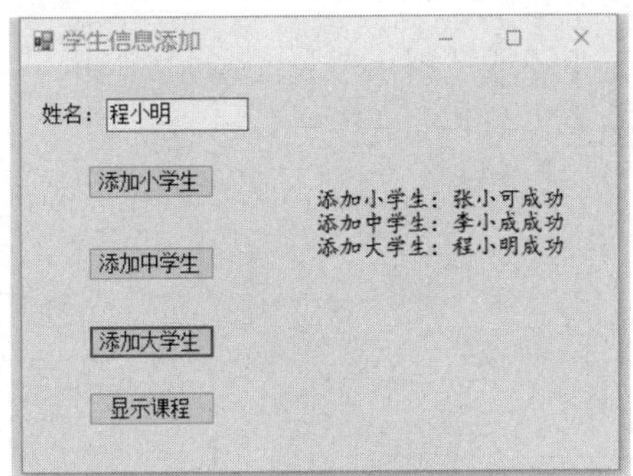

图 12-1　添加学生信息

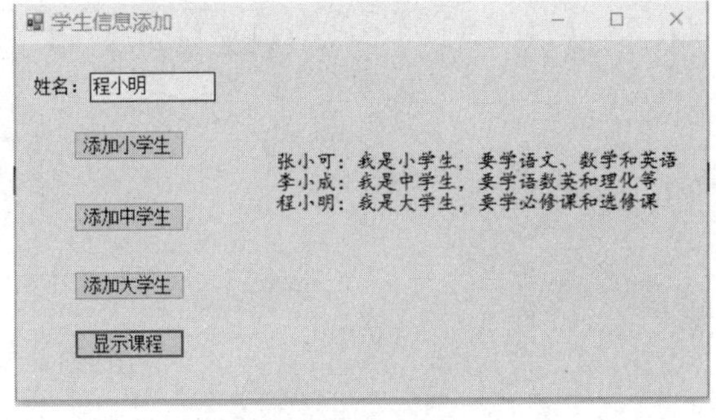

图 12-2　显示课程信息

12.2 知识链接

12.2.1 泛型的引入

首先我们思考一下基于 object 的集合的问题，从以下三点分析。

1. 性能方面

在向集合添加值类型对象时，必须将它们装箱以便存储；在从集合中取出值类型对象时需要将其拆箱。但在没有泛型的时候频繁地进行拆箱、装箱操作，对系统资源消耗很大。例如如下代码段：

```
ArrayList list1 = new ArrayList();
list1.Add(44); //装箱
int il1 = (int)list1[0]; //拆箱
foreach (int i2 in list1)
   Console.WriteLine(i2); //执行拆箱
```

可以使用泛型集合：

```
List<int> list2 = new List<int>();
list2.Add(44); //不执行装箱
int il2 = list2[0]; //不执行拆箱
foreach (int i2 in list2)
   Console.WriteLine(i2); //不执行拆箱
```

注意： 泛型在定义的时候就区分了值类型和引用类型。

2. 类型安全

编译器允许在任何类型和 object 型之间进行显式类型转换，所以程序编译时不能发现其中可能存在的显式类型转换错误，运行时将会引发无效显式类型转换异常。

关于类型安全，在用.NET 1.0 和 1.1 中的集合时，会出现一些问题。

例 12-1　ArrayList 拥有一个对象集合——允许把任何类型的对象放在其中。代码如下：

```
namespace demo12_01ArrayListException
{
   class Program
   {
      static void Main(string[] args)
      {
         ArrayList list = new ArrayList();
         list.Add(3);
         list.Add(4);
         //list.Add(5.0);
         int total = 0;
         foreach (int val in list)
         {
            total = total + val;
         }
         Console.WriteLine("Total is {0}", total);
         Console.ReadLine();
      }
   }
}
```

本例中，建立了一个 ArrayList 的对象 list，并把 3 和 4 添加给它。然后循环遍历 ArrayList，从中取出整型值，最后把它们相加。这个程序将产生结果“Total is 7”。现在，如果恢复注释掉的这条语句：

```
list.Add(5.0);
```

程序将产生异常，如图 12-3 所示。

哪里出错了呢？ list 是拥有一个集合的对象。当把 3 添加到 list 上时，已把值 3 装箱了。当循环该列表时，是把元素拆箱成 int 型值。然而，当添加值 5.0 时，是装箱一个 double 型值。在第 19 行，double 值被拆箱成一个 int 型值。这就是失败的原因。

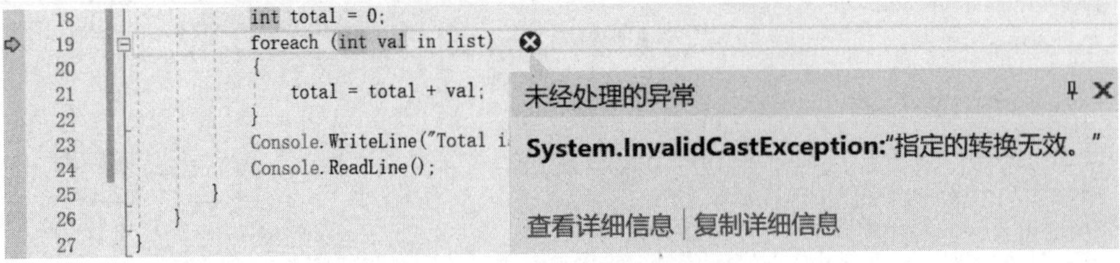
18 int total = 0;
19 foreach (int val in list)
20 {
21 total = total + val;
22 }
23 Console.WriteLine("Total i
24 Console.ReadLine();
25 }
26 }
27 }
未经处理的异常
System.InvalidCastException:"指定的转换无效。"
查看详细信息 | 复制详细信息

图 12-3　拆箱发生异常

作为一个习惯于使用语言提供的类型安全的程序员，往往希望这样的问题在编译期间浮出水面，而不是在运行时刻。这正是泛型产生的原因。

C# 2.0 引入了泛型。所谓泛型，即通过参数化类型来实现在同一份代码上操作多种数据类型，泛型编程是一种编程范式。

通过泛型可以定义类型安全的数据结构，而无须使用实际的数据类型。

将例 12-1 的代码做一点修改，编写成一个泛型的列表，在尖括号内指定参数类型为 int。因此语句 aList.Add(5.0)将得到一个编译错误。编译器指出它不能发送值 5.0 到方法 Add()，因为该方法仅接受 int 型，如图 12-4 所示。

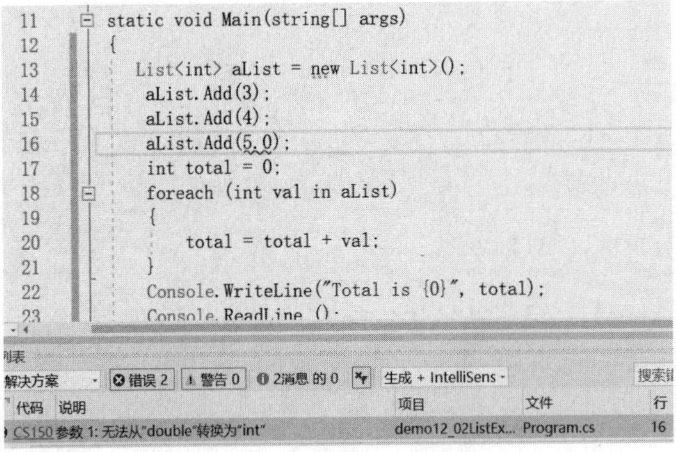
11 static void Main(string[] args)
12 {
13 List<int> aList = new List<int>();
14 aList.Add(3);
15 aList.Add(4);
16 aList.Add(5.0);
17 int total = 0;
18 foreach (int val in aList)
19 {
20 total = total + val;
21 }
22 Console.WriteLine("Total is {0}", total);
23 Console.ReadLine();
解决方案
错误 2
警告 0
2消息 的 0
生成 + IntelliSens
代码 说明
项目
文件
行
CS150 参数 1: 无法从"double"转换为"int"
demo12_02ListEx...
Program.cs
16

图 12-4　泛型实现类型安全

3. 代码的重用与扩展

泛型是利用“参数化类型”将类型抽象化，从而实现更为灵活的复用。这样能够显著提高性能并得到更高质量的代码，因为可以重用数据处理算法，而无须复制类型特定的代码。在概念上，泛型类似于 C++ 模板，但是在实现和功能方面存在明显差异。

System.Collections.Generic 命名空间使用泛型技术定义了一些泛型集合类。

List<T>泛型类在使用时可以根据需要，用不同的类型实例化：

```
List<int> list = new List<int>();
list.Add(44);
```

```
List<string> stringList = new List<string>();
stringList.Add("mystring");
List<MyClass> myclassList = new List<MyClass>();
myClassList.Add(new MyClass());
```

定义一个泛型类：

```
public class aaa<T>
{
   public void abc(T a)
   {
      Console.WriteLine(a);
   }
}
```

使用它：

```
aaa<string> aaa = new aaa<string>();          //使用 string 实例化
aaa.abc("aaabbb");

aaa<object> bbb = new aaa<object>();          //使用 object 实例化
bbb.abc(new object());
```

12.2.2　使用泛型类

泛型类封装不是特定于具体数据类型的操作。泛型类最常用于集合，如链接列表、哈希表、堆栈、队列、树等。如从集合中添加和移除项这样的操作，都以大体上相同的方式执行，与所存储数据的类型无关。

一般情况下，创建泛型类的过程为：从一个现有的具体类开始，逐一将每个类型更改为类型参数，直至达到通用化和可用性的最佳平衡。

泛型的命名约定如下。

(1) 泛型类型的名称用字母 T 作为前缀。

(2) 使用泛型时，使用<T>。例如，定义泛型类如下：

```
Public class List<T>
{
}
Public class Linkedlist<T>
{
}
public class Point<T>
{
   public T X;
   public T Y;
}
```

对比非泛型类，可以发现其中多了一个尖括号。尖括号用于包含类型参数。使用尖括号指定类型参数后，这些类型参数就可以代替该泛型类(或接口)定义的普通数据类型。

(3) 如果泛型类型有特定的要求(例如必须实现一个派生于基类的接口)，或者使用了两个或多个泛型类型，就应给泛型类型使用描述性的名称，例如：

```
public interface ccc<TTT>
{
   void abc(TTT arg1);
}
public class aaa<TTT> : ccc<TTT>
{
   public void abc(TTT a)
   {
      Console.WriteLine(a);
   }
}
Public class SortedList<TKey, Tvalue>
{
}
```

例 12-2 创建一个泛型类。

```
namespace demo12_02MyList
{
   class MyList<T>
   {
      private static int objCount = 0;
      public MyList()
      {
         objCount++;
      }
      public int Count
      {
         get { return objCount; }
      }
   }
   class SampleClass { }
   class Program
   {
      static void Main(string[] args)
      {
         MyList<int> myIntList = new MyList<int>();
         MyList<int> myIntList2 = new MyList<int>();
         MyList<double> myDoubleList = new MyList<double>();
         MyList<SampleClass> mySampleList = new MyList<SampleClass>();
         Console.WriteLine(myIntList.Count);
         Console.WriteLine(myIntList2.Count);
         Console.WriteLine(myDoubleList.Count);
         Console.WriteLine(mySampleList.Count);
         Console.WriteLine(new MyList<SampleClass>().Count);
         Console.ReadLine();
      }
   }
}
```

在<>内的 T 代表了实际使用该类时要指定的类型。在 MyList 类中，定义了一个静态字段 objCount，在构造器中增加它的值。因此能记录使用此类的用户共创建了多少个哪种类型的对象。属性 Count 返回与被调用的实例同类型的实例的数目。

在 Main()方法中，创建 MyList<int>的两个实例，以及一个 MyList<double>的实例，还有两个 MyList<SampleClass>的实例。其中，SampleClass 是已定义的类。程序运行结果如图 12-5 所示。

图 12-5　例 12-2 的程序运行结果

12.2.3　泛型方法

除了泛型类，也可以有泛型方法。泛型方法具有以下特点：

- C#泛型机制不支持在除方法外的其他成员(包括属性、事件、索引器、构造器、析构器)的声明上包含类型参数，但这些成员本身可以包含在泛型类型中，并使用泛型类型的类型参数。
- 泛型方法既可以包含在泛型类型中，也可以包含在非泛型类型中。

例 12-3　使用泛型方法。

```
namespace demo12_03GenericMethod
{
    class Program
    {
        //泛型方法
        public static void Copy<T>(List<T> source, List<T> destination)
        {
            foreach (T obj in source)
            {
                destination.Add(obj);
            }
        }
        static void Main(string[] args)
        {
            List<int> lst1 = new List<int>();
            lst1.Add(2);
            lst1.Add(4);
            List<int> lst2 = new List<int>();
            Copy(lst1, lst2);
            Console.WriteLine(lst2.Count);
            Console.ReadLine();
        }
    }
}
```

当在 Main()中调用 Copy()时，编译器根据提供给 Copy()方法的参数，确定要使用的具体类型。程序运行结果如图 12-6 所示。

图 12-6 使用泛型方法

12.2.4 泛型约束

1. 泛型约束格式

在定义泛型时，可以对泛型类或泛型接口及方法能够接收的类型参数的种类加以限制。在编译阶段，如果使用不符合要求的类作为类型参数，则会产生编译错误。

泛型约束使用 where 关键字指定。例如，要限制一个泛型类必须具有无参数公共构造函数，代码如下。

```
class Stack<TElement> where TElement : new()
```

几种约束的格式说明如下。

(1) where T：struct。

```
class Stack<TElement> where TElement :struct
```

限制类型参数必须是(任何)值类型。

(2) where T：class。

```
class Stack<TElement> where TElement :class
```

限制类型参数必须是(任何)引用类型。

(3) where T：基类名。

```
class Stack<TElement> where TElement :BaseClass
```

限制类型参数必须是继承自指定的基类，或是基类本身。

(4) where T：接口名。

```
class Stack<TElement> where TElement :llnterface
```

限制类型参数必须是实现指定接口，或是指定接口。

(5) where T：new()。

```
class Stack<TElement> where TElement :new()
```

限制类型参数必须具有无参构造函数。

泛型约束的意义在于可以保证传递的类型参数符合一定的条件，并且在编译阶段就可以进行验证。

2. 继承和泛型

```
public class B<T>{ }
```

(1)　在从泛型基类派生时，可以提供类型实参，而不是基类泛型参数。

```
public class SubClass11 : B<int>
{ }
```

(2)　如果子类是泛型，而非具体的类型实参，则可以使用子类泛型参数作为泛型基类的指定类型。

```
public class SubClass12<R> : B<R>
{ }
```

(3)　在子类重复基类的约束(在使用子类泛型参数时，必须在子类级别重复在基类级别规定的任何约束)。

```
public class B<T> where T : ISomeInterface { }
public class SubClass2<T> : B<T> where T : ISomeInterface { }
```

(4)　构造函数约束。

```
public class B<T> where T : new()
{
   public T SomeMethod()
   {
      return new T();
   }
}
public class SubClass3<T> : B<T> where T : new() { }
```

泛型的继承需要满足以下两点。

- 在泛型类继承中，父类的类型参数已经被实例化，这种情况下，子类不一定必须是泛型类。
- 父类的类型参数没有被实例化，但来源于子类。也就是说，父类和子类都是泛型类，并且二者有相同的类型参数。

例如：

```
public class TestChild : Test<T, S> { }
```

说　明： 如果这样写的话，就会提示找不到类型 T、S 的错误。

正确的写法应该是：

```
public class TestChild : Test<string, int> { }
public class TestChild<T, S> : Test<T, S> { }
public class TestChild<T, S> : Test<String, int> { }
```

泛型的功能非常有用，因为通过使用泛型创建的类、结构、接口、方法和委托能以一种类型安全的方式操作各种数据。泛型接口和委托等内容在本单元不做详细阐述，读者可以自行深入学习。

12.3 案例分析与实现

12.3.1 案例分析

针对本单元所给出的案例，分析如下。

(1) 设计一个 Windows 应用程序，界面上分别添加用以输入姓名的文本框 txtName 和 4 个按钮：添加小学生(btnAddPupil)、添加中学生(btnAddMiddle)、添加大学生(btnAddCollege)、显示课程(btnShowCourse)，以及一个显示课程信息的标签 Label。

(2) 构造一个学生基类：

```
public abstract class Student
{
    protected string name;
    public Student(string name)
    {
        this.name = name;
    }
    public abstract string Course();
}
```

(3) 分别构造小学生、中学生、大学生等派生类，它们具有不同的特征和行为：

```
/// <summary>
/// 小学生类
/// </summary>
public class Pupil : Student
{
    public Pupil(string name) : base(name) { }
    public override string Course()
    {
        return string.Format("{0}：我是小学生，要学语文、数学和英语", name);
    }
}
```

```
/// <summary>
/// 中学生类
/// </summary>
public class Middle : Student
{
    public Middle(string name) : base(name) { }
    public override string Course()
    {
        return string.Format("{0}：我是中学生，要学语数英和理化等", name);
    }
}
```

```
/// <summary>
/// 大学生类
/// </summary>
public class College : Student
```

```
{
    public College(string name) : base(name) { }
    public override string Course()
    {
        return string.Format("{0}：我是大学生，要学必修课和选修课", name);
    }
}
```

(4) 定义一个泛型班级类，约束参数类型为学生类，该泛型班级类包含一个泛型集合，用于存放各种学生对象，并包含一个方法，用于输出每个学生的相关信息：

```
public class Grade<T> where T : Student
{
    private List<T> students = new List<T>();
    public List<T> Students
    {
        get
        {
            return students;
        }
    }
    public string CourseOfStudents()
    {
        string msg = string.Empty;
        foreach (T x in students)
        {
            msg += "\n" + x.Course();
        }
        return msg;
    }
}
```

12.3.2 案例实现

分别编写添加小学生(btnAddPupil)、添加中学生(btnAddMiddle)、添加大学生(btnAddCollege)、显示课程(btnShowCourse)按钮的 Click 事件的代码：

```
namespace demo12_GenericExample
{
    public partial class Form1 : Form
    {
        Grade<Student> MyCourse = new Grade<Student>();
        public Form1()
        {
            InitializeComponent();
        }
        private void btnAddPupil_Click(object sender, EventArgs e)
        {
            MyCourse.Students.Add(new Pupil(txtName.Text));
            label2.Text += string.Format(
              "\n 添加小学生：{0}成功", txtName .Text);
        }
        private void btnAddMiddle_Click(object sender, EventArgs e)
```

```
        {
            MyCourse.Students.Add(new Middle(txtName.Text));
            label2.Text += string.Format(
              "\n 添加中学生：{0}成功", txtName.Text);
        }
        private void btnAddCollege_Click(object sender, EventArgs e)
        {
            MyCourse.Students.Add(new College(txtName.Text));
            label2.Text += string.Format(
              "\n 添加大学生：{0}成功", txtName.Text);
        }
        private void btnShowCourse_Click(object sender, EventArgs e)
        {
            label2.Text = MyCourse.CourseOfStudents();
        }
    }
}
```

12.4　拓展训练：使用 List<T>类

创建一个关于教师基本情况的记录簿，用来管理教师的基本信息，要求能添加、删除和预览教师记录。

(1)　添加一个教师类 Teacher：

```
class Teacher
{
    private string name;
    private string sex;
    private int age;
    private string subject;
    public string Name
    {
        get { return name; }
        set { name = value; }
    }
    public string Sex
    {
        get { return sex; }
        set { sex = value; }
    }
    public int Age
    {
        get { return age; }
        set { age = value; }
    }
    public string Subject
    {
        get { return subject; }
        set { subject = value; }
    }
    public Teacher(string name, string sex, int age, string subject)
    {
```

```
        this.name = name;
        this.sex = sex;
        this.age = age;
        this.subject = subject;
    }
}
```

(2) 创建一个保存教师记录的泛型集合 TeacherList：

```
class TeacherList
{
    List<Teacher> list = new List<Teacher>(); //创建一个保存教师记录的泛型集合
}
```

(3) 在泛型集合中添加记录，用 AddTeacher()方法添加在泛型集合 TeacherList 中：

```
public void AddTeacher() //在泛型集合 list 中添加元素
{
    string name, sex, subject;
    int age;
    Console.WriteLine("添加教师记录，按-1 退出");
    Console.Write("姓名：");
    name = Console.ReadLine();
    while (name != "-1")
    {
        Console.Write("性别：");
        sex = Console.ReadLine();
        Console.Write("年龄：");
        age = int.Parse(Console.ReadLine());
        Console.Write("讲授学科：");
        subject = Console.ReadLine();
        Teacher teacher = new Teacher(name, sex, age, subject);
        list.Add(teacher);
        Console.Write("姓名：");
        name = Console.ReadLine();
    }
}
```

(4) 从泛型集合中删除指定姓名的元素：

```
public void DelTeacher(string name) //删除泛型集合 list 中指定姓名的元素
{
    foreach (Teacher teacher in list)
    {
        if (teacher.Name == name)
        {
            list.Remove(teacher);
            break;
        }
    }
}
```

(5) 遍历泛型集合，输出所有的教师记录：

```
public void ViewTeacher() //预览泛型集合 list 中所有的教师记录
{
```

```
    foreach (Teacher teacher in list)
    {
        Console.WriteLine("{0,-10}{1,-10}{2,-10}{3,-10}", teacher.Name,
          teacher.Sex, teacher.Age, teacher.Subject);
    }
}
```

运行程序，执行添加和删除教师记录后的结果如图 12-7 所示。

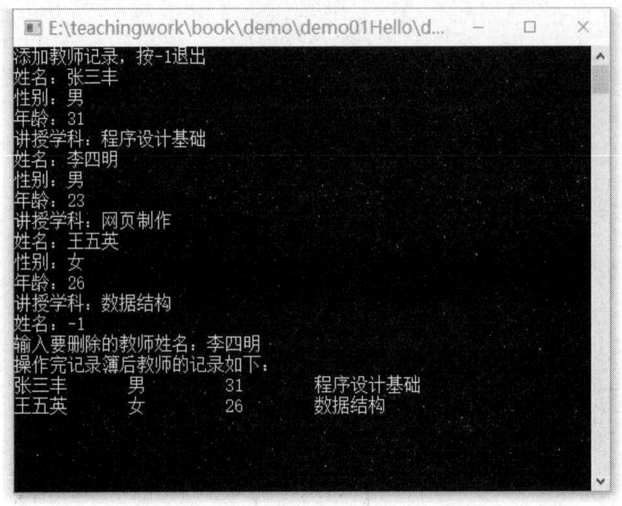

图 12-7 教师记录的添加和删除

习 题

1. 选择题

下列不属于泛型优点的是(   )。

A. 提高代码的性能　　　　B. 提供类型安全机制

C. 定义泛型可以少占内存　　　　D. 提高代码的重用与扩展

2. 简答题

(1) Array 中可以用泛型吗?

(2) C#中的泛型是什么？使用泛型的好处是什么？

第二篇　Windows 编程

单元 13

Windows 编程基础

微课资源

扫一扫，获取本单元相关微课视频。

窗体控件使用范例

可视化编程

单元导读

Visual C# .NET 提供了很多用于开发 Windows 和 Web 应用程序的控件，本单元在介绍焦点与 Tab 键序后，会结合一些 Windows 应用程序实例，介绍部分常用控件的常用属性、方法、事件及其具体应用。通过对这些实例的学习，使读者能够对 Windows 应用程序的设计有进一步的了解和认识。

学习目标

- 理解焦点与 Tab 键序的概念。
- 熟练掌握窗体、命令按钮、列表框与组合框、标签(Label 和 LinkLabel)、文本框、图片框、计时器、框架、面板、单选按钮和复选框、选项卡等控件的常用属性、方法和事件。
- 能使用常用控件完成界面设计，并开发出具有一定功能的 Windows 应用程序。

13.1 案 例 描 述

腾讯的 QQ 软件是一个常用的网上聊天软件。本单元中，我们将设计一个显示类似于 QQ 用户登录界面的程序。

案例执行结果如图 13-1 所示。

图 13-1　QQ 用户登录界面

13.2 知 识 链 接

13.2.1 可视化编程原理与技巧

可视化编程就是以“所见即所得”的编程思想为原则，力图实现编程工作的可视化，即随时可以看到结果，程序与结果的调整同步。

可视化(Visual)程序设计是一种全新的程序设计方法，主要是让程序设计人员利用软件本身所提供的各种控件，像搭积木一样，构造出应用程序的各种界面。

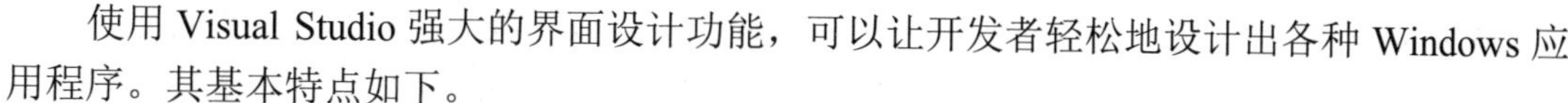

使用 Visual Studio 强大的界面设计功能，可以让开发者轻松地设计出各种 Windows 应用程序。其基本特点如下。

(1) 使用图形用户界面，而图形用户界面包含：

- 对话框。
- 人机交互接口。
- 图形用户界面(Graphical User Interface，GUI)。

(2) 使用面向对象的方法编程。

- 对应用程序的理解为：应用程序=代码+资源。
- 前台：图形化的窗口、对话框、位图等。
- 后台：非图形化的类对象及其他代码。

每个应用程序都可以看作一个类，运行时产生一个实例对象，每个实例对象有一个编号，称为“句柄”(HINSTANCE 类型)。程序的资源包括位图、光标、对话框、图标、菜单等。每个资源对象都有一个 ID，对应相应的类。

(3) 基于消息驱动的程序设计。

在 Windows 应用程序中，独立函数的执行依靠流程控制，各个函数的跳转依靠消息机制控制。消息机制是 Windows 应用程序最重要的特征之一。

- 事件：在 Windows 操作系统环境中，系统或用户产生的动作。
- 消息：描述事件发生的信息。
- 事件驱动机制：由事件发出消息，由消息触发对应的代码执行操作。

Visual Studio 用户界面设计原则和美术课程的基础设计原则一样，在计算机屏幕上组合颜色、文字、框架等就像在纸张上画图。

在界面设计开始之前，可以先将设计的窗体简单地画在纸上，然后考虑需要哪些控件，以及不同元素的重要性、控件之间的联系等。协调界面、组织窗体的工作包括确定控件的位置、大小、一致性编排与其他相关内容。

设计用户界面的基本原则和技巧有以下 4 点。

1. 控件的位置拖放安排

在绝大多数的用户界面设计中，重要的和需要经常访问的元素应当处于显著的位置，次要的元素则应当处于次要的位置。习惯的阅读顺序一般是从左到右，从上到下。按照此原则，用户第一眼看到的应是计算机屏幕的左上部分，因此最重要的元素应当定位在这里，如同网页设计一样。将控件和元素适当分组也是非常必要的，可以尝试根据“功能”和“关系”来组成一个逻辑信息组。按照控件在功能上的联系，将它们放在一起，在视觉效果上也要比将它们分散在屏幕的各处要好得多。在通常情况下，可以使用框架控件(GroupBox)来合理编排控件。

Visual Studio 的控件一般都具有 Location(位置)属性，可以通过设置该属性来安排控件位置，当然，也可以使用鼠标直接拖放。

2. 控件的大小与一致性编排

合理设置控件的大小以达成一致性是界面设计的重要问题之一，一致性的外观将体现应用程序的协调性。如果缺乏一致性，就会使界面杂乱而无序，不但会让用户的使用非常不便，甚至还会使用户觉得应用程序不可靠。虽然 Visual Studio 提供的控件丰富多样，但是应当尽量使用协调性强的控件，选择最适合应用程序的特定控件子集。例如，当同时使用 ListBox、ComboBox 等多种控件时，要尽可能地采用同一风格。再如，在控件中使用相同的颜色作为背景色等，如果没有特别需要，尽量不使用鲜艳的颜色。

在确定设计思路时，一定要有坚持用同一种风格贯穿整个应用程序的想法，用这个思路来完成整个程序的设计。

3. 合理利用空间，保持界面的简洁

在界面的空间使用上，应当形成一种简洁明了的布局。各控件之间一致的间隔以及垂直与水平方向各元素的对齐也可以使设计更为明了，行列整齐、行距一致、整齐的界面安排也会使其更容易阅读。在此，可以利用 Visual Studio 提供的几个工具，合理地调整控件的间距、排列方式和尺寸等。

另外，界面设计最重要的原则就是简洁明了。对于应用程序而言，如果界面看上去很复杂，则界面的使用可能也比较复杂，而在设计时稍稍深入考虑一下，便有助于创建看上去和用起来都很简单的界面。

4. 合理利用颜色、图像和显示效果

在界面上使用颜色可以增强视觉感染力。但如果在开始设计时没有仔细地考虑，颜色的选用也会像其他基本设计原则一样出现许多问题。依据许多程序设计人员的经验，应当尽量限制应用程序所用颜色的种类，而且色调也应该保持一致。

带有各种功能图标的工具栏，是一种很有用的界面组成，但如果不能很容易地识别图标所表示的功能，反而会事与愿违。在设计工具栏图标时，应查看一下其他的应用程序，以了解大众普遍认可的标准。例如，用 Windows 的图标来表示相似的功能。总之，在设计自己的图标与图像时，应尽量使它们简单。

用户界面合理地选择显示效果，也能表达特定的设计意图，选择静态或动态显示，可带给用户不同的信息。动感的显示是对象功能的可见线索，虽然用户可能对某个术语还不熟悉，但动态的实例可体现设计者的意图。按下按钮、旋转按钮和点亮电灯的开关等都能进行动感显示，扫一眼就可以看出其用处。例如，在命令按钮上使用的三维立体效果使得它们看上去像是被按下去的，如果设计成平面的命令按钮，就会失去这种动感，因而不能清楚地告诉用户这是一个命令按钮。然而在某些情况下，可能平面的按钮是适合的。但不管怎样，只要在整个应用程序中合理地利用各种显示效果并能保持一致，就能更好地促进内容与形式的统一。

总之，一个好的应用程序不仅要有强大的功能，还要有美观实用的用户界面。用户界面是应用程序的一个重要组成部分，一个应用程序的界面往往决定了该程序的易用性与可操作性。

13.2.2 Windows 窗体

窗体(Form)可以是一个窗口或对话框，是存放各种控件(包括标签、文本框、命令按钮

等)的容器，可用来向用户显示信息。一个 Windows 应用程序可以包含多个窗体。

(1) 在 C#中，窗体分为以下两种类型。

① 普通窗体，也称为单文档窗体(SDI)，前面所有创建的窗体均为普通窗体。普通窗体又分为以下两种。

- 模式窗体：这类窗体在屏幕上显示后用户必须响应，只有在它关闭后才能操作其他窗体或程序。
- 无模式窗体：这类窗体在屏幕上显示后用户可以不必响应，可以随意切换到其他窗体或程序中进行操作。通常情况下，当建立新的窗体时，都默认设置为无模式窗体。

② MDI 父窗体，即多文档窗体，其中可以放置普通子窗体。

添加一个窗体的操作步骤是：选择“项目”→“添加 Windows 窗体”菜单命令，在出现的“添加新项”对话框中，选中“Windows 窗体”，输入相应的名称(首次默认名称为 Form1.cs)，单击“添加”按钮，结果如图 13-2 所示。

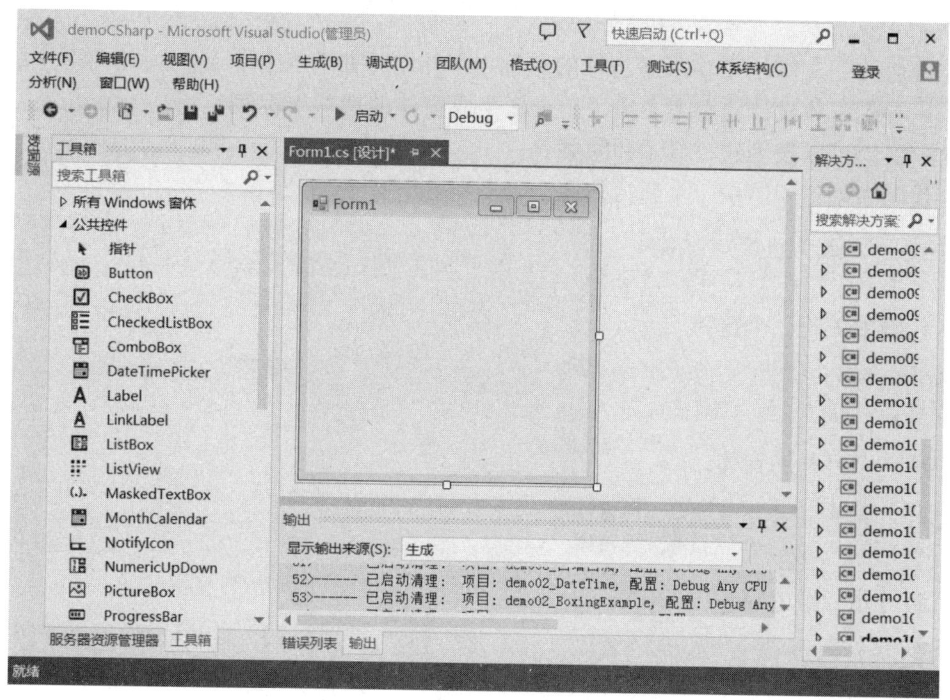

图 13-2　创建 Windows 窗体

可以通过鼠标拖曳的方法改变窗体的大小，也可以通过窗体的 Size 属性来修改。

很多情况下，一个窗体满足不了应用程序的要求，如学生信息管理应用程序，既要对学生的基本情况进行管理，又要对学生的选修课程以及成绩进行管理等，这时，仅使用一个窗体是不合理的。

可以通过“项目”→“添加 Windows 窗体”菜单命令来为应用程序添加一个新的窗体，弹出的对话框如图 13-3 所示。

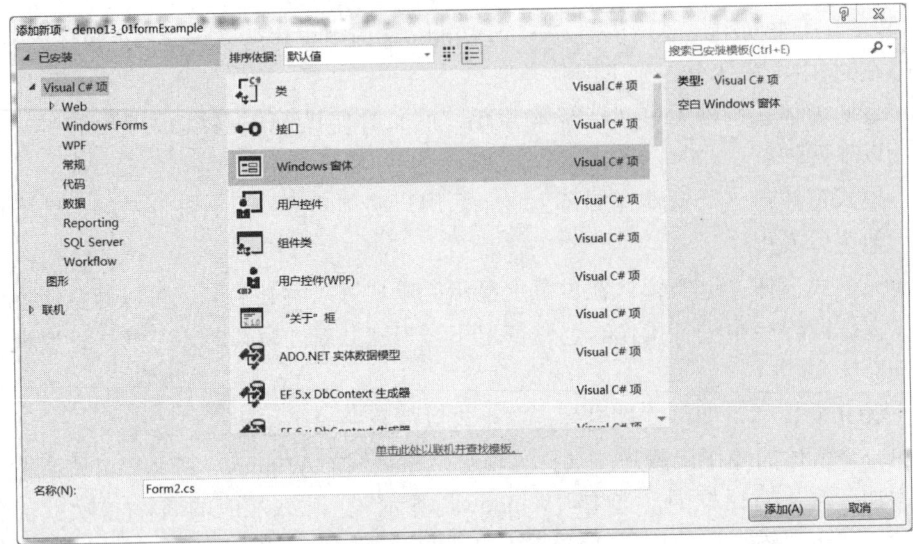

图 13-3　添加 Windows 窗体

在“名称”文本框中输入新窗体的名称，单击“添加”按钮，新的窗体即可生成，同时，可以看到窗体设计器上方多出了一个新生成窗体的选项卡标签。

(2) 窗体可以被创建、显示和隐藏。

在代码中创建和显示一个新窗体：

```
Form2 fm = new Form2();
fm.Show();
```

在代码中关闭一个窗体：

```
fm.Close();        //方法 1
this.Close();      //方法 2
```

隐藏一个打开的窗体：

```
this.Hide();       //隐藏当前窗体
fm.Hide();         //隐藏其他窗体
```

重新显示隐藏的窗体：

```
this.Show();       //显示当前窗体
fm.Show();         //显示其他窗体
```

(3) 多窗体的关联。

从主窗体中启动其他窗体，可以在主窗体中生成其他窗体的实例，或引用其他窗体，然后通过该实例的 Show()方法显示窗体。示例如下：

```
Form2 f = new Form2();
f.Show();
mainForm.Hide(); //mainForm 为主窗体的名称
```

① 从其他窗体返回主窗体。

可以在其他窗体对应的类中声明一个引用主窗体实例的公有变量。在主窗体启动其他窗体时，把主窗体实例传给该变量即可。这样，在其他窗体中，就可以利用该变量访问主窗体了。

② 从主窗体中访问其他窗体。

若要在主窗体中访问其他窗体，需要在主窗体中声明公有变量。当其他窗体关闭时，就可以把窗体关闭前的某些状态值返回给主窗体的公有变量。

例 13-1 多窗体的关联。

```
public partial class Form1 : Form
{
    public Form1()
    {
        InitializeComponent();
    }
    private void button1_Click(object sender, EventArgs e)
    {
        Form2 f2 = new Form2();
        f2.Show();
        f2.f1 = this;
        this.Hide();
    }
}
public partial class Form2 : Form
{
    public Form1 f1;
    public Form2()
    {
        InitializeComponent();
    }
    private void button1_Click(object sender, EventArgs e)
    {
        f1.Show();
        this.Close();
    }
}
```

程序运行结果如图 13-4 所示。

图 13-4　例 13-1 的程序运行结果

(4) 创建 MDI 窗体。

MDI 应用程序允许用户同时显示多个文档，每个文档显示在自己的窗体中。MDI 窗体包括一个父窗体和若干个子窗体。MDI 父窗体是包含 MDI 子窗体的容器，MDI 子窗体是用户与 MDI 应用程序交互的窗体。要创建一个 MDI 窗体，必须先创建几个窗体，然后将其中一个窗体设置为主窗体，其余窗体均为子窗体，如图 13-5 所示。

图 13-5　MDI 窗体示例

创建 MDI 窗体的步骤如下。

① 新建一个 Windows Forms 项目。

② 添加多个窗体。

③ 设置 MDI 主窗体的属性：打开“属性”窗口，要将某窗体(例如 Form1)设置为主窗体，只需将该窗体的 IsMdiContainer 属性设置为 True 即可。

其他窗体若要设置为子窗体，在代码中做如下修改：

```
private void button1_Click(object sender, EventArgs e)
{
    Form2 f2 = new Form2();
    f2.MdiParent = this;  //this 指 Form1
    f2.Show();
}
```

(5) 给窗体添加控件。

窗体是用户界面各元素中的最大容器，用于容纳其他控件(如标签、文本框、按钮等)。给窗体添加控件的方法有多种，这里介绍最常用的两种。

- 通过双击工具箱中的控件将控件添加到窗体中。
- 选择工具箱中的控件后，通过在窗体上绘制的方法添加控件。

接下来介绍给窗体添加控件的具体步骤。

这里以给 Form1 窗体添加一个 Label 控件(即标签控件)和一个 TextBox 控件(即文本框控件)为例。

① 展开工具箱中的“公共控件”列表(也可以展开“所有 Windows 窗体”列表)，在列表中找到名为 Label 的控件，如图 13-6 所示。

A Label

图 13-6　Label 控件

② 双击 Label 控件，这时可以看到窗体 Form1 中出现了一个名为 Label1 的控件，也可以先单击要绘制的控件，然后在窗体上按住鼠标左键拖动至合适的大小。用类似的方法添加 TextBox 控件，如图 13-7 所示。

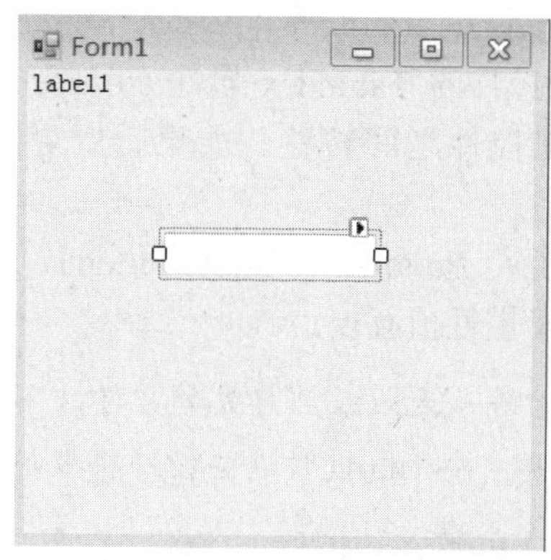

图 13-7　添加了 1 个 Label 控件和 1 个 TextBox 控件的窗体

13.2.3　控件的常用属性、方法和事件

在学习控件之前，首先要了解与控件紧密相关的焦点的概念。焦点是控件接收鼠标或键盘输入的能力。当对象具有焦点时，可以接收用户的输入。例如，为登录 QQ 而输入 QQ 密码时，焦点就在等待输入 QQ 密码的文本框上。

只有当控件的 Enabled 和 Visible 属性值均为 True 时，才可以接收焦点。Enabled 属性决定控件是否响应由用户产生的事件，如键盘、鼠标事件；Visible 属性决定控件是否可见。但是并非所有的控件都具有接收焦点的能力，例如，GroupBox、PictureBox、Timer 等控件都不能接收焦点。

使用以下方法可以使对象获得焦点。

- 运行时用鼠标选择对象。
- 运行时用快捷键选择对象。
- 在代码中使用 Focus()方法，其语法格式为：对象.Focus();。

例如，“TextBox1.Focus();”代码的功能是将焦点赋予文本框 TextBox1。大多数控件得到和失去焦点时的外观是不相同的。

- 按钮控件得到焦点后周围会出现一个虚线框。
- 文本框得到焦点后会出现闪烁的光标。

程序运行时，可以使用下列方法之一改变焦点。

- 用鼠标单击对象。
- 使用快捷键选择对象。
- 按 Tab 键或 Shift+Tab 组合键在当前窗体的各对象之间移动焦点。

Tab 键序是指当用户按下 Tab 键时，焦点在控件间移动的顺序，每个窗体都有自己的 Tab 键序。

默认状态下的 Tab 键序与添加控件的顺序相同。例如，在窗体上先后添加 3 个命令按钮 Button1、Button2 和 Button3，则程序启动后 Button1 首先获得焦点，当用户按下 Tab 键时，焦点依次转移向 Button2、Button3，然后再回到 Button1，如此循环。具有焦点的控件有两个控制 Tab 键序的属性，分别是 TabIndex 和 TabStop 属性。

TabIndex 属性决定控件接收焦点的顺序，Visual Studio 按照控件添加的顺序依次将 0、1、2、3、……分配给相应控件的 TabIndex 属性。用户在运行程序时按下 Tab 键，焦点将根据 TabIndex 属性值在控件之间转移。如果希望更改 Tab 键序，可以通过设置 TabIndex 属性来更改。

例如，如果希望焦点直接从 Button1 转移到 Button3，然后再到 Button2，则应该将 Button2 和 Button3 的 TabIndex 属性值互换。

注意： 不能获得焦点的控件及无效或不可见的控件，不具有 TabIndex 属性，因而不包含在 Tab 键序中，按 Tab 键时这些控件将被跳过。

TabStop 属性决定焦点是否能够在该控件上停留。它有 True 和 False 两个属性值，默认为 True；如果设置为 False，则焦点不能停在该控件上。

例如，如果希望 Button2 不能接收焦点，只要将 Button2 的 TabStop 属性设置为 False 即可(代码为：Button2.TabStop = false;)，这样在按 Tab 键时将跳过 Button2 控件，但是它仍然保留 Tab 键序中的位置。

在 Visual Studio 中，一切都是对象，窗体当然也不例外，下面就介绍窗体的一些常用的属性、方法和事件。

(1) MaximizeBox 和 MinimizeBox 属性。

这两个属性用于确定窗体标题栏右上角的最大化、最小化按钮是否可用。它们均有两个值：True 和 False。True 表示最大化、最小化按钮可用，为默认值；False 表示不可用。

图 13-8 表示窗体的最大化按钮不可用的情况，即将其 MaximizeBox 属性设置成了 False。可以直接在窗体对象的属性窗口中找到 MaximizeBox 属性，然后在其中进行设置，如图 13-9 所示。

图 13-8　最大化按钮不可用

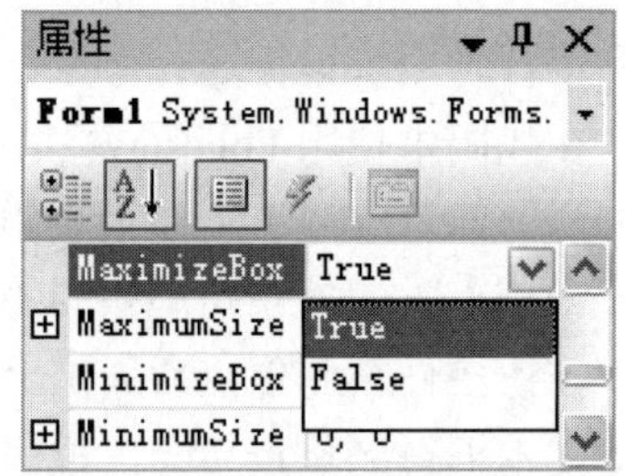

图 13-9　设置 MaximizeBox 属性

也可以在程序运行时，使用代码来设置窗体的 MaximizeBox 属性，其结果与在属性窗口中直接设置一致。例如：

```
this.MaximizeBox = false;
```

(2) Size 属性。

Size 属性分为 Width 和 Height 两个属性(分别表示控件的宽度和高度)，用于设置控件的大小，以像素为单位。例如可以通过拖曳鼠标来控制窗体的大小，但如果要精确控制窗体的大小，则应该使用 Size 属性。如将 Size 属性值设置为“300，200”，则表示该窗体的宽为 300 像素、高为 200 像素。

(3)　StartPosition 属性。

用于确定窗体第一次出现时的位置。它提供了 5 个属性值：默认的属性值为 0-Manual，窗体的初始位置由 Location 属性确定；1-CenterScreen，窗体的初始位置为屏幕中心；2-WindowsDefaultLocation，窗体定位在 Windows 的默认位置，其尺寸在窗体大小中指定；3-WindowsDefaultBounds，窗体定位在 Windows 的默认位置，其边界也由 Windows 默认确定；4-CenterParent，窗体在其父窗体中居中。

(4)　AutoSizeMode 属性。

AutoSizeMode 属性用于确定用户是否可以使用拖曳鼠标的方式来改变窗体的大小，它有 GrowOnly 和 GrowAndShrink 两个值。GrowOnly 为默认值，表示用户可以通过拖曳鼠标来改变窗体的大小，而 GrowAndShrink 则表示用户不可以通过拖曳鼠标来改变窗体的大小。

(5)　Icon 属性。

用于设置窗体左上角的小图标，可以直接在属性窗口中设置，也可以通过代码设置，使用代码设置的语法为：

```
System.Drawing.Bitmap.FromFile(IconPath)
```

说明：　IconPath 表示 Icon 图标的存放路径。

(6)　Font 属性。

用于设置窗体上字体的样式、字形、大小等。若选择 Font 属性，单击该属性右边的按钮，将弹出“字体”对话框，如图 13-10 所示。

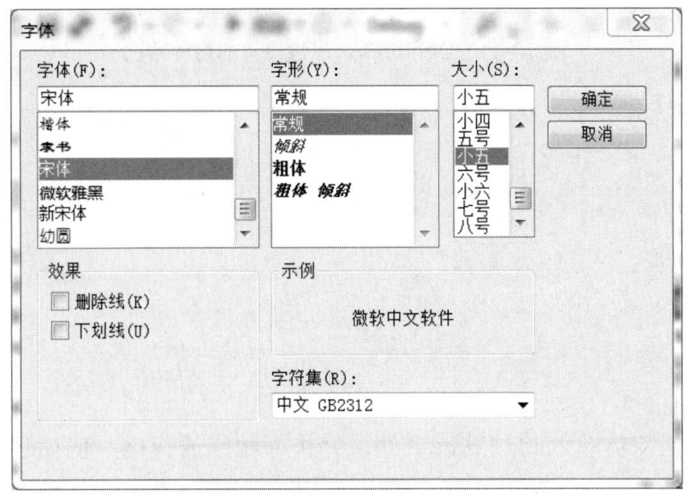

图 13-10　“字体”对话框

(7)　Text 属性。

用于设置窗体标题栏显示的文本，其默认值为 Form 加上一个整数，例如 Form1、Form2 等。

(8) Enabled 属性。

用于确定窗体是否响应用户的事件，它有 True 和 False 两个值，默认值为 True。如果设置为 False，则只能进行移动窗体的位置、调整窗体大小、关闭或者最大化最小化窗体操作，而不能操作窗体内的控件等，这些控件对用户的操作完全不予响应。使用代码设置该属性的语法为：

```
Form1.Enabled = true;                    //或者 Form1.Enabled = false;
```

(9) Visible 属性。

表示窗体是否可见，它有 True 和 False 两个值，默认值为 True。如果设置为 False，则表示窗体不可见。使用代码设置该属性的语法为：

```
Form1.Visible = true;                    // 或者 Form1.Visible = false;
```

(10) ControlBox 属性。

用于控制当程序运行时，窗体的标题栏中是否显示关闭、最大化和最小化按钮，是否显示系统图标和系统菜单。它有 True 和 False 两个属性值。图 13-11 分别表示该属性值为 True 和 False 的情况。

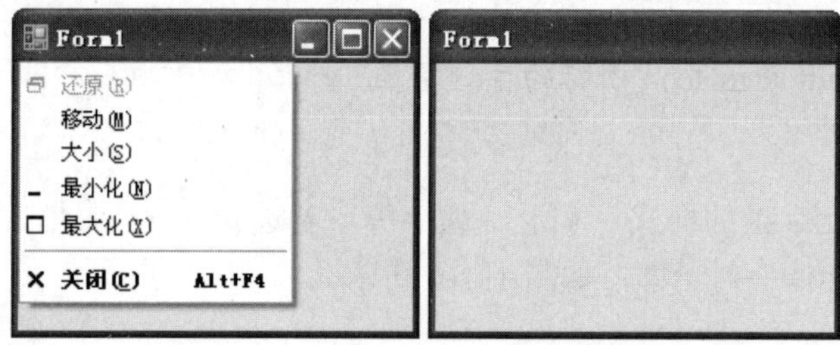

图 13-11　ControlBox 属性设置的两种情况

(11) Show 方法。

表示显示窗体，其语法为：

```
Form.Show();                             // Form 为窗体名称
```

(12) Hide 方法。

表示隐藏窗体，其语法为：

```
Form.Hide();                             // Form 为窗体名称
```

(13) Load 事件。

载入事件，当窗体载入时触发该事件，并执行相应的代码。例如运行某个应用程序时，窗体 Form1 显示，则触发了 Form1 的 Load 事件。

(14) Activated 事件。

激活事件，当窗体被激活时触发该事件，并执行相应的代码。例如在不同的窗体之间进行切换时，变成活动窗体，触发了该窗体的 Activated 事件。

(15) Click 事件。

单击事件，当单击该窗体时触发该事件，并执行相应的代码。

13.2.4　Button 控件

命令按钮(Button)是一种很常用的控件，主要用于接收用户的单击(Click)事件。当用户用鼠标单击或用 Enter 键按下命令按钮时，都会触发 Click 事件，从而执行相应的代码，达到某种特定操作的目的。

命令按钮具备控件所共有的基本属性，这里不再赘述，仅介绍 Text 属性。Text 属性用于设置显示在命令按钮上的文本，可以在文本前面加上“&”字符来设置快捷键(热键)。例如，将按钮的 Text 属性设为“&OK”，该按钮的效果为 OK ，则“O”将被作为热键，按下 Alt+O 组合键，将触发命令按钮的 Click 事件。

13.2.5　ListBox 控件

如果需要向用户提供包含一些选项和信息的列表，让用户从中进行选择，可以使用列表框(ListBox)和组合框(ComboBox)。但两者在使用中是不相同的。

- 列表框：任何时候都能看到多个选项。
- 组合框：平时只能看到一个选项，单击组合框右端的下拉箭头可以打开选项列表。

列表框控件通过显示多个选项，供用户选择其中一项，达到与用户对话的目的。如果选项较多，超出控件显示范围，则会自动加上垂直滚动条。列表框控件常用的属性、方法和事件如下。

(1) Items 属性。

表示列表框中的列表项集合，单击右边的按钮可以编辑该列表框中的列表项，如图 13-12 所示(列表项 1～12 表示一年中的 12 个月)。

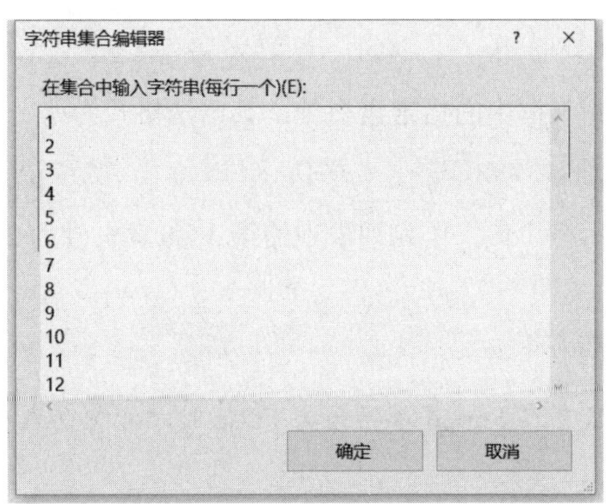

图 13-12　列表框中的列表项字符串编辑器

(2) SelectedIndex 属性。

该属性返回选中的列表项的索引号。列表框中的每一个列表项都对应着一个索引号，第一项对应的索引号为 0、第二项的为 1、第三项的为 2、第四项的为 3、……，以此类推。例如：

```
if(listBox.SelectedIndex == 6)              // 索引号 6 表示第 7 项
{
   MessageBox.Show("该月属于夏季");            // 7 月份为夏季
}
```

(3) SelectedItem 属性。

SelectedItem 属性用于返回选中的列表项的文本内容。例如：

```
if(listBox.SelectedItem.ToString() == "6") // 选中 6 月份
{
   MessageBox.Show("该月属于夏季");            // 6 月份为夏季
}
```

(4) Count 属性。

用于返回列表框中列表项的个数。表达式“listBox.Items.Count-1”表示列表中最后一项的索引号。

(5) Sorted 属性。

该属性控制列表项是否按字母实现排序。它有 True 和 False 两个值，默认为 False，按列表项的添加顺序排序；如果设置为 True，则按字母顺序排序。

(6) Add 方法。

把一个项目加入到列表框中。其语法格式为：

```
ListBox.Items.Add(<字符串表达式>)
```

<字符串表达式>表示要添加的列表项。当 Sorted 属性值为 False 时，用 Add 方法添加的项将被放置在末尾；当 Sorted 属性值为 True 时，则按字母顺序排序。

例如，如果希望在如图 13-12 所示的列表框 ListBox 中添加一个列表项“13”，则可以使用如下代码实现：

```
ListBox.Items.Add("13");
```

(7) Insert 方法。

把一个项目加入到列表框中的指定索引处。其语法格式为：

```
ListBox.Items.Insert(<索引号>, <字符串表达式>)
```

例如下面的语句表示将“13”作为列表项的第 3 项(索引号为 2，即表示第 3 项)添加到列表框中：

```
ListBox.Items.Insert(2, "13");
```

注意： Insert 方法只有在 Sorted 属性值为 False 时才能把列表项添加到指定的位置。

(8) Clear 方法。

可以移除列表框中所有的列表项。其语法格式为：

```
ListBox.Items.Clear();
```

(9) Remove 方法。

Remove 方法可以移除列表框中指定内容的列表项。其语法格式为：

```
ListBox.Items.Remove(<字符串表达式>);
```

例如下面语句运行的结果是从列表框 ListBox 中移除“10”列表项：

```
ListBox.Items.Remove("10");
```

(10) RemoveAt 方法。

RemoveAt 方法可以移除列表框中指定索引号的列表项。其语法格式为：

```
ListBox.Items.RemoveAt(<索引号>);
```

例如下面语句运行的结果是从列表框 ListBox 中移除索引号为 10 的列表项：

```
ListBox.Items.RemoveAt(10);
```

(11) IndexOf 方法。

IndexOf 方法用于返回指定的项在集合中的索引。例如 ListBox.Items.IndexOf("8")的值为 7，表示列表项“8”的索引号。

(12) SelectedIndexChanged 事件。

这是列表框最重要的一个事件，当选中的列表项发生改变(即索引号发生改变)时触发该事件。

例 13-2　从列表框中选择月份，在文本框中显示选中的月份，单击“对应季节”按钮后显示该月份属于哪个季节，如图 13-13 所示。

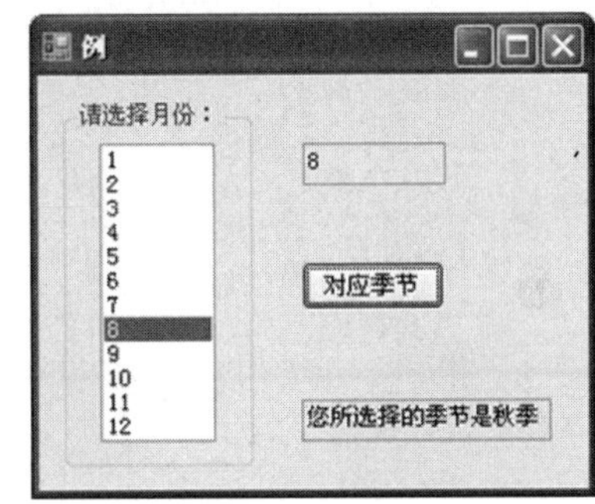

图 13-13　列表框使用示例

设置界面对象的属性，如表 13-1 所示。

表 13-1　窗体和各控件的属性设置

控件类型	控件名称	属　性	设置结果
Form	Form1	Text	例
GroupBox	GroupBox1	Text	请选择月份：
TextBox	TextBox1	Name	txtMonth
		ReadOnly	True
	TextBox2	Name	txtResult
		ReadOnly	True
ListBox	ListBox1	Name	lstMonth
		Items	依次添加 1、2、3、4、5、6、7、8、9、10、11、12
Button	Button1	Name	btnOk
		Text	对应季节

编写列表框 lstMonth 的 SelectedIndexChanged 事件，代码如下：

```
// 列表框 lstMonth 的 SelectedIndexChanged 事件代码
private void lstMonth_SelectedIndexChanged(object sender, EventArgs e)
```

```
{
    txtMonth.Text = lstMonth.SelectedItem.ToString();
}
```

编写“对应季节”按钮的 Click 事件，代码如下：

```
// “对应季节”按钮的 Click 事件代码
private void btnOk_Click(object sender, EventArgs e)
{
    switch (lstMonth.SelectedIndex)
    {
       case 0:
       case 1:
       case 2:
          txtResult.Text = "您所选择的季节是春季";
          break;
       case 3:
       case 4:
       case 5:
           txtResult.Text = "您所选择的季节是夏季";
           break;
       case 6:
       case 7:
       case 8:
           txtResult.Text = "您所选择的季节是秋季";
           break;
       default:
           txtResult.Text = "您所选择的季节是冬季";
           break;
    }
}
```

13.2.6 ComboBox 控件

组合框(ComboBox)是综合了文本框和列表框特征的一种控件。它兼有文本框和列表框的功能，可以像文本框一样，用键入的方式选择项目，但输入的内容不能自动添加到列表中；也可以在单击按钮后，选择所需的项目。若选中某个列表项，则该项的内容会自动显示在文本框中。组合框比列表框占用的屏幕空间小，如图 13-14 所示。列表框的属性基本上都可用于组合框。

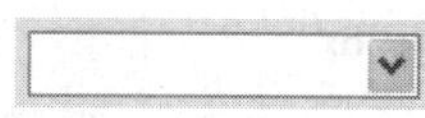

图 13-14 组合框控件

值得注意的是，ComboBox 控件提供了一个名为 DropDownStyle 的属性，用于指定组合框的外观和功能，它有 Simple、DropDown 和 DropDownList 三个属性值，默认值为 DropDown。若要求组合框不能用键入的方式选择项目(即组合框中的文本内容不可编辑)，则应当将 DropDownStyle 属性设置为 DropDownList。

13.2.7 Label 控件

标签(Label)控件有两种，一种是普通标签(Label)，主要用于显示不希望被用户修改的文本；另一种是带链接的标签(LinkLabel)，主要用于设计链接。

下面介绍 Label 控件常用的属性和事件，前面在介绍窗体时提到的如 Text、Enabled、Font 等属性，在 Label 控件中的用法也类似，这里不再重复介绍。

(1) AutoSize 属性。

控制 Label 控件是否根据显示的文本自动调整大小。它有 True 和 False 两个属性值，默认值为 True；如果设置为 False，表示控件的大小不会随文本的改变而变化。

(2) BorderStyle 属性。

BorderStyle 属性用于设置标签边框的样式。它有 3 个属性值：0-None，表示没有边框；1-FixedSingle，表示标签具有单线边框；2-Fixed3D，表示标签具有 3D 样式的边框，设置为该样式的标签具有立体感。

(3) Click、DoubleClick 事件。

Click 为单击事件；DoubleClick 为双击事件，双击标签时发生该事件，并执行相应的程序代码。

(4) MouseHover 事件。

当鼠标指针悬停在控件上时发生 MouseHover 事件。

13.2.8　LinkLabel 控件

利用 LinkLabel 控件可以向 Windows 窗体应用程序中添加 Web 样式的超级链接。一切可以使用 Label 控件的地方，都可以使用 LinkLabel 控件；还可以将文本的一部分设置为指向某个文件、文件夹或 Web 页的超级链接。

LinkLabel 控件除了具有 Label 控件的所有属性、方法和事件以外，还有一些自己独有的属性。

(1) LinkArea 属性。

用于获取或设置文本中要作为超级链接的区域。例如，LinkLabel 控件的 Text 属性为“Visual C# 2017”，现在要为“C#”设置链接，因为“C#”为该字符串的第 8 到第 9 个字符，所以应将 LinkLabel 控件的 LinkArea 属性设置为“8,9”。

(2) LinkColor 属性。

用于获取或设置超级链接处于默认状态下的颜色。

(3) LinkVisited 属性。

一般情况下，超级链接未被访问与被访问过的状态是不相同的。LinkVisited 属性用于确定超级链接是否呈现已访问状态；它有 True 和 False 两个值。True 表示已被访问，False 为默认状态，表示没有被访问过。

(4) LinkVisitedColor 属性。

用于确定当 LinkVisitied 为真时超级链接的颜色。

(5) ActiveLinkColor 属性。

用于确定当用户单击超级链接时该链接的颜色。

(6) LinkClicked 事件。

当用户单击链接时触发该事件，它是 LinkLabel 控件最重要的事件。

例如 LinkLabel 控件 llblSohu 的 LinkClicked 事件，代码如下：

```
// llblSohu 的 LinkClicked 事件代码
private void llblSohu_LinkClicked(object sender,
  LinkLabelLinkClickedEventArgs e)
{
    System.Diagnostics.Process.Start("IEXPLORE.EXE", "www.sohu.com");
    // 也可以写成 System.Diagnostics.Process.Start("www.sohu.com");
    // 这时将使用系统当前默认的浏览器打开搜狐主页
}
```

13.2.9 TextBox 控件

文本框(TextBox)控件与标签控件一样，也能显示文本。但是，TextBox 控件可以由用户直接进行编辑，这是它与标签控件最明显的区别。从人机对话的角度来看，大多数程序都用文本框控件来接收信息，而常用标签控件向用户反馈信息。TextBox 控件常用的属性、方法和事件如下。

(1) Text 属性。

Text 属性用于返回或设置文本框的文本内容。设置时可以使用属性窗口，也可以使用代码，代码示例如下：

```
TextBox.Text = "Visual C# 2017";          // TextBox 为控件名称，设置其文本内容
```

(2) MaxLength 属性。

用于控制文本框输入字符串的最大长度。默认值为 0，表示该文本框中的字符串长度只受系统内存的限制；若设置为大于 0 的整数，则表示该文本框能够输入的最大字符串长度。设置时可以使用属性窗口，也可以使用代码，代码示例如下：

```
TextBox.MaxLength = 100;                  // TextBox 中最多只能接收 100 个字符
```

(3) MultiLine 属性。

控制文本框中的文本是否多行显示，有 True 和 False 两种属性值。默认为 False，表示以单行形式显示文本；如果为 True，则表示以多行形式显示文本。

(4) ScrollBars 属性。

设置文本框是否有垂直或水平滚动条。它有四种属性值：-None，表示没有滚动条；-Horizontal，表示文本框有水平滚动条；-Vertical，表示文本框有垂直滚动条；-Both，表示文本框既有水平滚动条又有垂直滚动条。设置时可以使用属性窗口，也可以使用代码，代码示例如下：

```
TextBox.ScrollBars = ScrollBars.Both;          // TextBox 具有水平和垂直滚动条
```

注意： 只有当 MultiLine 属性为 True 时，将 ScrollBars 属性设置为 1、2 或 3 才有效。

(5) PasswordChar 属性。

设置是否在文本框中显示用户键入的字符。如果将该属性设置为某一字符，那么无论用户键入什么，在文本框中均显示该字符。

例如，将该属性设置为“*”，则在文本框中只显示“*”，即用户无法知道输入文本的内容，可以起到保护口令的作用。设置时可以使用属性窗口，也可以使用代码，代码示例如下：

```
TextBox.PasswordChar = "*";                    // 设置 TextBox 的密码字符为“*”
```

注意： 只有当 MultiLine 属性为 False 时，PasswordChar 属性才有效。

(6) SelectedText 属性。

用于返回在文本框中选择的文本。要在程序运行时操作当前选择的文本，可以通过该属性来处理。例如，要将 TextBox 中所选择的文本替换为“Visual Studio”，可以使用以下代码：

```
TextBox.SelectedText = "Visual Studio";
```

如果要删除选择的文本，只需将空字符串赋给它就行了。

(7) ReadOnly 属性。

用于设置文本框中的文本内容是否只读，它有 True 和 False 两个值。默认为 False，表示可读写；如果设置为 True，则表示文本框的文本内容只读，不可编辑，同时该文本框变成灰色。设置时可以使用属性窗口，也可以使用代码，代码示例如下：

```
TextBox.ReadOnly = true;                       // TextBox 是只读的
```

(8) TextChanged 事件。

当文本框中的文本内容发生改变时触发该事件，例如：

```
private void textBox1_TextChanged(object sender, EventArgs e)
{
    ...
}
```

(9) KeyDown 事件。

在用户按下一个 ASCII 字符键时发生，该事件被触发时，被按下的 ASCII 码将自动传递给事件过程参数 e 的 KeyValue 属性，通过访问该参数即可获知用户按下了哪个键。例如：

```
if(e.KeyValue == 13)                  // 等价于 if(e.KeyCode == Keys.Enter)
```

上述两个语句是等价的，用于判断用户是否按了 Enter 键(Enter 键的十进制 ASCII 码值为 13)。

(10) KeyPress 和 KeyUp 事件。

KeyPress 事件在用户按下和松开一个键时被触发，KeyUp 事件则是在用户松开一个键时被触发。所以当用户按下并松开一个键时，会在对象上依次触发 KeyDown、KeyUp 和 KeyPress 事件。

13.2.10　PictureBox 控件

图片框(PictureBox)控件主要用于显示图片。它最重要的属性是 Image，该属性用于设置显示在图片框中的图片，可以单击右边的[...]按钮，通过弹出的“选择资源”对话框进行设置，如图 13-15 所示。

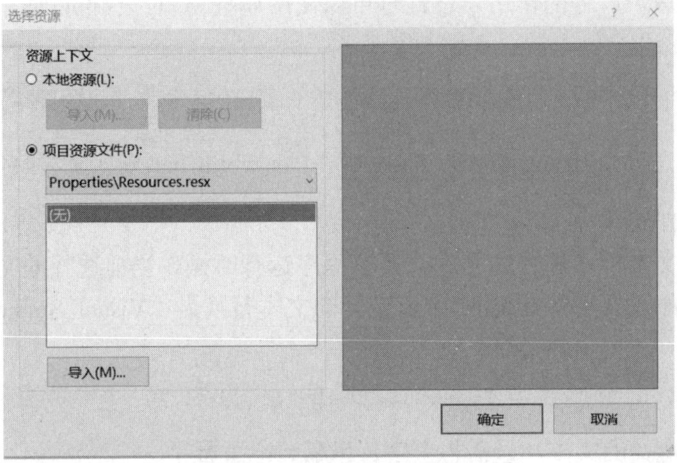

图 13-15　“选择资源”对话框

“选择资源”对话框中有“本地资源”和“项目资源文件”两个选项，选中相应的选项和需要的图片后，单击“导入”按钮，即可设置需要在图片框中显示的图片。

当然，也可以使用代码设置，其语法格式为：

```
PictureBox.Image = System.Drawing.Bitmap.FromFile(PicturePath);
```

其中，PicturePath 表示图片的存放路径，如“D:\\QQ.bmp”。

13.2.11　Timer 控件

时钟(Timer)控件，也称为计时器控件，主要用来计时，通过计时处理，可以实现各种复杂的操作，如延时、动画等。

Timer 控件的属性不是很多，最常用的有两个：Enabled 属性和 Interval 属性。Timer 控件的事件只有一个：Tick 事件。

(1)　Enabled 属性。

用于设置 Timer 控件是否工作，它有 True 和 False 两个值，True 为工作状态，False 为暂停状态。例如：

```
Timer.Enabled = false;                        // 计时器停止工作
```

默认为 False。Timer 控件在程序运行中不可见。

(2)　Interval 属性。

这是 Timer 控件一个非常重要的属性，表示两个计时器事件(即 Tick 事件)之间的间隔。其值是一个介于 0～64767 之间的整数，以毫秒为单位，所以最大的时间间隔约为 1.5 分钟，设置时可以使用属性窗口，也可以使用代码，代码示例如下。

①　如果需要屏蔽计时器，则将 Interval 属性设置为 0(或者将计时器的 Enabled 属性设置为 False)：

```
Timer.Interval = 0;
```

② 如果需要每隔 0.5 秒触发一个计时器事件，应将 Interval 属性设置为 500：

```
Timer.Interval = 500;
```

(3) Tick 事件。

在 Enabled 为 True 的情况下，Timer 每隔 Interval 毫秒触发一次 Tick 事件，例如：

```
private void timer1_Tick(object sender, EventArgs e)
{
    ...
}
```

13.2.12　GroupBox 控件

框架(GroupBox)控件主要用于组织用户界面，组成一个控件组。组成控件组的方法是：首先添加一个框架控件，然后把其他控件放置在框架中，这些控件就组成了一个控件组。当框架移动时，控件也跟着移动；框架隐藏时，控件也一起隐藏。框架控件最常用的属性有 Text 和 Visible 两个。

13.2.13　Panel 控件

面板(Panel)控件是一个用来包含其他控件的控件，这一点类似于 GroupBox 控件。它把控件组合在一起，放在同一个面板上，这样将更容易管理这些控件。例如，当禁用面板时，该面板上的所有控件都将被禁用。

除了所有控件共有的一些属性外，面板控件特有的重要属性有 AutoScroll 属性和 BorderStyle 属性。

(1) AutoScroll 属性。

Panel 控件是派生于 ScrollableControl 的，因此具有 AutoScroll 属性，其默认值为 False。当一个面板的可用区域上有很多控件需要显示时，就应当将 AutoScroll 属性设置为 True。这样就可以滚动所有的控件了。

(2) BorderStyle 属性。

用于控制 Panel 控件是否显示边框，其默认值为 None，表示不显示边框，可以将 BorderStyle 属性设置为其他值，从而使用户界面更加友好。图 13-16 是将 Panel 控件的 BorderStyle 属性设置为 Fixed3D 的情况。

图 13-16　Panel 控件的应用

13.2.14　RadioButton 控件

大多数程序都需要用户进行选择，如简单的“是/否”等。Visual C# 2022 提供的用于选择的控件除了前面介绍的列表框和组合框外，还有单选按钮(RadioButton)控件和复选框(CheckBox)控件，下面首先介绍单选按钮控件。

单选按钮的左边有一个○图标，一般来说，它总是成组(单选按钮组)出现的，用户在一组单选按钮中必须选择一项，并且最多只能选择一项。当某一项被选中后，其左边的小圆圈中会出现一个黑点⊙。

RadioButton 的 Name 等属性与前面介绍的类似，这里仅介绍其 Checked 属性，它有两个属性值：True 和 False，True 表示该单选按钮被选中，False 表示未被选中。

RadioButton 控件最重要的事件是 CheckedChanged，当用户更改选择的单选按钮时触发该事件。

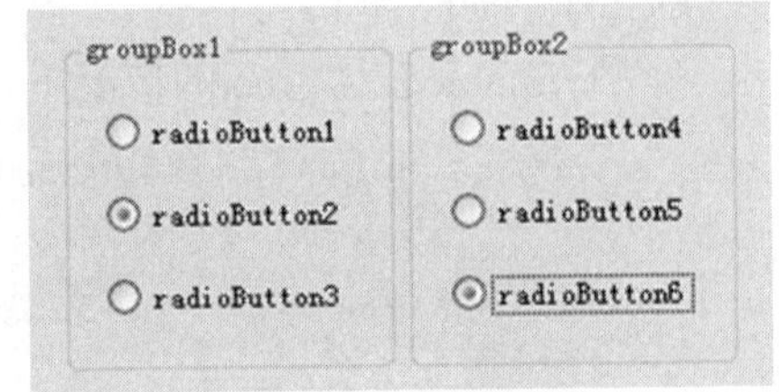

图 13-17　单选按钮组

因为单选按钮只能选择其一，如果程序中需要用到多组相互独立的单选按钮，则需要使用 GroupBox 控件对其进行分组，处于同一框架控件内的单选按钮为一组。图 13-17 所示的界面中有两组单选按钮，每组均能选择其一。

例 13-3　设计单项选择题的程序，一个题目有 4 个选项，单击“提交答案”按钮后判断是否正确，如图 13-18 所示。

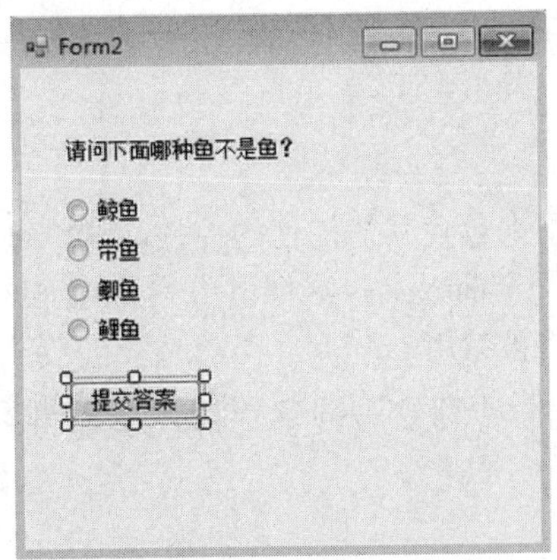

图 13-18　单项选择题示例

添加“提交答案”按钮的代码：

```
private void btnSubmit_Click(object sender, EventArgs e)
{
    if (radioButton1.Checked)
        MessageBox.Show("恭喜你答对了", "请确定");
    else
        MessageBox.Show("很遗憾你答错啦", "正确答案是鲸鱼");
}
```

13.2.15　CheckBox 控件

可以使用复选框(CheckBox)列出可供用户选择的选项，用户可以根据需要，选定其中的一项或者多项。复选框的左边有一个□图标，当某一项被选中后，其左边的小方框中会出现一个对号☑。

复选框的属性与单选按钮的基本相同，同样具有 Checked 属性，当该属性为 True 时，表示复选框被选中，为 False 时表示未被选中。如果要使某个复选框在程序运行中不可用，应将其 Enabled 属性设置为 False。此时该复选框变成灰色，如图 13-19 所示。

图 13-19　不可用的复选框

例 13-4　调查业余爱好，并提示“你的业余爱好有：”，如图 13-20 所示。

图 13-20　复选框的应用

添加“提示”按钮的代码：

```
private void button1_Click(object sender, EventArgs e)
{
    string hobby = "";
    CheckBox[] array =
      { checkBox1, checkBox2, checkBox3, checkBox4, checkBox5 };
    for (int i=0; i<array.Length; i++)
    {
        if(array[i].Checked)
            hobby += array[i].Text + ",";
    }
    MessageBox.Show("你的业余爱好有： " + hobby);
}
```

13.2.16　TabControl 控件

当需要在一个窗体内放置几组相对独立而又数量较多的控件时，可以使用 TabControl 控件，该控件有若干个选项卡，每个选项卡关联着一个界面。图 13-21 所示的网络连接属性对话框，就是采用了这种设计方式，可以看出，它有“网络”“共享”两个选项卡，关联着两个不同的界面。

TabControl 控件最重要的属性就是 TabPages，使用该属性，可以设定控件包含的界面。设定界面的方法是：找到 TabPages (Collection) ... 属性，单击其右边的 ... 按钮，打开图 13-22 所示的“TabPage 集合编辑器”对话框。

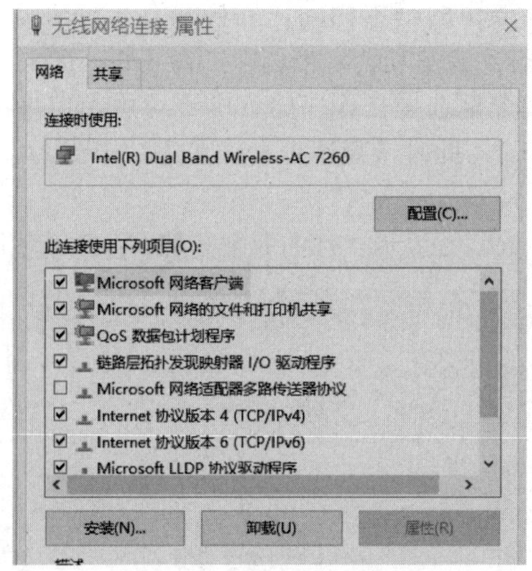

图 13-21 带选项卡的对话框

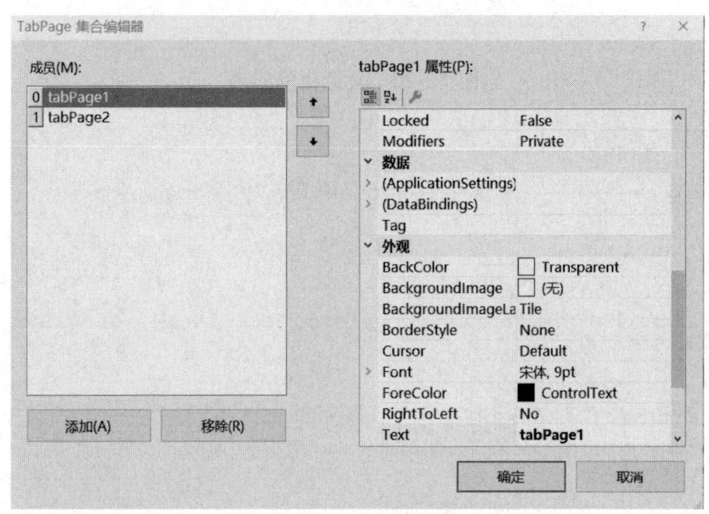

图 13-22 “TabPage 集合编辑器”对话框

然后可以根据需要 TabPage 的数量，单击“添加”(或“移除”)按钮，来添加(或移除)TabPage。并且可以在该对话框右边的 TabPage 属性选项区中设置 TabPage 的属性，其中的 Text 属性决定了选项卡中显示的标签文本内容。图 13-23 所示的 TabControl 控件中包含 3 个选项卡，分别为“读者管理”“图书管理”和“借/还书管理”。

图 13-23 TabControl 控件的应用

13.3　案例分析与实现

13.3.1　案例分析

本单元案例的 QQ 登录界面由窗体、按钮、文本框、复选框、下拉框、图片框等常用控件组成。

13.3.2　案例实现

1. 修改窗体的属性

首先打开 Visual Studio 开发工具，创建一个名为 QQLogin 的新项目。按照前面介绍的方法将默认的窗体 Form1 的 Text 属性设置为“QQ 用户登录”。将窗体的 Size 属性精确修改成“330, 245”。窗体的 Icon 属性用于确定窗体左上角标题栏中显示的图标。找到并选择窗体的 Icon 属性(Icon (Icon) ...)，然后单击其右边的...按钮，在弹出的对话框中选择 QQ 的图标文件。

QQ 的图标文件可以在本书的源代码文件中找到，其文件名为 QQ.ico。

窗体的背景颜色由窗体的 BackColor 属性决定，它支持 RGB 颜色模式，找到并选择窗体的 BackColor 属性，清除其默认值，然后输入与 QQ 用户登录界面颜色一致的 RGB 颜色值“225, 246, 251”。窗体的 MaxmizeBox 属性用于确定标题栏中的系统最大化按钮是否可用，它有 True 和 False 两个可选值，其默认值为 True，这里将其设置为 False。

窗体的 AutoSizeMode 属性用于指定用户界面元素自动调整大小的模式，有 GrowOnly 和 GrowAndShrink 两个可选值，这里选择 GrowAndShrink，表示不能手动调整窗体的大小。窗体的 StartPosition 属性用于确定程序运行时，窗体第一次出现的位置，有 5 个可选值，这里选择 CenterScreen，如图 13-24 所示。

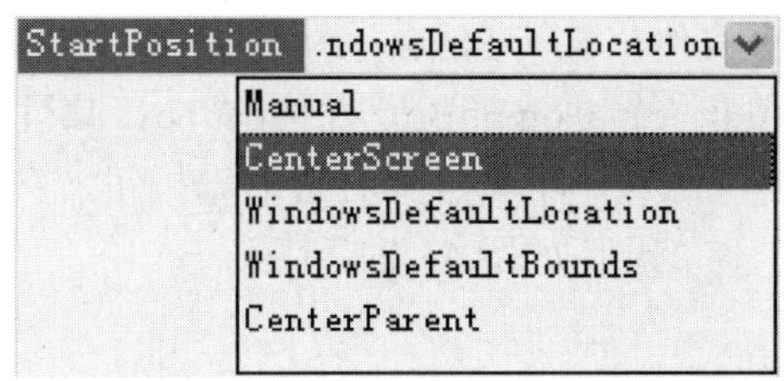

图 13-24　设置窗体的 StartPosition 属性

2. 添加图片框控件

在工具箱中的“公共控件”列表中找到 PictureBox 控件，使用绘制控件的方法在窗体上绘制一个 PictureBox 控件，并调整其大小和位置。然后在 PictureBox 控件的属性窗口中找到并选择 Image 属性(Image (无) ...)，单击其右边的...按钮，将弹出“选择资源”对话框，在该对话框中选中“本地资源”单选按钮，并单击“导入”按钮，在弹出的打开对话框中选择 QQ 登录图片，单击“本地资源”对话框中的“确定”按钮，关闭

“本地资源”对话框。

3. 添加面板控件

为窗体添加一个面板(Panel)控件，Panel 控件可以在工具箱中的“容器”列表中找到，选择 Panel 控件，同样用绘制控件的方法在窗体上绘制一个 Panel 控件，并调整其大小和位置，如图 13-25 所示。然后找到并选择 Panel 控件的 BorderStyle 属性，将其值设置为 FixedSingle。

图 13-25 添加面板

接下来调整 Panel 控件的背景颜色，如同设置窗体的背景颜色一样，找到并选择 Panel 控件的 BackColor 属性，然后将其值修改为 BackColor 241, 250, 255。

4. 添加标签控件

在工具箱中的“公共控件”列表中找到标签(Label)控件，依次添加 3 个 Label 控件并调整好位置，再分别将 Text 属性设置为“QQ 账号”“QQ 密码”和“状态：”。

5. 添加组合框控件

在工具箱中的“公共控件”列表中找到组合框(ComboBox)控件，依次在窗体上添加 2 个 ComboBox 控件：QQ账号 和 状态：，并调整好位置。选中第二个表示登录状态的 ComboBox 控件，将其 FlatStyle 属性设置成 Flat，这里 FlatStyle 属性用于确定组合框的显示模式。将第二个 ComboBox 控件的 Text 属性设置为 Text 在线，找到并选择 Items 属性 Items (Collection)，单击其右边的按钮，在弹出的“字符串集合编辑器”对话框中依次输入 6 个列表项，如图 13-26 所示。

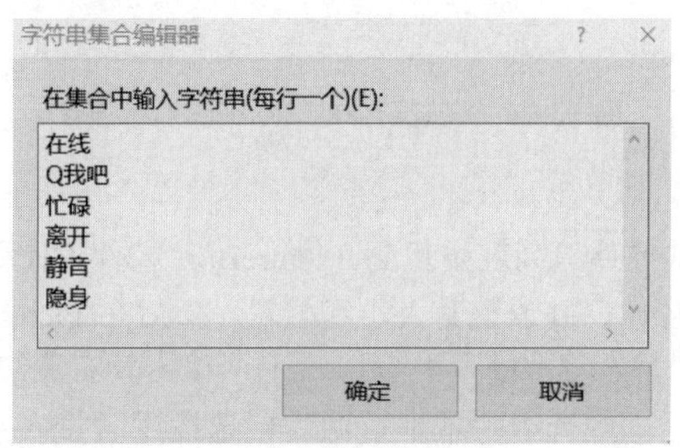

图 13-26 “字符串集合编辑器”对话框

6. 添加文本框控件和带链接的标签控件

在工具箱中的“公共控件”列表中找到文本框(TextBox)控件，在窗体上添加一个 TextBox 控件；在工具箱中的“公共控件”列表中找到带链接的标签(LinkLabel)控件，在窗体上添加这两个控件，调整好大小和位置后，将它们的 Text 属性分别设置为“申请账号”和“忘记密码？”。

7. 添加复选框控件、按钮控件

在工具箱中的“公共控件”列表中找到复选框(CheckBox)控件，在窗体上添加一个 CheckBox 控件，将其 Text 属性设置为“自动登录”。在工具箱中的“公共控件”列表中找到按钮(Button)控件，在窗体上添加 3 个 Button 控件，并将它们的 Text 属性分别设置为“查杀木马”“设置”和“登录”。调整好位置后的窗体如图 13-1 所示。

13.4　拓展训练：简易计算器的设计与实现

简易计算器的设计与实现结果如图 13-27 所示。

图 13-27　简易计算器

添加各按钮的代码如下：

```
namespace calculator
{
   public partial class Form1 : Form
   {
      public Form1()
      {
         InitializeComponent();
      }

      private void btn1_Click(object sender, EventArgs e)  //数字 1
      {
         Button btn = (Button)sender;
         textBox1.Text += btn.Text;
```

```
}

private void btn2_Click(object sender, EventArgs e)  //数字 2
{
    Button btn = (Button)sender;
    textBox1.Text += btn.Text;
}

private void btn3_Click(object sender, EventArgs e)  //数字 3
{
    Button btn = (Button)sender;
    textBox1.Text += btn.Text;
}

private void btn4_Click(object sender, EventArgs e)  //数字 4
{
    Button btn = (Button)sender;
    textBox1.Text += btn.Text;
}

private void btn5_Click(object sender, EventArgs e)  //数字 5
{
    Button btn = (Button)sender;
    textBox1.Text += btn.Text;
}

private void btn6_Click(object sender, EventArgs e)  //数字 6
{
    Button btn = (Button)sender;
    textBox1.Text += btn.Text;
}

private void btn7_Click(object sender, EventArgs e)  //数字 7
{
    Button btn = (Button)sender;
    textBox1.Text += btn.Text;
}

private void btn8_Click(object sender, EventArgs e)  //数字 8
{
    Button btn = (Button)sender;
    textBox1.Text += btn.Text;
}

private void btn9_Click(object sender, EventArgs e)  //数字 9
{
    Button btn = (Button)sender;
    textBox1.Text += btn.Text;
}

private void btn0_Click(object sender, EventArgs e)  //数字 0
{
    Button btn = (Button)sender;
    textBox1.Text += btn.Text;
```

```
    }

    private void btnAdd_Click(object sender, EventArgs e)  //加号
    {
        Button btn = (Button)sender;
        textBox1.Text =
          textBox1.Text + " " + btn.Text + " "; //空格用于分隔数字和运算符
    }

    private void btnSub_Click(object sender, EventArgs e)  //减号
    {
        Button btn = (Button)sender;
        textBox1.Text =
          textBox1.Text + " " + btn.Text + " "; //空格用于分隔数字和运算符
    }

    private void btnMul_Click(object sender, EventArgs e)  //乘号
    {
        Button btn = (Button)sender;
        textBox1.Text =
          textBox1.Text + " " + btn.Text + " "; //空格用于分隔数字和运算符
    }

    private void btnDiv_Click(object sender, EventArgs e)  //除号
    {
        Button btn = (Button)sender;
        textBox1.Text =
          textBox1.Text + " " + btn.Text + " "; //空格用于分隔数字和运算符
    }

    private void btnClear_Click(object sender, EventArgs e)  //清除
    {
        textBox1.Text = "";
    }

    private void btnCalculate_Click(object sender, EventArgs e)
    {
        Single r;                    //用于保存计算结果
        string t = textBox1.Text;    //t 用于保存文本框中的算术表达式
        int space = t.IndexOf(' '); //用于搜索空格位置
        string s1 = t.Substring(0, space); //s1 用于保存第一个运算数
        char op = Convert.ToChar(t.Substring(space + 1, 1));
          //op 用于保存运算符
        string s2 = t.Substring(space + 3); //s2 用于保存第二个运算数
        Single arg1 = Convert.ToSingle(s1);
          //将运算数从 string 转换为 Single

        Single arg2 = Convert.ToSingle(s2);
        switch (op)
        {
            case '+':
                r = arg1 + arg2;
                break;
            case '-':
```

```
                    r = arg1 - arg2;
                    break;
                case '*':
                    r = arg1 * arg2;
                    break;
                case '/':
                    if (arg2 == 0)
                    {
                        throw new ApplicationException();
                    }
                    else
                    {
                        r = arg1 / arg2;
                        break;
                    }
                    break;
                default:
                    throw new ApplicationException();
            }

            //将计算结果显示在文本框中
            textBox1.Text = r.ToString();
        }
    }
}
```

习　题

1. 选择题

(1) 用于确定窗体标题栏的右上角的最小化按钮是否可用的属性是(　　)。

A. MaximizeBox　　B. MinimizeBox　　C. StartPosition　　D. Icon

(2) 用于确定窗体第一次出现时的位置的属性是(　　)。

A. MaximizeBox　　B. MinimizeBox　　C. StartPosition　　D. Icon

(3) 显示窗体的方法是(　　)。

A. Show　　B. Close　　C. Hide　　D. Click

(4) 表示 DateTimePicker 控件当前的日期/时间值的属性是(　　)。

A. ShowUpDown　　B. Date

C. Value　　D. Time

(5) 在设置图片框的 Image 属性的表达式 System.Drawing.Bitmap.FromFile(PicturePath)中，PicturePath 表示(　　)。

A. 图片名称　　B. 图片框格式

C. 应用程序的存放路径　　D. 图片的存放路径

(6) 表示进度条的步长，即每次调用 PerformStep 方法时进度前进的单位数的属性是(　　)。

A. Step　　B. Minimum　　C. Maximum　　D. Value

(7) 在 LinkLabel 中，用于获取或设置文本中被作为超级链接的区域的属性是(　　)。

A. LinkColor　　B. LinkArea　　C. LinkVisited　　D. LinkClicked

(8) 用于确定是否在文本框中显示某个字符的属性是(　　)。

A. PasswordChar　　B. SelectedText　　C. ReadOnly　　D. SelectionStart

2. 填空题

(1) 计时器控件的 Interval 属性表示________，要使时钟控件每隔 0.05 秒触发一次 Tick 事件，应将其设置为________。

(2) 具有焦点的控件都有两个控制 Tab 键序的属性，分别是________和________。

(3) 要使某一控件不可见，应该将其________属性设置为________。

(4) 在设计 Windows 应用程序时，若需要在一个窗体内放置几组相对独立而又数量较多的对象，应当选用________控件。

3. 操作题

在窗体上放置 2 个 ComboBox 控件，ComboBox1 中有“学号”和“姓名”两个项目。要求实现如下功能。

① 单击“学号”时，在 ComboBox2 中列出三个学号“20080001”“200800002”和“200800003”。

② 单击“姓名”时，在 ComboBox2 中列出与学号对应的学生姓名“张三”“李四”和“王五”。

单元 14

Windows 编程进阶

单元导读

上一单元介绍了一些常用控件，本单元结合实例介绍一些用于设置 Windows 应用程序的高级控件的方法，包括 RichTextBox、TreeView、菜单(MenuStrip 和 ContextMenuStrip)、ToolStrip、StatusStrip 和 CommonDialog(公用对话框)的使用。

学习目标

- 掌握 RichTextBox、TreeView、菜单(MenuStrip 和 ContextMenuStrip)、ToolStrip、StatusStrip 和 CommonDialog(公用对话框)的用法。
- 掌握控件的常用事件编程。

14.1 案例描述

本案例“用户信息管理系统”程序可以管理学生用户、教师用户和管理员用户，其窗体包括菜单栏、工具栏和状态栏。用户选择“创建用户”→“创建学员账户”菜单命令，或者单击工具栏中的“创建”按钮后，将显示 frmNewUser 窗体。使用“菜单管理”命令可动态添加上下文菜单，状态栏显示日期和当前窗体名称，选择“退出”菜单命令可退出系统。案例的运行结果如图 14-1 所示。

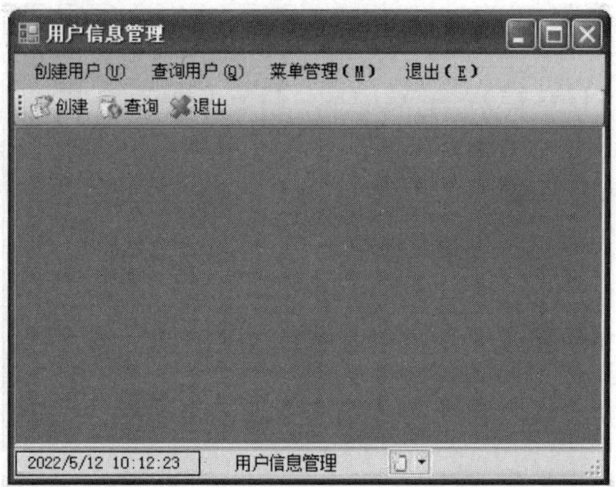

图 14-1　用户管理系统的主界面

14.2 知识链接

14.2.1 RichTextBox 控件

多格式文本框(RichTextBox)(或称“富文本框”)控件在允许用户输入和编辑文本的同时，提供了比普通的 TextBox 控件更高级的格式特征。

在 RichTextBox 控件中可以设置文本的格式。要改变文本的格式，必须先选中该文本。只有选中的文本才可以编排字符和段落的格式。可以设置文本使用粗体、改变字体的颜色等，也可以设置左右缩排或不缩排，从而调整段落的格式。

RichTextBox 控件可以打开和保存 RTF 文件和普通的 ASCII 文本文件，可以使用控件的方法(LoadFile 和 SaveFile)直接读和写文件。

RichTextBox 控件几乎支持 TextBox 控件所有的属性、事件和方法，如 MaxLength、MultiLine 等。使用 TextBox 控件的应用程序很容易改为使用 RichTextBox 控件。

RichTextBox 控件常用的属性和方法如下。

(1) MaxLength 属性。

用于获取或设置在多格式文本框控件中键入或者粘贴的最大字符数。

(2) MultiLine 属性。

获取或设置多格式文本框控件是否可以显示为多行。MultiLine 属性有 True 和 False 两个值，默认值为 True，即默认以多行形式显示文本。

(3) ScrollBars 属性。

设置文本框是否有垂直或水平滚动条，它有七种属性值。

Both：只有当文本超过 RichTextBox 的宽度或长度时，才显示水平滚动条或垂直滚动条，或两个滚动条都显示。

None：从不显示任何类型的滚动条。

Horizontal：只有当文本超过 RichTextBox 的宽度时，才显示水平滚动条。必须将 WordWrap 属性设置为 false，才会出现这种情况。

Vertical：只有当文本超过 RichTextBox 的高度时，才显示垂直滚动条。

ForcedHorizontal：当 WordWrap 属性设置为 false 时，显示水平滚动条。在文本未超过 RichTextBox 的宽度时，该滚动条显示为浅灰色。

ForcedVertical：始终显示垂直滚动条。在文本未超过 RichTextBox 的长度时，该滚动条显示为浅灰色。

ForcedBoth：始终显示垂直滚动条。当 WordWrap 属性设置为 false 时，显示水平滚动条。在文本未超过 RichTextBox 的宽度或长度时，两个滚动条均显示为灰色。

(4) Anchor 属性。

用于设置将多格式文本框控件绑定到容器(例如窗体)的边缘，绑定后多格式文本框控件的边缘与绑定到的容器边缘之间的距离保持不变。可以设置 Anchor 属性的四个方向，分别为 Top、Bottom、Left 和 Right。若设置成如图 14-2 所示，则表示多格式文本框控件绑定到容器的四个边缘，如果容器是窗体，那么多格式文本框控件的大小会随窗体大小的改变而改变。

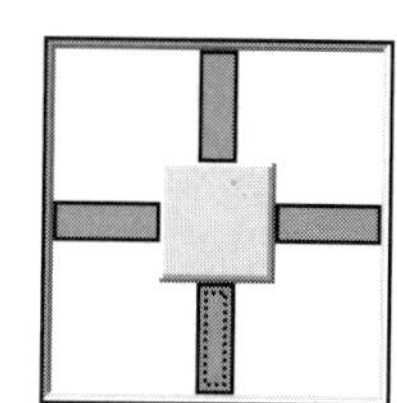

图 14-2　Anchor 属性的应用

(5) LoadFile 方法。

用于将现有的数据流加载到多格式文本框控件中。LoadFile 方法使用的代码示例如下：

```
RichTextBox.LoadFile();
```

(6) SaveFile 方法。

用于将多格式文本框控件中的内容保存到开放式数据流。

(7) Undo 方法。

用于撤销多格式文本框中的上一个编辑操作。

(8) Copy 方法。

用于将多格式文本框中被选定的内容复制到剪贴板中。

(9) Cut 方法。

用于将多格式文本框中被选定的内容移动到剪贴板中。

14.2.2 TreeView 控件

树视图(TreeView)控件是以树的方式显示集合。例如，图 14-3 所示的 Windows 资源管理器的左边就是一个树视图。

TreeView 控件中的每个数据项都与一个树节点(TreeNode)对象相关联。树节点还可以包括其他的节点，称为子节点，这样就可以在 TreeView 控件中体现出对象间的层次关系。

图 14-3 Windows 资源管理器

(1) Nodes 属性。

该属性用于设计 TreeView 控件的节点。设计 TreeView 控件节点的方法为：找到并单击 Nodes (Collection) [...] 右边的[...]按钮，打开图 14-4 所示的“TreeNode 编辑器”对话框。

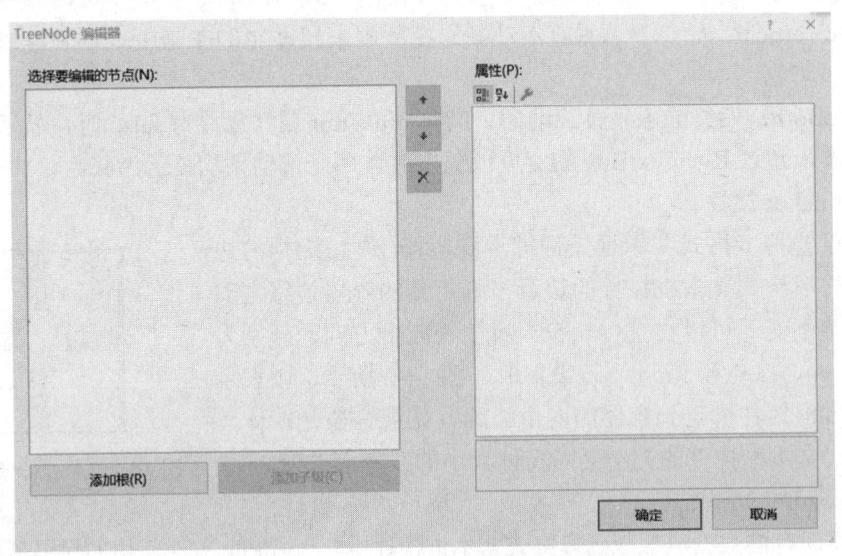

图 14-4 “TreeNode 编辑器”对话框

单击“添加根”按钮，可以为 TreeView 控件添加根节点。添加根节点后，“添加子级”按钮变为可用状态，单击该按钮可以为根节点添加子节点，如图 14-5 所示。

(2) ImageList 属性。

该属性的设置必须与 ImageList 控件相配合才能使用。

(3) Scrollable 属性。

用于指示当 TreeView 控件包含多个节点，并且无法在其可见区域内显示所有节点时，TreeView 控件是否显示滚动条，它有 True 和 False 两个值，其默认值为 True。

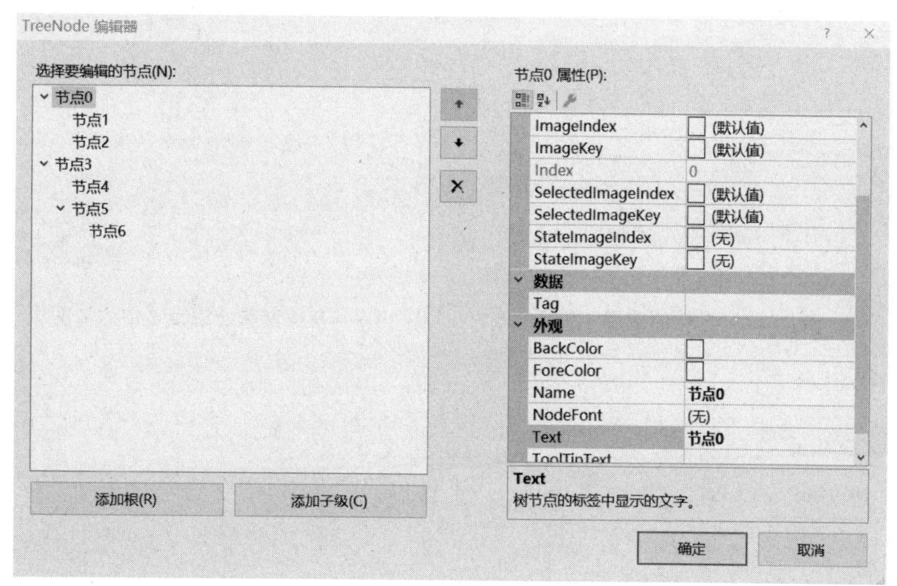

图 14-5　添加节点

(4) ShowLines 属性。

用于指示是否在同级别节点以及父节点与子节点之间显示连线。它有 True 和 False 两个值，其默认值为 True。

(5) ShowPlusMinus 属性。

用于指示是否在父节点旁边显示“+/-”按钮。它有 True 和 False 两个值，其默认值为 True。

(6) ShowRootLines 属性。

用于指示是否在根节点之间显示连线。它有 True 和 False 两个值，其默认值为 True。

(7) SelectedNode 属性。

用于获取或设置 TreeView 控件中被选中的节点。

(8) AfterSelect 事件。

TreeView 控件最常用的事件为 AfterSelect，更改 TreeView 控件中选定的内容时触发该事件。

例 14-1　使用 TreeView 控件，建立一个学校的分层列表，可以添加、删除系部和班级信息。

首先建立应用程序用户界面：向设计窗体中拖放 1 个 TreeView 控件、2 个 TextBox 控件和 4 个 Button 控件。其中，TextBox 控件的 Name 属性分别为 txtRoot、txtChild；Button 控件的 Name 属性分别为 btnAddRoot、btnAddChild、btnDelete、btnClear，如图 14-6 所示。

从工具箱中向窗体拖放 1 个 ImageList 控件，选择其 Image 属性，在图像集合编辑器中添加 4 幅图像，如图 14-7 所示。设置 TreeView 控件的 ImageList 属性为 imageList1。

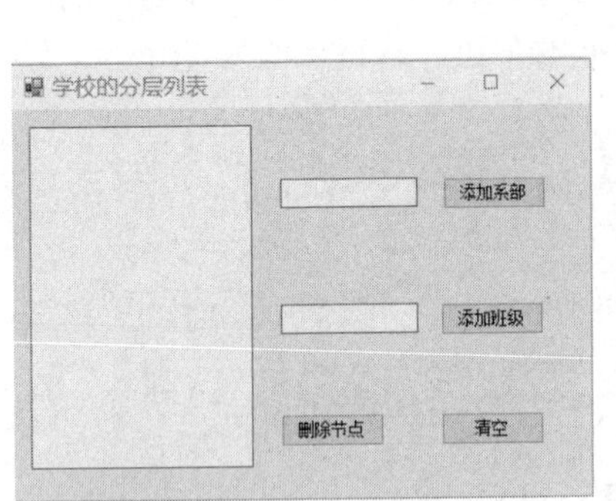

图 14-6　TreeView 控件的应用

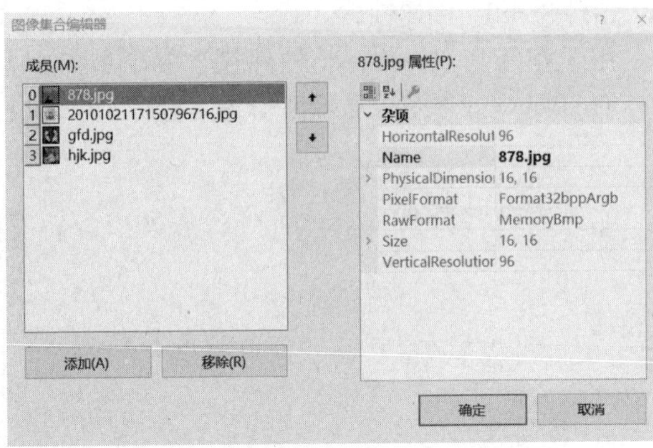

图 14-7　在图像集合编辑器中添加图像

编辑代码：

```
namespace demo14_01TREEVIEW
{
    public partial class Form1 : Form
    {
        public Form1()
        {
            InitializeComponent();
        }

        //添加系部根节点
        private void btnAddRoot_Click(object sender, EventArgs e)
        {
            TreeNode newNode = new TreeNode(this.txtRoot.Text, 0, 1);
            this.treeView1.Nodes.Add(newNode);
            this.treeView1.Select();
        }

        //添加班级根节点
        private void btnAddChild_Click(object sender, EventArgs e)
        {
            TreeNode selectedNode = this.treeView1.SelectedNode;
            if (selectedNode == null)
            {
                MessageBox.Show("添加子节点之前必须选中一个节点。", "提示信息");
                return;
            }
            TreeNode newNode = new TreeNode(this.txtChild.Text, 2, 3);
            selectedNode.Nodes.Add(newNode);
            selectedNode.Expand();
            this.treeView1.Select();
        }
```

```
        //删除选中的节点
        private void btnDelete_Click(object sender, EventArgs e)
        {
            TreeNode selectedNode = this.treeView1.SelectedNode;
            if (selectedNode == null)
            {
                MessageBox.Show("删除节点之前先选中一个节点。", "提示信息");
                return;
            }
            TreeNode parentNode = selectedNode.Parent;
            if (parentNode == null)
                this.treeView1.Nodes.Remove(selectedNode);
            else
                parentNode.Nodes.Remove(selectedNode);
            this.treeView1.Select();
        }

        private void btnClear_Click(object sender, EventArgs e) //清空
        {
            this.txtRoot.Text = "";
            this.txtChild.Text = "";
            this.treeView1.Nodes.Clear();
        }
    }
}
```

14.2.3　MenuStrip 控件

在 Windows 环境下，几乎所有的应用软件都是通过菜单来执行各种操作的。在 Visual C# 2022 应用程序中，当操作比较简单时，一般通过控件来执行，而当要完成比较复杂的操作时，使用菜单会更方便。

菜单的基本作用有两个：第一是提供人机对话的接口，以便让用户选择应用程序的各种功能；第二是管理应用程序，控制各种功能模块的运行。

菜单有两种基本类型。

1. 下拉式菜单(MenuStrip)

下拉式菜单是一种典型的窗口式菜单，一般通过单击菜单栏中的菜单标题来打开，如“我的电脑”窗口上方的“文件”“编辑”和“查看”等菜单就是下拉式菜单。

在下拉式菜单中，一般有一个主菜单(即菜单栏)，位于窗口标题栏的下方，可以包括一个或多个选择项，称为菜单标题或主菜单项。当单击一个菜单标题时，一个包含多个菜单项的列表(即菜单)被打开，这些菜单项称为菜单命令或子菜单项。根据功能的不同，可以用分隔线将子菜单项分开。有的菜单命令的右端有向右的三角符号，当鼠标指向该菜单命令时，会出现下级子菜单。有的菜单命令的左边有一个☑符号，表示该菜单命令正在起作用。

2. 弹出式菜单(ContextMenuStrip)

弹出式菜单也称为右键菜单或快捷菜单。它是指在一个对象上单击鼠标右键时显示出

来的菜单，可以在窗口的某个位置显示。因此，用户可以利用弹出式菜单更方便快捷地完成相关操作。如在桌面上单击鼠标右键弹出的桌面属性菜单就是弹出式菜单。

(1) ShortCutKeys 属性。

该属性用于设置激活菜单项的快捷键，这时就不需要使用鼠标单击菜单项，而直接使用键盘就可以执行菜单项命令。

菜单的 ShortCutKeys 属性一般使用属性窗口进行设置。

(2) ShowShortcutKeys 属性。

该属性用于设置是否显示菜单项的快捷键。如果设置为 True，菜单项的快捷键可见；如果设置为 False，则不可见。设置时可以使用属性窗口，也可以使用代码，代码示例如下：

```
MenuStrip.ShowShortcutKeys = false;
```

(3) Checked 属性。

该属性用于设置菜单项是否被选中并返回值。有 True 和 False 两个值，默认值为 False，表示未被选中；True 表示被选中，这时菜单项左边有一个☑符号。设置时可以使用属性窗口，也可以使用代码，代码示例如下：

```
MenuStrip.Checked = true;
```

(4) Click 事件。

该事件为单击事件，当用户单击菜单项时触发该事件。

例 14-2 设计一个应用程序，在窗体上建立下拉式菜单，通过该菜单来设置标签的背景色和字体类型。

新建一个窗体 Form1，然后在工具栏中双击 MenuStrip 控件，为窗体添加菜单控件。这时，在窗体的下方出现了一个名为 menuStrip1 的菜单控件，在菜单设计器的“请在此处键入”处，从上至下依次输入“字体(&F)”“宋体”“楷体”“黑体”“退出”菜单项。

重复上一步操作，在菜单设计器的第二列“请在此处键入”处，从上至下依次输入“底色(&C)”“红色”“绿色”“蓝色”菜单项，如图 14-8 所示。

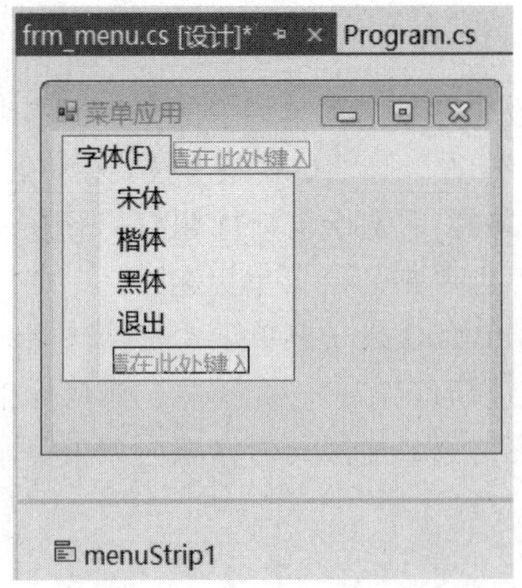

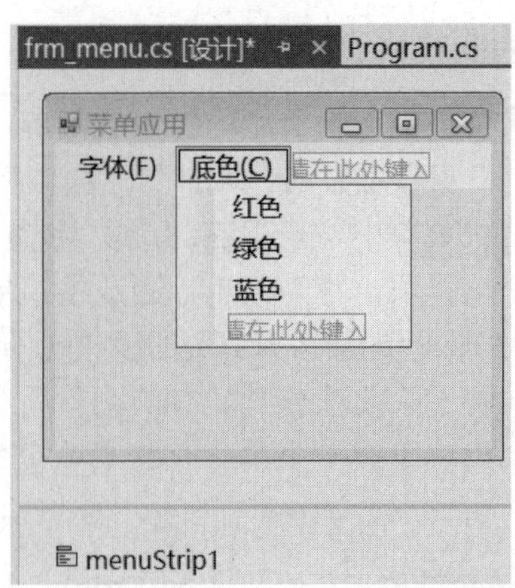

图 14-8 MenuStrip 控件的应用

可以在“黑体”和“退出”菜单项之间插入一个分隔符，分隔符的插入方法是：在要插入分隔符的位置单击鼠标右键，从弹出的快捷菜单中选择“插入”→ Separator 命令，如图 14-9 所示。

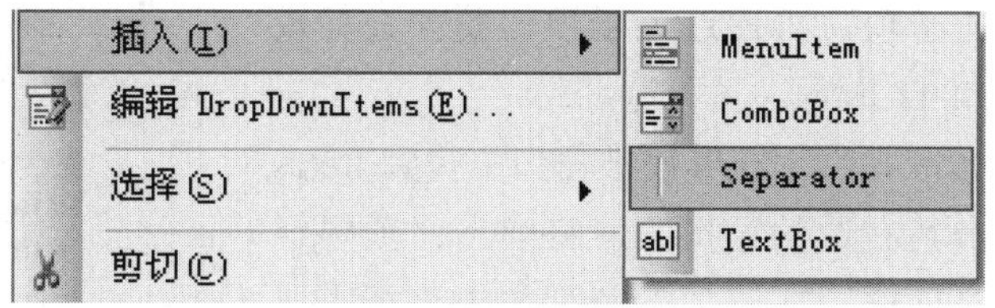

图 14-9　插入分隔符

编写“宋体”菜单命令的 Click 事件，代码如下：

```
private void 宋体ToolStripMenuItem_Click(object sender, EventArgs e)
{
    Font songTi = new Font("宋体", 28);
    lblShow.Font = songTi;
}
```

编写“红色”菜单项的 Click 事件，代码如下：

```
private void 红色ToolStripMenuItem_Click(object sender, EventArgs e)
{
    Color color = new Color();
    color = System.Drawing.Color.FromArgb(255, 0, 0);
    lblShow.BackColor = color;
}
```

其他菜单项的代码读者可依次添加，程序运行结果如图 14-10 所示。

图 14-10　例 14-2 的程序运行结果

弹出式菜单与下拉式菜单的设计过程基本相似，但应注意以下两点。

- 弹出式菜单没有菜单标题，如例 14-2 中的“字体”和“底色”，在弹出式菜单中是没有的。
- 设计完弹出式菜单后，必须把相应窗体的 ContextMenuStrip 属性设置为该菜单名，否则菜单无法弹出。

14.2.4　ToolStrip 控件

工具栏(ToolStrip)控件相当于 Visual Studio 早期版本中的 ToolBar 控件，用于创建 Windows 标准的工具栏。

ToolStrip 控件的功能非常强大，可以将一些常用的控件单元作为子项放在工具栏中，通过各个子项与应用程序发生联系。常用的子项有 Button、Label、SplitButton、DropDownButon、Separator、ComboBox、TextBox 和 ProgressBar 等。

在为窗体添加 ToolStrip 控件后，可以通过以下两种方法来添加和设置工具栏子项。

- 选中 ToolStrip 控件，直接单击设计界面中的下拉按钮添加子项，再通过该子项的属性进行设置，如图 14-11 所示。
- 选中 ToolStrip 控件，在其属性窗口中找到 Items 属性，单击其右边的⋯按钮，将弹出“项集合编辑器”对话框，在子项下拉列表中选择需要的类型，单击“添加”按钮添加子项，同时可以在右边的属性窗口中设置其属性，如图 14-12 所示。

图 14-11　设计 ToolStrip 子项

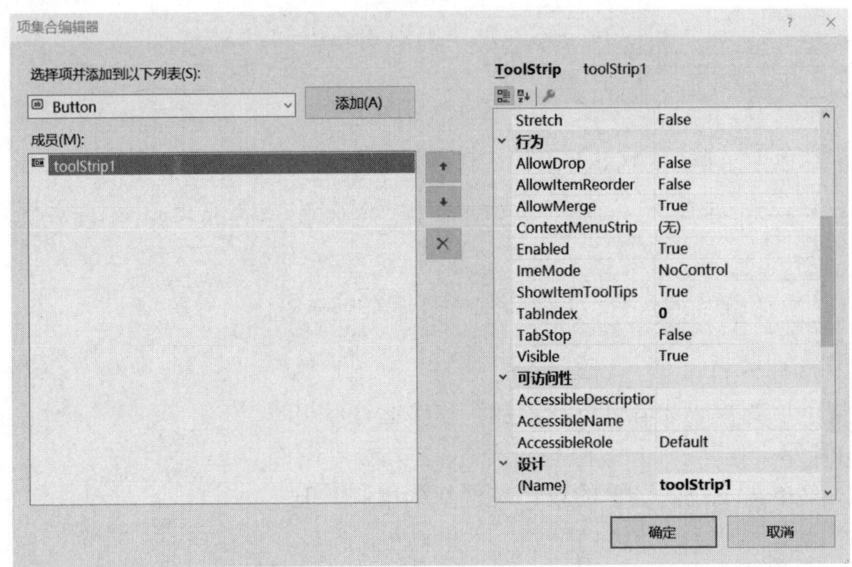

图 14-12　“项集合编辑器”对话框

(1) BackgroundImage 属性。

该属性用于设置子项背景图片，以增强子项的显示效果。一般用属性窗口直接进行设置。

(2) ToolTipText 属性。

该属性用于设置显示在子项上的提示文本内容。

14.2.5 StatusStrip 控件

状态栏(StatusStrip)控件相当于 Visual Studio 早期版本中的 StatusBar 控件，用于创建 Windows 标准的状态栏。

跟工具栏类似，状态栏控件用来设计一个 Windows 状态栏，同样也可以将一些常用的控件单元作为子项放在状态栏中，通过各个子项与应用程序发生联系。状态栏常用的子项有 StatusLabel、SplitButton、DropDownButon 和 ProgressBar 等。

添加子项的方法以及状态栏常用的属性与上一节介绍的 ToolStrip 类似，这里就不再赘述。

14.2.6　OpenFileDialog 控件

“打开”对话框(OpenFileDialog)用于从磁盘打开一个或者多个文件，其常用的属性和方法如下。

(1) FileName 属性。

表示第一个在对话框中显示的文件或用户选择的最后一个文件，如：

```
OpenFileDialog.FileName = "Program";
```

(2) Filter 属性。

该属性是对话框中的文件筛选器，用于设置打开或保存的文件类型，如：

```
OpenFileDialog.Filter = "cs 文件|*.cs|所有文件|*.*";
```

(3) DefaultExt 属性。

如果没有给出文件扩展名，则系统自动使用 DefaultExt 属性设置的扩展名作为文件的扩展名。设置时一般使用属性窗口，也可以使用代码，代码示例如下：

```
OpenFileDialog.DefaultExt = ".cs";
```

(4) InitialDirectory 属性。

用于设置对话框的初始目录，如：

```
OpenFileDialog.InitialDirectory = "C:\\";
```

(5) MultiSelect 属性。

用于确定是否可以选择多个文件，值为 True 时可以选择多个文件，值为 False 时只能选择一个文件。

(6) ShowDialog 方法。

ShowDialog 方法用于显示对话框。例如：

```
OpenFileDialog.ShowDialog();
```

注意： OpenFileDialog 对话框需要通过事件激活，可在 Form 中添加一个 Button，双击 Button 以添加事件，代码如下：

```
private void button1_Click(object sender, EventArgs e)
{
    DialogResult result = openFileDialog1.ShowDialog();
    openFileDialog1 .FileName = "Program";
    openFileDialog1.Filter = "cs 文件|*.cs|所有文件|*.*";
}
```

单击按钮则显示“打开”对话框，如图 14-13 所示。

图 14-13 “打开”对话框

14.2.7 SaveFileDialog 控件

“保存”对话框(SaveFileDialog)的外观和使用方法与“打开”对话框基本一致，SaveFileDialog 的另外一些重要的属性如下。

(1) CreatePrompt 属性。

用于设置一个逻辑值(True 或 False)，当要保存的文件不存在时，弹出对话框，询问用户是否创建该文件。设置时一般使用属性窗口，也可以使用代码，代码示例如下：

```
SaveFileDialog.CreatePrompt = true;
```

(2) OverwritePrompt 属性。

当要保存的文件存在时，如果 OverwritePrompt 属性值为 True，会弹出一个对话框，询问用户是否覆盖此文件；若为 False，则不加询问直接覆盖。设置时一般使用属性窗口，也可以使用代码，代码示例如下：

```
SaveFileDialog.OverwritePrompt = true;
```

14.3 案例分析与实现

14.3.1 案例分析

在本单元案例的应用系统界面中，用到了介绍过的菜单控件。

14.3.2 案例实现

实现步骤如下。

(1) 创建一个名为 UserManage 的 Windows 应用程序。

(2) 将 Form1Name 属性改为 frmUserManage，作为主窗体，将其 IsMdiContainer 属性设置为 true，这个窗体被当成是父窗体。

(3) 将菜单栏(MenuStrip)、工具栏(ToolStrip)和状态栏(StatusStrip)控件拖到窗体上，建成界面，如图 14-14 所示。

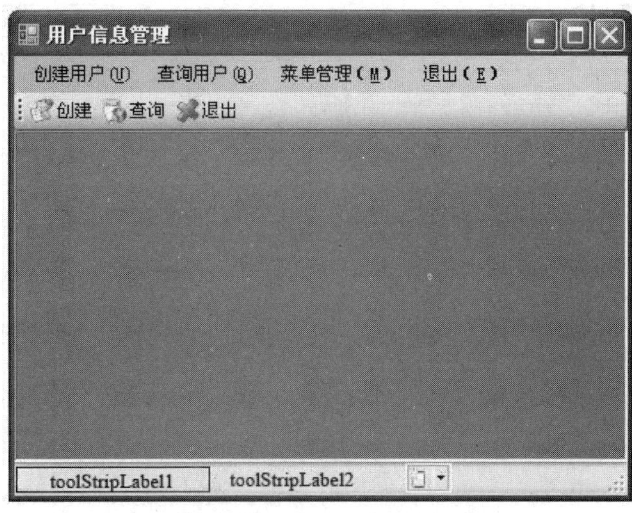

图 14-14　“用户信息管理”界面

(4) 将以下代码添加到 frmUserManage 的 Load 事件中：

```
private void frmUserManage_Load(object sender, EventArgs e)
{
    this.toolStripLabel1.Text = DateTime.Now.ToString();
    this.toolStripLabel2.Text = frmUserManage.Text;
}
```

以上代码实现窗体载入时，在状态栏的 Label 标签中显示当前时间。

(5) 在项目上右击，弹出快捷菜单，选择“添加新项”→“Windows 窗体”菜单命令，弹出“添加新项”对话框，修改 Name 属性为 frmNewUser，单击“确定”按钮。设置窗体界面，如图 14-15 所示。

图 14-15　“创建学生用户”窗体界面

(6) 将以下代码添加到“创建学生用户”的菜单事件中，如图 14-16 所示。

```
private void 创建学生用户 ToolStripMenuItem_Click(
  object sender, EventArgs e)
{
    frmNewUser user = new frmNewUser();
    user.MdiParent = this;
    user.WindowState = FormWindowState.Maximized;
    user.Show();
    this.toolStripStatusLabel2.Text = this.ActiveMdiChild.ToString();
}
```

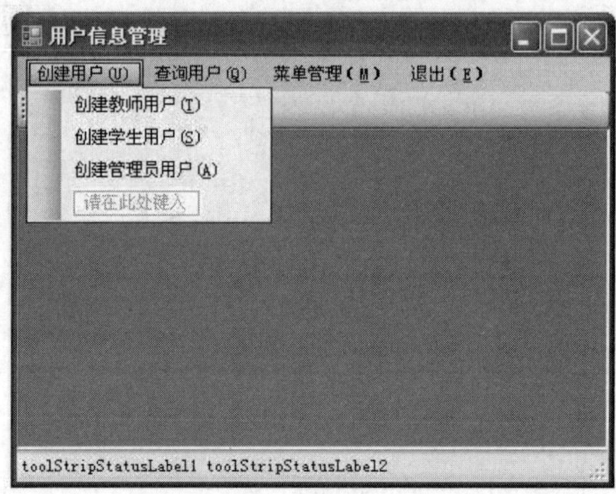

图 14-16　选择“创建学生用户”菜单命令

以上代码实现选择“创建学生用户”菜单命令时，弹出 frmNewUser 窗体，作为子窗体打开，并在主窗体的状态栏中显示当前活动窗体的信息。

(7) 将以下代码添加到“退出”菜单项和工具栏的“退出”按钮事件中：

```
private void 退出 EToolStripMenuItem_Click(object sender, EventArgs e)
{
    Application.Exit();
}
```

(8) 将以下代码添加到“菜单管理”菜单命令的 Click 事件中：

```
private void 菜单管理 ToolStripMenuItem_Click(object sender, EventArgs e)
{
    ContextMenuStrip mnuContext = new ContextMenuStrip();
    this.ContextMenuStrip = mnuContext;
    mnuContext.Items.Add("创建用户");
    mnuContext.Items.Add("查询用户");
    mnuContext.Items.Add("退出系统");
}
```

该代码用于动态创建应用程序上下文菜单。

(9) 作为实现的功能，可以添加一个提示信息，代码如下：

```
private void toolStripButton2_Click(object sender, EventArgs e)
{
   MessageBox.Show("正在建设中");
}
```

编译并运行程序，首先出现的是主窗体，单击“创建”按钮，frmNewUser 窗体作为子窗体显示在主窗体中。

14.4 拓展训练：摇奖程序的设计与实现

本案例的运行界面如图 14-17 所示。

图 14-17 摇奖程序的运行界面

要求和对应的知识点如下。

- 窗口背景图为机器人拿个显示屏。(知识点：资源图片)
- 窗口无边框，透明。(知识点：窗口透明)
- 单击机器人左肩红色图片框可退出程序。(知识点：图片框点击事件)
- 单击机器人右肩蓝色图片框将开始摇奖。(知识点：随机数生成器，计时器组件)
- 单击机器人右肩蓝色图片框，暂停摇奖。(知识点：计时器组件)

设计与实现。

(1) 创建新项目，自己命名，将 Form1 改名为 MainForm，提示所有引用是否也跟随一起改名，选择“是”。

(2) 设置窗体的属性，如图 14-18 所示。设置 BackgroundImage 属性(选择省略号)，然后使用向导对话框导入图片，将 BackgroundImageLayout 属性设置为 Zoom。

图 14-18 窗体属性的设置

(3) 相关操作步骤如下。

① 从工具箱 Toolbox 中拖曳一个图片框控件 PictureBox 到窗体中。设计 PictureBox 为机器人的图片，如图 14-19 所示。

② 修改 BackColor 为透明色。

③ 修改图片 Image，选择资源文件夹中的图片。

④ 修改大小模式 SizeMode。

⑤ 修改光标为 Hand。

⑥ 将按钮拖放到合适的位置，即机器人肩关节。

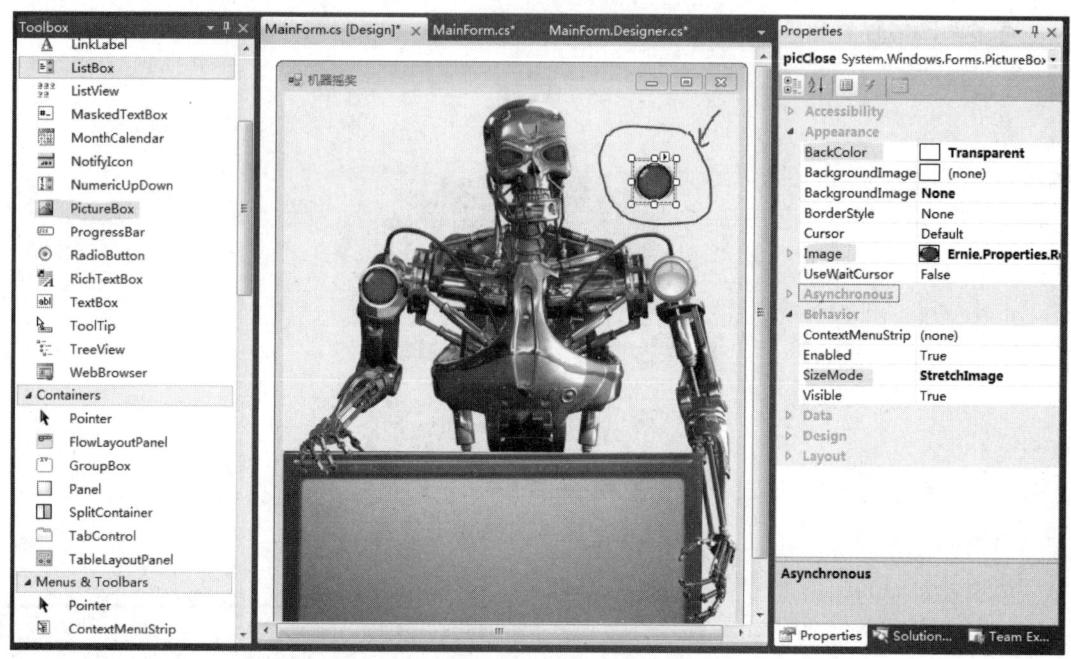

图 14-19 设计 PictureBox 为机器人的图片

(4) 设置 FormBorderStyle 为 None，使窗口没有边框，如图 14-20 所示。

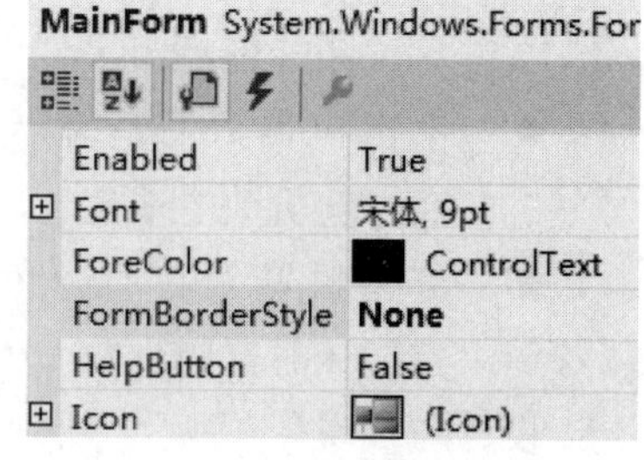

图 14-20 设置窗体无边框

(5) 按照第 3 步，完成执行摇奖图片框与关闭图片框，分别命名为 picToggle 和 picExit。

(6) 添加 7 个标签 Label，设置属性 BackColor、ForeColor、Font、TextAlign、Text、AutoSize 等，把最后一个标签的字体设置为红色，如图 14-21 所示。

(7) 添加一个 Timer 控件到界面，注意会显示在界面下方(组件和控件的区别：可见为控件，不可见为组件)。修改时钟控件名称，设置属性为 Enabled，如图 14-22 所示。

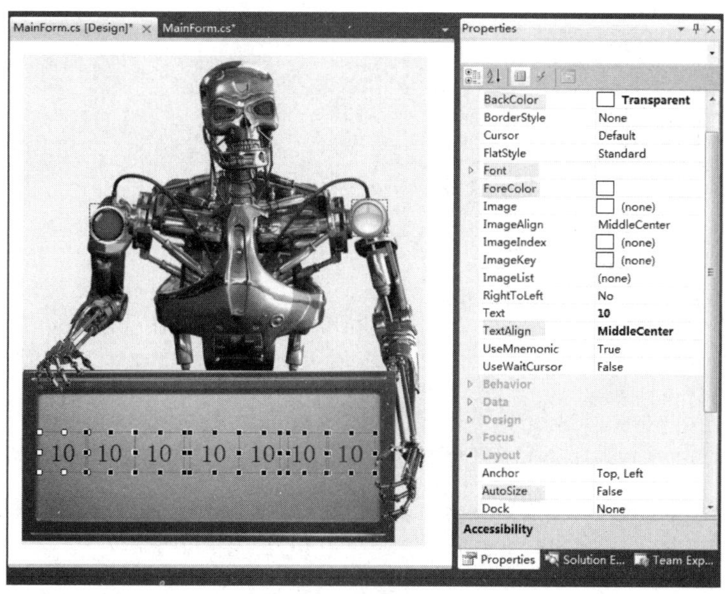

图 14-21　设计摇奖数字显示区域

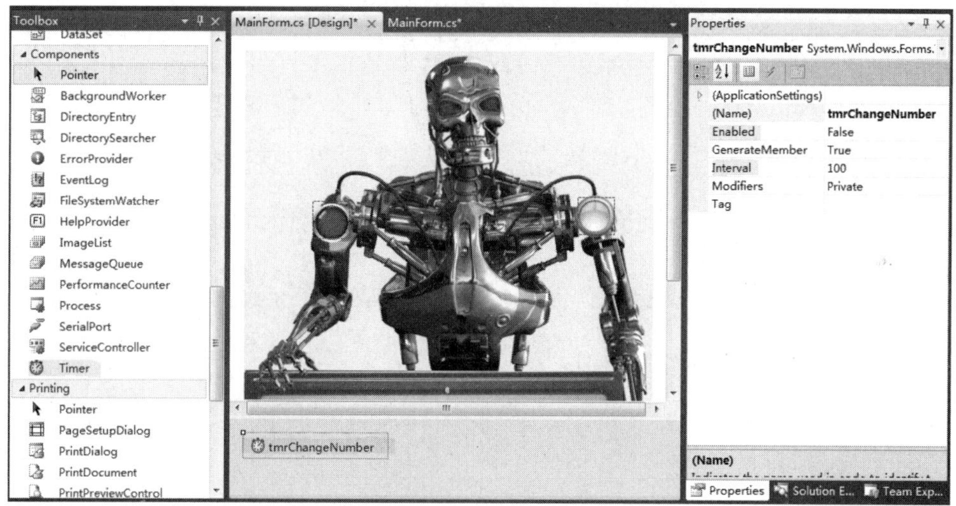

图 14-22　设置计时器

(8) 相关操作步骤如下。

① 选择时钟组件。

② 单击事件图标，在 Tick 事件处，添加事件处理，方法名为 ChangeNumber。

③ 编写逻辑代码。

(9) 其他相关操作步骤如下。

① 选择右肩上执行摇奖的图片框组件。

② 单击事件图标，在 Click 事件处双击，自动生成事件处理方法。

③ 编写逻辑代码。

(10) 初始化界面组件，标签的数字改为 1～7，时钟先不启用，设置 Enable 属性为

false。

代码如下：

```
namespace 摇奖
{
   public partial class MainForm : Form
   {
      public MainForm()
      {
         InitializeComponent();
      }
      /// <summary>
      /// 产生随机数
      /// </summary>
      private void ChangeNumber_Tick(object sender, EventArgs e)
      {
         Random random = new Random();
         label1.Text = random.Next(33).ToString();
         label2.Text = random.Next(33).ToString();
         label3.Text = random.Next(33).ToString();
         label4.Text = random.Next(33).ToString();
         label5.Text = random.Next(33).ToString();
         label6.Text = random.Next(33).ToString();
         label7.Text = random.Next(33).ToString();
      }

      private void picToggle_Click(object sender, EventArgs e)
      {
         tmrChangeNumber.Enabled = !tmrChangeNumber.Enabled;
      }

      private void picExit_Click(object sender, EventArgs e)
      {
         Application.Exit();
      }
   }
}
```

习　　题

1. 选择题

(1) RichTextBox 控件的(　　)属性用于获取或设置在多格式文本框控件中键入或者粘贴的最大字符数。

A. MultiLine　　B. ScrollBars　　C. MaxLength　　D. Anchor

(2) 用于设置或返回菜单项是否被选中的属性是(　　)。

A. ShortCutKeys　　B. ShowShortCutKeys

C. Enabled　　D. Checked

(3) 用于设置工具栏显示在子项上的提示文本内容的属性是(　　)。

A. Items　　B. ToolTipText　　C. ShowItemToolTips　　D. Text

2. 填空题

(1) 菜单的两种基本类型是________和________。

(2) RichTextBox 控件的 Anchor 属性用于________。

3. 简答题

(1) 简述菜单的基本作用。

(2) 常用的对话框控件有哪些？程序运行时要将对话框显示出来应该调用对话框的什么方法？

4. 操作题

设计下拉式菜单，要求在菜单栏中有“字体”“字号”“颜色”三个菜单项，其中“字体”菜单有“楷体”“魏碑”“黑体”三个子菜单项；“字号”有 9 和 15 两个子菜单项；“颜色”有“红色”“绿色”“蓝色”三个子菜单项。当用户选择某一菜单项时，可以相应改变文本框中内容的格式。

第三篇　数据访问

单元 15

创建数据库连接与数据操作命令

微课资源

扫一扫，获取本单元相关微课视频。

ADO.NET 概述

Connection 对象(一)

Connection 对象(二)

Connection 对象(三)

DataReader 对象(一)

DataReader 对象(二)

DataReader 对象(三)

DataReader 对象(四)

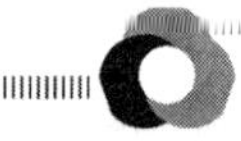

单元导读

信息管理系统的开发需要数据库的支持，ADO.NET 是一组用于和数据源进行交互的面向对象类库，因此，要掌握信息管理系统软件的开发，就必须掌握 ADO.NET 数据库的编程。本单元以简单通俗的例子阐述 C#语言中进行数据库编程的几个基本核心对象。

学习目标

- 掌握 ADO.NET 编程基础。
- 学会使用 Connection 对象连接数据库。
- 学会使用 Command 对象执行命令。
- 学会使用 DataReader 对象读取数据库的数据。
- 具有使用 ADO.NET 核心对象进行数据库编程的能力。

15.1 案 例 描 述

在数据管理系统中，我们经常需要保存一些使用的数据，如用户的基本资料、学生的成绩、商品的售卖信息等。在软件使用过程中，如果每次都需要使用者重新进行数据输入操作，则该软件是不合格的。本单元的案例要求编写程序，实现用户登录系统，保存用户的基本资料，并能随时根据用户姓名读取其相关资料。

案例的执行结果如图 15-1 和图 15-2 所示。

图 15-1 登录窗体

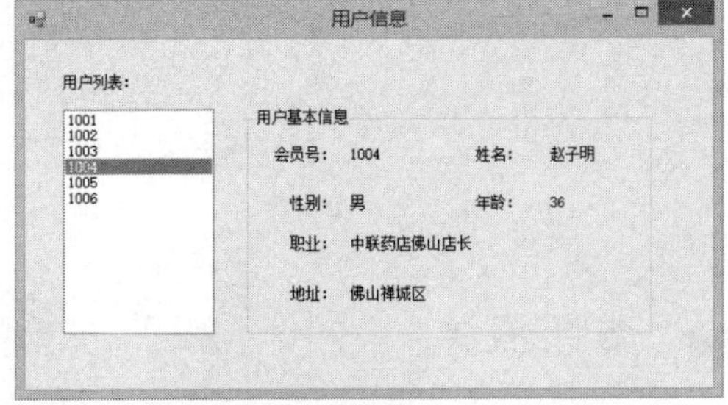

图 15-2 用户信息显示

15.2 知 识 链 接

15.2.1 数据库基础

若想将数据保存以便随时存取，最好的方式就是将这些数据保存在数据库中。C#主要通过执行 SQL 语句完成对数据库的存取操作，常用的语句有 Select、Delete、Update、Insert 和 Create。下面将简单介绍这些语句的用法。

1. Create 语句

Create 语句是建表语句，如果读者使用的是 SQL Server 数据库，则创建新表可以通过企业管理器来完成。本节所有的 SQL 语句均基于表 15-1，SQL 语句不区分大小写。

表 15-1　用户基本信息表(userInfo)

会员号 (userNo)	姓名 (userName)	密码 (userPswd)	年龄 (Age)	性别 (Sex)	职业 (Job)	地址 (Address)
1001	王华	123	25	男	教师	广州
1002	李湘	456	30	女	销售部经理	佛山
1003	王家伟	789	45	男	销售总监	佛山
1004	赵子明	123	36	男	中联药店佛山店长	佛山禅城区
1005	苏蓉	123	40	女	自由撰稿人	广州天河区
1006	张怡	123	26	女	幼儿园教师	深圳罗湖

2. Select 语句

Select 语句是数据库操作中最基本和最重要的语句之一，其功能是从数据库中检索满足条件的数据。查询的数据源可以是一张表，也可以是多张表或者视图。

Select 语句的参数很多，其定义如下：

```
Select <目标列名序列>              --需要哪些列
from  <数据源>                     --来自哪些表或视图
[where <条件表达式>]               --满足什么条件
[group by <分组依据列>]
[having <组提取条件>]
[order by <排序依据列> desc|asc]
```

例 15-1　显示所有用户的基本信息。代码如下：

```
Select * from userInfo
```

或者：

```
Select userNo,userName,userPswd,Age,Sex,Job,Address  from userInfo
```

程序运行结果如图 15-3 所示。

结果　消息

	userNo	userName	userPswd	Age	Sex	Job	Address
1	1001	王华	123	25	男	教师	广州
2	1002	李湘	456	30	女	销售部经理	佛山
3	1003	王家伟	789	45	男	销售总监	佛山
4	1004	赵子明	123	36	男	中联药店佛山店长	佛山禅城区
5	1005	苏蓉	123	40	女	自由撰稿人	广州天河区
6	1006	张怡	123	26	女	幼儿园教师	深圳罗湖

图 15-3　显示所有用户的基本信息

例 15-2　显示所有性别为“女”的用户的基本信息。代码如下：

```
Select * from userInfo where sex='女'
```

程序运行结果如图 15-4 所示。

结果 | 消息

	userNo	userName	userPswd	Age	Sex	Job	Address
1	1002	李湘	456	30	女	销售部经理	佛山
2	1005	苏蓉	123	40	女	自由撰稿人	广州天河区
3	1006	张怡	123	26	女	幼儿园教师	深圳罗湖

图 15-4　例 15-2 的程序运行结果

例 15-3　显示所有性别为“女”，年龄在 40 岁以下的用户的基本信息。代码如下：

```
Select * from userInfo where sex='女' and age<40
```

程序运行结果如图 15-5 所示。

结果 | 消息

	userNo	userName	userPswd	Age	Sex	Job	Address
1	1002	李湘	456	30	女	销售部经理	佛山
2	1006	张怡	123	26	女	幼儿园教师	深圳罗湖

图 15-5　例 15-3 的程序运行结果

例 15-4　显示所有地址包含“佛山”的用户的基本信息。代码如下：

```
Select * from userInfo where address  like  '%佛山%'
```

程序运行结果如图 15-6 所示。

结果 | 消息

	userNo	userName	userPswd	Age	Sex	Job	Address
1	1002	李湘	456	30	女	销售部经理	佛山
2	1003	王家伟	789	45	男	销售总监	佛山
3	1004	赵子明	123	36	男	中联药店佛山店长	佛山禅城区

图 15-6　例 15-4 的程序运行结果

例 15-5　计算性别为“女”的用户的个数并输出。代码如下：

```
Select count(*) as 个数 from userInfo where sex='女'
```

程序运行结果如图 15-7 所示。

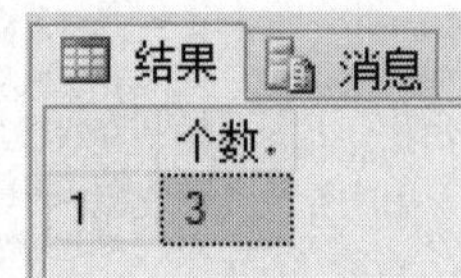

结果 | 消息

	个数
1	3

图 15-7　例 15-5 的程序运行结果

3. Insert 语句

Insert 语句用来向数据库的表中添加一条记录。格式如下：

```
Insert [into] <表名>[(字段列表)] values (值列表)
```

例 15-6　在用户信息表中插入一条会员号为 1007，姓名为“魏菊霞”，年龄为 18 岁，性别为“女”，职业为“教师”，工作地点为“佛山”的用户信息。代码如下：

```
Insert  into  userInfo  values('1007','魏菊霞',18,'女','教师','佛山')
```

如果信息不完整，可以指定插入的字段列表，例如：

```
Insert  into  userInfo(userNo,username,job) values('1007','魏菊霞','教师')
```

4. Update 语句

Update 语句用来更新数据库表中的记录。格式如下：

```
Update <表名> set <列名=表达式> [...] [where <更新条件>]
```

例 15-7　修改用户信息表中会员号为 1007 的用户，修改年龄为 34，工作地点变为广州。代码如下：

```
Update  userInfo  set  age=34,address='广州'  where  userNo='1007'
```

5. Delete 语句

Delete 语句用来删除数据库表中的记录。格式如下：

```
Delete [from] <表名>[Where <删除条件>]
```

例 15-8　删除用户信息表中会员姓名为“魏菊霞”的用户。代码如下：

```
Delete  from  userInfo  where  userName='魏菊霞'
```

15.2.2　ADO.NET 基础

ADO(ActiveX Data Objects)是继 ODBC(Open Data Base Connectivity，开放数据库连接架构)之后 Microsoft 主推的数据存取技术，ADO 是程序开发平台用来与 OLE DB 沟通的媒介。

ADO.NET 是一组包含在.NET 框架中的类库，用于.NET 应用程序各种数据存储之间的通信。ADO.NET 有两个核心组件：.NET 数据提供程序和 DataSet 数据集。数据提供程序负责与数据源的物理连接，而数据集则表示实际的数据，这两部分都可以与数据的使用程序(如 Windows 应用程序和 Web 应用程序)进行通信，如图 15-8 所示。

其中，.NET 数据提供程序是数据库的访问接口，负责数据库的连接和数据库操作，包括 Connection 对象、Command 对象、DataAdapter 对象、DataReader 对象；DataSet 数据集可以视为一个虚拟的数据库，包括一个或多个 DataTable 对象，这些对象由数据行和数据列以及主键、外键、约束和有关 DataTable 对象中数据的关系组成。

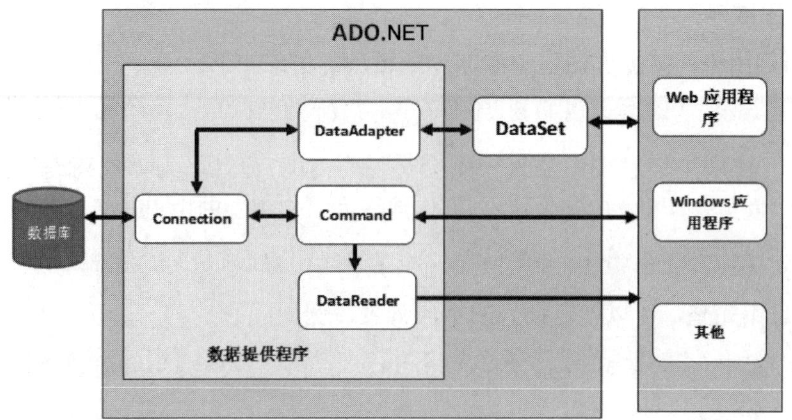

图 15-8　ADO.NET 模型

常用的.NET 数据提供程序有四种。

- SQL Server 数据提供程序：适用于 Microsoft SQL Server 7.0 以上版本。
- OLE DB 数据提供程序：适用于所有提供 OLE DB 接口的数据源，如 Access。
- ODBC 数据提供程序：适用于所有提供 ODBC 接口的数据源。
- Oracle 数据提供程序：适用于 Oracle 数据源。

每种.NET 数据提供程序都包含 Connection、Command、DataReader 和 DataAdapter 四个核心对象，这四个对象的功能如下。

- Connection 对象：用于建立与特定数据源的连接。
- Command 对象：用于执行 SQL 语句，如添加数据、修改数据、删除数据等。
- DataReader 对象：用于返回一个来自 Command 的只读、只能向前的数据流。
- DataAdapter 对象：用于把数据从数据源中读到内存表中，以及把内存表中的数据写回到数据源，是一个双向通道。DataAdapter 提供了连接 DataSet 对象和数据源的桥梁。

ADO.NET 命名空间提供了多个数据库访问操作的类，根据数据访问程序的不同，其导入的命名空间也不同。System.Data 提供了 ADO.NET 的基本类，System.Data.Oledb 提供了 OLE DB 数据源的数据存取类，System.Data.SqlClient 提供了为 SQL Server 数据库设计的数据存取类，System.Data.ODBC 提供了 ODBC 数据源的数据存取类。本单元使用的数据库是 SQL Server，故在进行数据库编程操作时，都应导入如下语句(以下所有的例子代码前都应添加如下语句)：

```
//使用 DataSet 对象时需导入
using System.Data;
//创建 Connection、Command、DataReader、DataAdapter 对象时需导入
using System.Data.SqlClient;
```

15.2.3　用 Connection 对象连接数据库

要与数据库交互，就必须连接数据库。连接时应指明数据库服务器、数据库名称、用

户名、密码和连接数据库所需要的其他参数。与数据库交互的过程意味着必须指明想要执行的操作。这些操作是由 Command 对象执行的，通过 Command 对象来发送 SQL 语句给数据库。Command 对象使用 Connection 对象来指出与哪个数据源进行连接。

可以单独使用 Command 对象直接执行命令，也可以将一个 Command 对象的引用传递给 DataAdapter。

Connection 对象处于 ADO.NET 模型的最底层，它可以自己产生对象，也可以由其他对象生成。Connection 对象的主要成员如表 15-2 所示。

表 15-2　Connection 对象的主要成员

属性和方法	说　明
ConnectionString 属性	连接字符串
State 属性	连接状态
Open 方法	打开数据库连接
Close 方法	关闭数据库连接

其中，ConnectionString 属性用来设置数据库的连接字符串，包含多个参数，如数据库名称、服务器名称和初始连接的一些参数。常用的参数列举如下。

- Data Source：获取要连接的 SQL Server 实例的名称。
- Server：设置要连接的服务器的名称，值为“.”或者“local”时，表示连接本地服务器。
- Initial CataLog 或者 Database：获取当前数据库或连接打开后所要使用的数据库的名称。
- Integrated Security：设置连接服务器的方式，表示使用集成的 Windows 身份验证方式登录。
- Trusted_Connection：设置连接服务器的方式，是否为信任连接，值为 true、false、SSPI。其中，true 和 SSPI 都表示使用信任连接。
- userID 或 UID：设置登录 SQL Server 的用户账号。
- Password 或 PWD：设置登录 SQL Server 的密码。

根据所用的.NET Framework 数据提供程序的不同，Connection 对象也可以分成 4 种，分别是 SqlConnection、OleDbConnection、OdbcConnection 和 OracleConnection，在实际的编程过程中，应根据访问的数据源不同，选择相应的 Connection 对象。

例 15-9　连接数据库 CRM。

操作步骤如下。

① 打开 Visual Studio，新建项目 Demo15，修改 Form1 窗体的名称为 Demo09_Connection.cs。

② 在 Demo09_Connection 窗体中添加 Button 控件，修改 Button 控件的 Text 属性为“测试”。

③ 修改 Demo09_Connection 窗体的 Text 属性为“数据库连接”。

④ 双击 Button 控件，打开 button1 的 Click 事件，添加代码如下：

```
private void button1_Click(object sender, EventArgs e)
{
    // 数据库连接字符串
    string connString = @"Data Source=REDWENDY\SQLEXPRESS;Initial
      Catalog=CRM;Integrated Security=True";

    // 创建 Connection 对象
    SqlConnection connection = new SqlConnection(connString);

    MessageBox.Show("数据库状态: " + connection.State);

    // 打开数据库连接
    connection.Open();
    MessageBox.Show("数据库状态: " + connection.State);

    // 关闭数据库连接
    connection.Close();
    MessageBox.Show("数据库状态: " + connection.State);
}
```

代码中的连接字符串 connString 有多种写法，如 Data Source 属性可以改为 Server 属性，Initial CataLog 属性可以改为 Database 属性，Integrated Security 属性可以改为 Trusted_Connection 属性，登录方式既可以采用“Windows 身份验证方式”，也可以采用用户名登录方式，即连接字符串还可以采用如下定义方式：

```
string connString = @"Server=REDWENDY\SQLEXPRESS;Database=
CRM;Trusted_Connection=True";
```

或者：

```
string connString =  @"Server=REDWENDY\SQLEXPRESS;Database=
CRM;uId=sa;pwd=123456";
```

@是 C#语言中的一种特殊符号，在字符串 connString 变量中，服务器名称“REDWENDY\SQLEXPRESS”包含单斜杠“\”，需要用转义序列“\\”表示单斜杠，而@符号可以强制字符串不使用转义，即去掉转义序列。

程序运行结果如图 15-9 所示，当单击“测试”按钮时，首先弹出对话框，显示“数据库状态：Closed”，当执行完 connection.Open()语句后，显示“数据库状态：Open”，最后执行完 connection.Close()语句，显示“数据库状态：Closed”。

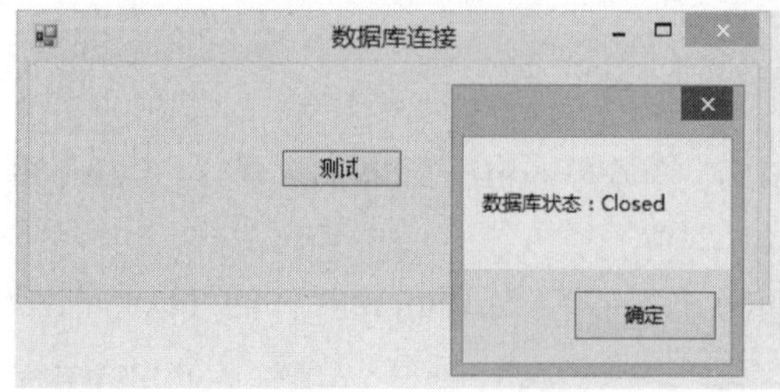

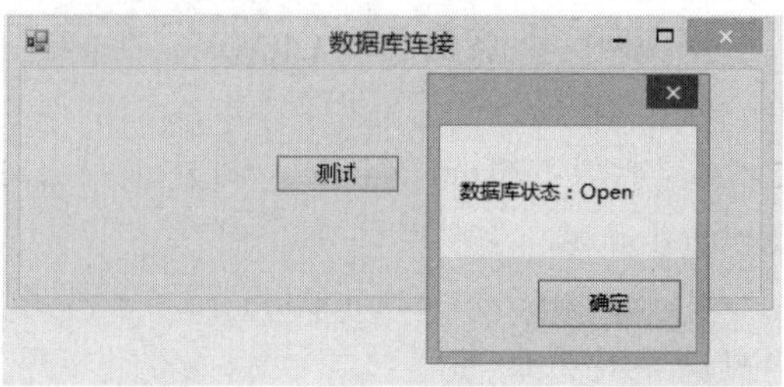

图 15-9　例 15-9 的程序运行结果

15.2.4　用 Command 对象执行命令

成功与数据建立连接后，就可以用 Command 对象来执行查询、修改、插入、删除等命令。操作实现的方法可以使用 SQL 语句，也可以使用存储过程。常用的 Command 对象的属性和方法如表 15-3 所示。

表 15-3　常用的 Command 对象的属性和方法

属性或方法	说　明
Connection 属性	获取或设置 Command 对象连接的数据库，值为 Connection 对象
CommandText 属性	获取或设置对数据源执行的 SQL 命令
ExecuteReader 方法	执行 CommandText 属性指定的内容，并返回一个 DataReader 对象
ExecuteScalar 方法	执行 CommandText 属性指定的内容，并返回执行结果集的第一行第一列的值，此方法只用来执行 Select 语句，一般情况下用来计算符合条件的记录数
ExecuteXmlReader 方法	执行 CommandText 属性指定的内容，返回 XmlReader 对象，只有 SQL Server 才能用此方法
ExecuteNonQuery 方法	执行 CommandText 属性指定的内容，返回数据表中被影响的行数。只有 Update、Insert、Delete 命令会影响行数，用于执行对数据库的更新操作

根据所采用的.NET Framework 数据提供程序的不同，Command 对象也可以分成 4 种，分别是 SqlCommand、OleDbCommand、OdbcCommand 和 OracleCommand，在实际的编程过程中，应根据访问的数据源不同，选择相应的 Command 对象。

例 15-10　计算 CRM 数据库中的用户信息表(userInfo)共有多少条数据。

操作步骤如下。

① 打开项目 Demo15，添加新的 Form 窗体，名称为 Demo10_Command.cs。

② 在 Demo10_Command 窗体中添加 Button 控件，修改 Button 控件的 Text 属性为“统计”。

③ 修改 Demo10_Command 窗体的 Text 属性为“Command 执行命令”。

④ 双击 Button 控件，打开 button1 的 Click 事件，添加代码如下：

```
private void button1_Click(object sender, EventArgs e)
{
    string connString =
      @"Server=REDWENDY\SQLEXPRESS;Database=CRM;uId=sa;pwd=123456";
    //创建 Connection 对象
    SqlConnection connection = new SqlConnection(connString);
    connection.Open();

    //定义要执行的 SQL 语句
    string sqlStr = "select count(*) from userInfo ";
    SqlCommand cmd = new SqlCommand(sqlStr,connection); //创建 Command 对象
    int count = (int)cmd.ExecuteScalar();  //返回统计结果
```

```
    MessageBox.Show("用户信息表中共有" + count + "条数据");

    //关闭数据库连接
    connection.Close();
}
```

运行程序，单击“统计”按钮，结果如图 15-10 所示。

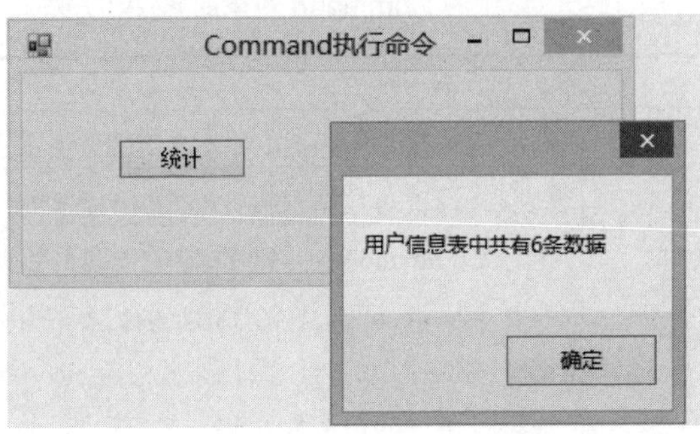

图 15-10　例 15-10 的程序运行结果

15.2.5　用 DataReader 对象读取数据

使用 DataReader 对象是读取数据最简单的方式，使用这种方式只能进行读取，且只能是按顺序从头到尾依次读取数据流，可提高程序的运行速度。但如果要操作数据，如增加、删除、更新数据，则应使用 DataSet 对象。通过 DataSet 对象和 DataAdpater 对象访问数据的方法将在第 16 单元中详细介绍。DataReader 对象常用的属性和方法如表 15-4 所示。

表 15-4　DataReader 对象常用的属性和方法

属性或方法	说　明
FieldCount 属性	获取字段的数目
HasRows 属性	数据读取器中是否包含一行或多行数据，false 表示没有行数据
Item({name,col})属性	获取或设置字段的内容，name 为字段名，col 为列序号，从 0 开始
GetName(col)方法	获取第 col 列的字段名
GetOrdinal(Name)方法	获取字段名为 Name 的列的序号
Read()方法	读取下一条记录，返回布尔值 True 表示还有下一条数据，返回布尔值 False 表示没有下一条数据
Close()方法	关闭数据读取对象

根据所用的.NET Framework 数据提供程序的不同，DataReader 对象也可以分成 4 种，分别是 SqlDataReader、OleDbDataReader、OdbcDataReader 和 OracleDataReader。在实际的编程过程中，应根据不同的访问数据源，选择相应的 DataReader 对象。

例 15-11　显示用户信息表中所有用户的姓名。

操作步骤如下。

① 打开项目 Demo15，添加新的 Form 窗体，修改名称为 Demo11_DataReader.cs。

② 在 Demo11_DataReader 窗体中添加 ListBox 控件，修改 ListBox 控件的 Name 属性为 NameList。

③ 修改 Demo11_DataReader 窗体的 Text 属性为“读取数据”。

双击 Demo11_DataReader 窗体，打开窗体的 Load 事件，添加代码如下：

```
private void Demo11_Load(object sender, EventArgs e)
{
    string connString =
      @"Server=REDWENDY\SQLEXPRESS;Database=CRM;uId=sa;pwd=123456";
    //创建 Connection 对象
    SqlConnection connection = new SqlConnection(connString);
    connection.Open();

    //定义要执行的 SQL 语句
    string sqlStr = "select * from userInfo ";
    SqlCommand cmd = new SqlCommand(sqlStr, connection);//创建 Command 对象
    SqlDataReader dr = cmd.ExecuteReader(); //创建 DataReader 对象
    while (dr.Read())
    {
        string uName = dr["userName"].ToString();
        NameList.Items.Add(uName);
    }
    dr.Close();                        //关闭 DataReader 对象
    connection.Close();                //关闭数据库连接
}
```

上述代码中，数据读取对象 DataReader 没有构造方法，所以必须通过 Command 对象的 ExecuteReader()方法间接获取数据。对数据表中某条记录的某个字段，可以通过 dr[“字段名”]来获取，也可以通过索引值 dr[1]来获取，还可以通过 dr.getValue(1)来获取，其中的“1”表示 userName 字段在数据表中的位置。

保存所有文件，运行程序，结果如图 15-11 所示。

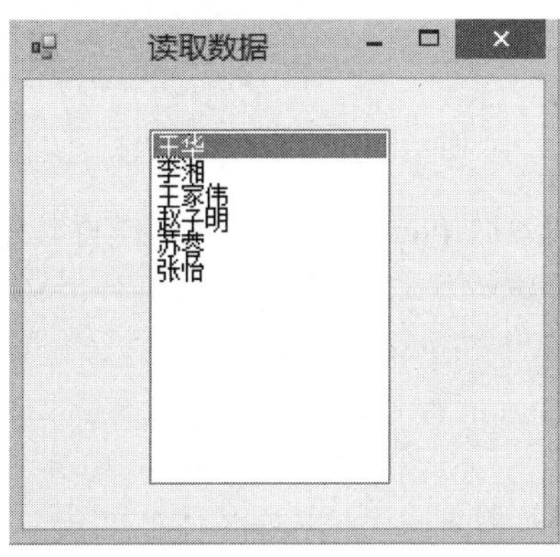

图 15-11　例 15-11 的程序运行结果

15.3 案例分析与实现

15.3.1 案例分析

针对本单元所给出的案例，分析如下。

(1) 设计窗体时，需要导入资源文件，如图片等，可以通过 Resource 文件解决。

(2) 用户登录时，需要输入会员号和密码，并判断是否与数据库表 userInfo 的数据匹配，可以通过 ADO.NET 的几个核心对象来解决。

(3) 登录成功后，跳转至用户基本信息窗体，将该用户的信息显示出来，并能通过会员号查看其他用户的信息。

15.3.2 案例实现

具体操作步骤如下。

(1) 打开项目 Demo15，添加新窗体 Form，修改名称为 Login.cs，设置 Login 窗体的 Text 属性为“用户登录”，StartPosition 属性为 CenterScreen。

(2) 鼠标右击 Demo15 项目，在弹出的快捷菜单中选择“添加”→“新建项...”命令，在打开的模板对话框中选择资源文件，在打开的窗口中，单击“添加资源”下拉按钮，选择“添加现有文件”命令，在弹出的对话框中查找图片存放的位置，将项目中需要的所有图片文件都添加进来，如图 15-12 所示。

图 15-12 添加资源文件

(3) 在 Login 窗体的上部添加 PictureBox 控件，设置其图片为上一步添加的资源文件 _2.jpg，如图 15-13 所示。

(4) 在 Login 窗体中，添加 GroupBox 控件，并在该控件内分别添加 1 个 PictureBox 控件，2 个 Label 控件，2 个 Button 控件，2 个 LinkButton 控件。按图 15-14 修改各控件的 Text 属性，添加 2 个 TextBox 控件，修改其 Name 属性分别为 txtNo、txtPswd，修改 txtPswd 的 passwordChar 属性为“*”。调整各控件的大小和位置，最后的布局结果如图 15-14 所示。

(5) 添加新窗体，命名为 UserInfo.cs，在该窗体中添加 1 个 ListBox 控件，1 个 GroupBox 控件，多个 Label 控件，修改各控件的 Text 属性，修改显示数据的 Label 控件的

Name 属性，分别为 lbNo、lbName、lbSex、lbAge、lbJob、lbAddress。调整各控件的大小和位置，布局结果如图 15-15 所示。

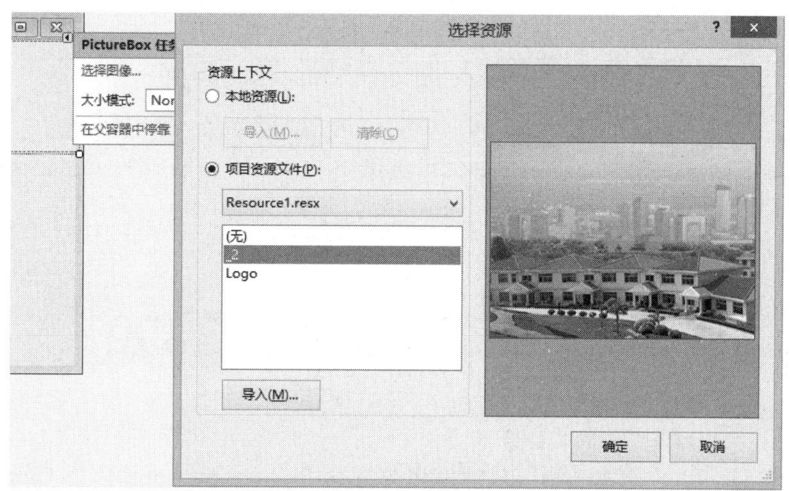

图 15-13　设置图片

图 15-14　登录界面的设计

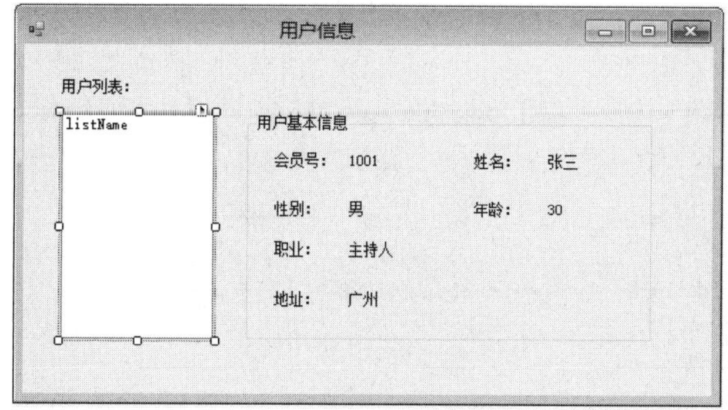

图 15-15　用户信息窗体的设计

(6) 打开 Login 窗体的代码设计器，在其中添加方法 ValidateUser，用来判断用户是否登录成功，代码段如下：

```
public bool ValidateUser(string uId, string upswd,
  out string errorMessage)
{
    bool result = false;
    string connString =
      @"Server=REDWENDY\SQLEXPRESS;Database=CRM;uId=sa;pwd=123456";
    //创建 Connection 对象
    SqlConnection connection = new SqlConnection(connString);
    connection.Open();
    //SQL 语句
    string sqlStr = "select * from userInfo where userNo='" + uId + "'";
    SqlCommand cmd = new SqlCommand(sqlStr, connection);
    SqlDataReader dr = cmd.ExecuteReader();
    if (dr.HasRows){   //DataReader 对象是否有行
        dr.Read();  //读取数据
        //输入密码和数据库中的密码是否相等
        if (upswd == dr["userPswd"].ToString())
        {
            result = true;
            errorMessage = "成功登录！";
        }
        else
        {
            result = false;
            errorMessage = "密码错误！";
        }
    }
    else
    {
        result = false;
        errorMessage = "会员号不存在！";
    }
    connection.Close();
    return result;
}
```

(7) 回到 Login 窗体，双击“登录”按钮，打开其 Click 事件，添加代码如下：

```
private void button1_Click(object sender, EventArgs e)
{
    string uNo = txtNo.Text;
    string uPswd = txtPswd.Text;
    string errorMessage = "";

    if (ValidateUser(uNo, uPswd, out errorMessage))
    {
        UserInfo frm = new UserInfo(uNo);
        frm.Show();
        this.Hide();
    }
    else
```

```
    {
        MessageBox.Show(errorMessage);
    }
}
```

(8) 双击 UserInfo 窗体，添加窗体属性 uNo，并修改构造方法，代码如下：

```
string uNo;

public UserInfo(string uNo)
{
    InitializeComponent();
    this.uNo = uNo;
}
```

(9) 在 UserInfo.cs 文件中，添加 DataBindList 方法和 DataBindLabel 方法，分别用来绑定 ListBox 控件和各 Label 控件，代码如下：

```
public void DataBindList()
{
    string connString =
      @"Server=REDWENDY\SQLEXPRESS;Database=CRM;uId=sa;pwd=123456";
    //创建 Connection 对象
    SqlConnection connection = new SqlConnection(connString);
    connection.Open();

    //定义要执行的 SQL 语句
    string sqlStr = "select * from userInfo ";
    SqlCommand cmd = new SqlCommand(sqlStr, connection);//创建 Command 对象
    SqlDataReader dr = cmd.ExecuteReader();     //创建 DataReader 对象

    while (dr.Read())
    {
        string uNo = dr["userNo"].ToString();
        listName.Items.Add(uNo);
    }
    dr.Close();     //关闭 DataReader 对象
    connection.Close();     //关闭数据库连接
}

public void DataBindLabel(string uNo)
{
    string connString =
      @"Server=REDWENDY\SQLEXPRESS;Database=CRM;uId=sa;pwd=123456";
    //创建 Connection 对象
    SqlConnection connection = new SqlConnection(connString);
    connection.Open();
    //定义要执行的 SQL 语句
    string sqlStr = "select * from userInfo where userNo='" + uNo + "'";
    SqlCommand cmd = new SqlCommand(sqlStr, connection);//创建 Command 对象
    SqlDataReader dr = cmd.ExecuteReader();     //创建 DataReader 对象
```

```
    while (dr.Read())
    {
        //绑定各 Label 控件为用户信息表的数据
        lbNo.Text  = dr["userNo"].ToString();
        lbName.Text = dr["userName"].ToString();
        lbAge.Text = dr["Age"].ToString();
        lbSex.Text = dr["Sex"].ToString();
        lbJob.Text = dr["job"].ToString();
        lbAddress.Text = dr["Address"].ToString();
    }
    dr.Close();      //关闭 DataReader 对象
    connection.Close();      //关闭数据库连接
}
```

(10) 双击 UserInfo 窗体，打开窗体的 Load 事件，添加代码如下：

```
private void UserInfo_Load(object sender, EventArgs e)
{
    this.DataBindList();  //绑定 ListBox 控件
    this.DataBindLabel(uNo); //绑定 Label 控件
}
```

(11) 回到 UserInfo 窗体中，双击 ListBox 控件，打开其 SelectedIndexChanged 事件，在其中添加代码如下：

```
private void listName_SelectedIndexChanged(object sender, EventArgs e)
{
    string uNo = listName.SelectedItem.ToString();
    this.DataBindLabel(uNo); //绑定 Label 控件
}
```

(12) 保存所有文件，运行程序，结果如图 15-16 所示。输入会员号和密码，如果匹配，则窗体跳转至用户信息窗体，并显示该登录用户的信息，如图 15-17 所示。选择不同的会员号，则可查看不同会员的基本信息，如图 15-18 所示。

图 15-16　登录窗体

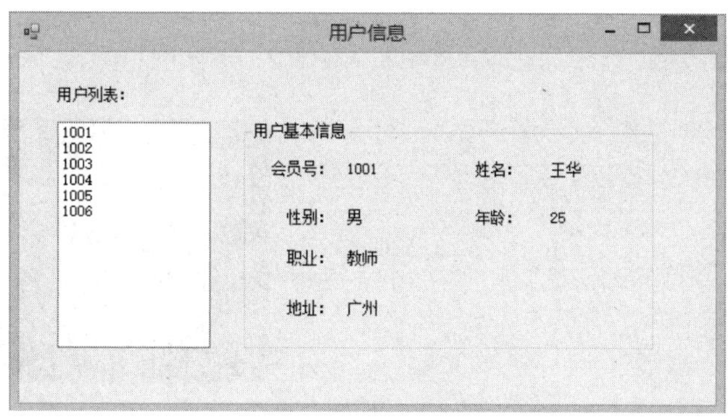

图 15-17　用户信息 1

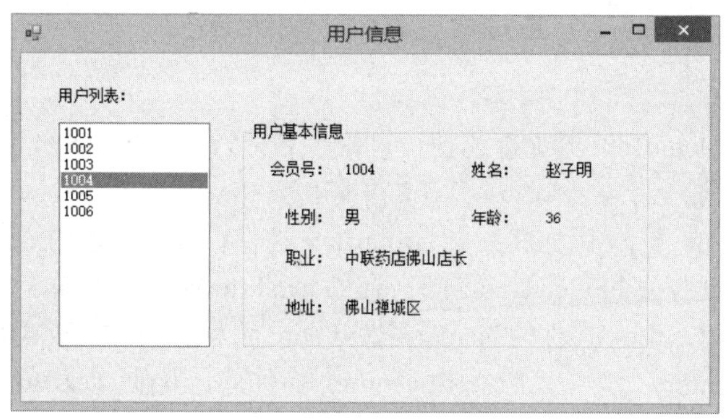

图 15-18　用户信息 2

15.4　拓 展 训 练

15.4.1　拓展训练 1：绑定下拉框数据

用 SQL 语句创建商品信息表 TBGoods，包括商品号(GoodsId)、商品名称(goodsName)、进价(InPrice)、售价(OutPrice)、库存量(Inventory)字段。添加多条记录，如图 15-19 所示。

	GoodsId	goodsName	InPrice	OutPrice	Inventory
	001	苹果	3	6	100
	002	黄花梨	2	5	200
	003	香蕉	2	4	120
	004	橘子	4	8	230
▶	005	圣女果	4	12	300
*	NULL	NULL	NULL	NULL	NULL

图 15-19　商品信息表

设计窗体如图 15-20 所示，当从下拉列表框中选择某一商品时，显示该商品的详细信息。除库存量之外，该商品的其他信息不可修改；若选择新商品，则可进行信息的输入。

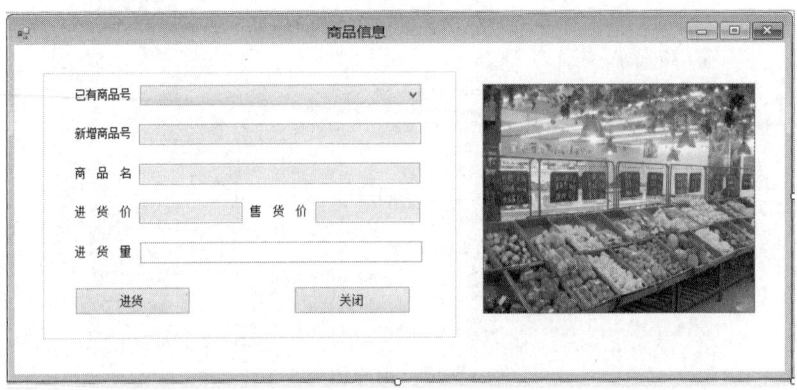

图 15-20　商品信息窗体的设计

设计步骤如下。

(1) 打开项目 Demo15，添加新的窗体，修改名称为 GoodsInfo.cs，设置该窗体的 Text 属性为“商品信息”。

(2) 在 GoodsInfo 窗体中添加 1 个 GroupBox 控件，在该控件内添加 1 个 ComBox 控件，设置 Name 属性为 cmbSelectGoodsID；在 GoodsInfo 窗体中添加 5 个 Label 控件，5 个 TextBox 控件。5 个 TextBox 控件的 Name 属性分别设置为 txtgoodsId、txtName、txtInPrice、txtOutPrice、txtInventory。其中，除 txtInventory 控件外，其他 TextBox 控件的 ReadOnly 属性都设置为 true。

(3) 添加 1 个 PictureBox 控件，导入图片，最终效果如图 15-20 所示。

(4) 打开 GoodsInfo 窗体的代码设计器，添加方法 GetGoodsID()和 SelectGoodsBind()，回到 GoodsInfo 窗体，打开下拉列表框 cmbSelectGoodsID 控件的 DropDown 事件，添加代码如下：

```
/// <summary>
/// 根据条件查询商品信息
/// </summary>
/// <param name="where">条件</param>
/// <returns>DataReader 对象</returns>
public SqlDataReader GetGoodsID(string where)
{
    //定义链接字符串
    string StrCon =
      @"server=REDWENDY\SQLEXPRESS;database=CRM;Trusted_Connection=true;";
    SqlConnection con = new SqlConnection(StrCon); //创建连接对象
    con.Open();

    //根据条件查询所有商品信息
    string sqlStr = "select * from TBGoods  " + where;
    SqlCommand cmd = new SqlCommand(sqlStr, con);   //创建执行命令对象
    SqlDataReader reader = cmd.ExecuteReader();
    return reader;
}
/// <summary>
/// 根据条件绑定下拉列表框的值
```

```
/// </summary>
/// <param name="where">条件</param>
public void SelectGoodsBind(string where)
{
    cmbSelectGoodsID.Items.Clear();  //清空下拉框
    cmbSelectGoodsID.Items.Add("新商品");
    SqlDataReader reader = GetGoodsID(where);
    while (reader.Read())
    {
        //绑定下拉列表框的数据为商品号
        cmbSelectGoodsID.Items.Add(reader["GoodsID"].ToString());
    }
}
private void cmbSelectGoodsID_DropDown(object sender, EventArgs e)
{
    SelectGoodsBind("");  //绑定下拉列表框的数据
}
```

(5) 双击下拉列表框 cmbSelectGoodsID 控件，添加代码如下：

```
private void cmbSelectGoodsID_SelectedIndexChanged(object sender,
 EventArgs e)
{
    if (cmbSelectGoodsID.SelectedIndex == 0)   //新商品
    {
        txtGoodsID.ReadOnly = false;
        txtName.ReadOnly = false;
        txtInPrice.ReadOnly = false;
        txtOutPrice.ReadOnly = false;
        txtGoodsID.Text = "";
        txtName.Text = "";
        txtInPrice.Text = "";
        txtOutPrice.Text = "";
        txtGoodsID.Focus();
        btnPurchase.Enabled = true;
    }
    else   //已有商品
    {
        txtGoodsID.ReadOnly = true;
        txtName.ReadOnly = true;
        txtInPrice.ReadOnly = true;
        txtOutPrice.ReadOnly = true;
        string GoodsID = cmbSelectGoodsID.Text;
        string where = " where GoodsID='" + GoodsID + "'";
        SqlDataReader reader = GetGoodsID(where);
        if (reader.HasRows)
        {
            while (reader.Read())
            {
                txtGoodsID.Text = GoodsID;
                txtName.Text = reader["goodsName"].ToString();
                txtInPrice.Text = reader["InPrice"].ToString();
                txtOutPrice.Text = reader["OutPrice"].ToString();
                txtInventory.Text = reader["Inventory"].ToString();
            }
        }
    }
}
```

(6) 双击“进货”按钮，打开 Click 事件，添加代码如下：

```
private void btnPurchase_Click(object sender, EventArgs e)
{
    string goodsID = txtGoodsID.Text;
    string goodsName = txtName.Text;
    string inPrice = txtInPrice.Text;
    string outPrice = txtOutPrice.Text;
    string count = txtInventory.Text;
    string StrCon =
      @"server=REDWENDY\SQLEXPRESS;database=CRM;Trusted_Connection=true;";
    SqlConnection con = new SqlConnection(StrCon);
    con.Open();
    string sqlStr = "";
    if (cmbSelectGoodsID.SelectedIndex == 0) //新商品
    {
        sqlStr =
         "insert into TBGoods(GoodsID,goodsName,Inprice,OutPrice,Inventory)
          values('" + goodsID + "','" + goodsName + "'," + inPrice + ","
          + outPrice + "," + count + ")";
    }
    else      //已有商品，修改库存量
    {
        sqlStr = "update TBGoods set Inventory=" + count
          + " where goodsID='" + goodsID + "'";
    }
    SqlCommand cmd = new SqlCommand(sqlStr, con);
    if (cmd.ExecuteNonQuery() > 0)
    {
        MessageBox.Show("进货成功！");
    }
    else
    {
        MessageBox.Show("进货失败！");
    }
}
```

(7) 保存所有文件，运行程序，结果如图 15-21 和图 15-22 所示，选择不同的商品号，商品的信息显示会不一样。选择“新商品”，则需要输入新商品的信息，这时会添加一条商品信息；如果是已有商品，则修改库存量。

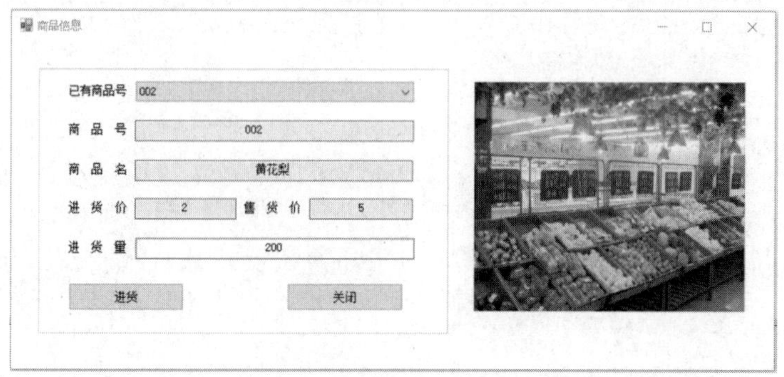

图 15-21　修改库存量

图 15-22　添加新商品

15.4.2　拓展训练 2：用户注册

在用户信息管理系统中，若有新用户增加，则需在数据库的用户信息表中添加一条记录。本小节主要学习 Command 对象的 ExecuteNonQuery()方法的使用，实现登录窗体的“用户注册”功能。

主要操作步骤如下。

(1) 打开项目 Demo15，新建窗体，改名为 UserAdd.cs，设置该窗体的 Text 属性为“用户注册”。

(2) 在 UserAdd 窗体中添加 1 个 GroupBox 控件，在 GroupBox 控件内添加 8 个 Label 控件，5 个 TextBox 控件，2 个 RadioButton 控件，2 个 Button 控件，1 个 PictureBox 控件。其中，将用来显示会员号的 Label 控件的 Name 属性设置为 lbUserID；5 个 TextBox 控件的 Name 属性分别设置为 txtName、txtPswd、txtAge、txtJob、txtAddress；2 个 RadioButton 的 Name 属性分别设置为 rbtnBoy、rbtnGirl，Text 属性分别设置为“男”和“女”；设置 PictureBox 控件的图片。调整控件的大小和位置，最终的布局结果如图 15-23 所示。

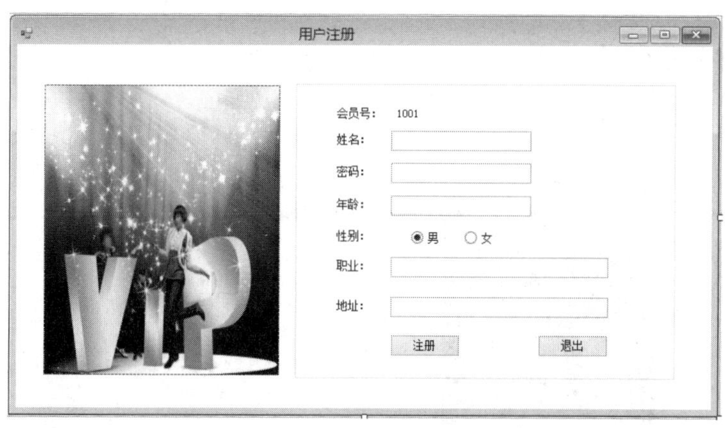

图 15-23　“用户注册”窗体的设计

(3) 双击 UserAdd 窗体，打开该窗体的 Load 事件，添加代码如下：

```
private void UserAdd_Load(object sender, EventArgs e)
{
    //设置会员号：v+年份+月份+天+时+分+秒+毫秒
    lbUserID.Text = "v" + DateTime.Now.Year + DateTime.Now.Month
      + DateTime.Now.Day + DateTime.Now.Hour + DateTime.Now.Minute
      + DateTime.Now.Second + DateTime.Now.Millisecond;
}
```

(4) 双击“注册”按钮，打开其 Click 事件，添加代码如下：

```
private void button1_Click(object sender, EventArgs e)
{
    string uId = lbUserID.Text;
    string uName = txtName.Text;
    string uPswd = txtPswd.Text;
    string Age = txtAge.Text;
    string Job = txtJob.Text;
    string Address = txtAddress.Text;
    string Sex = "男";
    if (rbtnGirl.Checked) Sex = "女";
    string StrCon =
      @"server=REDWENDY\SQLEXPRESS;database=CRM;Trusted_Connection=true;";
    SqlConnection con = new SqlConnection(StrCon);
    con.Open();
    string sqlStr =
      "insert into userInfo(userNo,userName,userPswd,Age,Sex,Job,Address)
      values('" + uId + "','" + uName + "','" + uPswd + "',"
        + Age + ",'" + Sex + "','" + Job + "','" + Address + "')";
    SqlCommand cmd = new SqlCommand(sqlStr, con);
    if (cmd.ExecuteNonQuery() > 0)
    {
        MessageBox.Show("注册成功！");
    }
    else
    {
        MessageBox.Show("注册失败！");
    }
}
```

(5) 保存所有文件，运行程序，结果如图 15-24 所示。

图 15-24　程序运行结果

习　　题

1. 选择题

(1) ADO.NET 命名空间提供了多个数据库访问操作的类，其中，(　　)提供了 SQL Server 数据库设计的数据存取类。

A. Sysetem.Data　　B. Sysetem.Data.SqlClient

C. Sysetem.Data.Sql　　D. Sysetem.Web

(2) 下列 ADO.NET 对象中，连接数据库的对象是(　　)。

A. Connection 对象　　B. Command 对象

C. DataSet 对象　　D. DataReader 对象

(3) 下列 ADO.NET 对象中，执行命令的对象是(　　)。

A. Connection 对象　　B. Command 对象

C. DataSet 对象　　D. DataReader 对象

(4) Command 对象的 ConnectionString 属性用来(　　)。

A. 获取或设置数据库的连接字符串

B. 取消 Command 执行的命令

C. 获取或设置对数据源执行的 SQL 命令

D. 以上说法都不对

2. 简答题

简要说明使用 DataReader 对象访问数据库的优缺点。

3. 操作题

完成本单元案例登录窗体中“忘记密码”功能的实现。

单元 16

数据集 DataSet 与数据绑定组件

微课资源

扫一扫，获取本单元相关微课视频。

DataSet 对象和 DataAdapter 对象介绍

DataSet 对象和 DataAdapter 对象
(商品信息展示)

DataSet 对象和 DataAdapter 对象
(保存数据)

DataGridView 控件

单元导读

在信息系统管理软件中，进行大批量数据访问是常有的事情。但 DataReader 对象是一种轻量级的数据读取器，只能读取只进的数据流，这就使得程序员在访问数据时受到了很多限制，例如进行大批量的数据读取，需要返回大量更新的数据，仅仅使用 DataReader 对象是无法实现的。本单元将介绍另一种访问数据的方式，即通过 DataAdapter 对象和 DataSet 对象来处理访问大批量数据的操作。DataSet 对象可以被看作一个虚拟的数据库，它本身不具备访问数据的能力，需要借助 DataAdapter 对象来填充和更新数据。

学习目标

- 掌握 DataSet 数据集对象的基本概念。
- 掌握并学会使用 DataAdapter 对象和 DataSet 对象访问数据的方法。
- 学会使用数据绑定控件 DataGridView 显示数据。
- 掌握.NET 框架的多层架构设计的方法。

16.1 案例描述

在大型超市，如沃尔玛超市中，我们常常可以看到这样的现象：顾客挑选完商品后，排队依次来到商品结算区，由收银员对每位顾客选购的商品进行扫价、结算等操作。每个收银员都有一台收银机，能快速查看商品的名称、价格、折扣等信息。因此，超市需要一款软件实现对商品的基本操作。使用这款软件的主要目的是方便厂家和顾客了解商品的信息，以及帮助商品管理员对商品进行管理。通过该软件了解各种商品的信息，使商品管理从纯手工中解脱出来，实现超市商品管理的简单化、规范化、合理化、科学化。

本单元的案例模拟商品信息管理系统，实现商品信息的增、删、查、改操作。案例的运行结果如图 16-1 和图 16-2 所示。

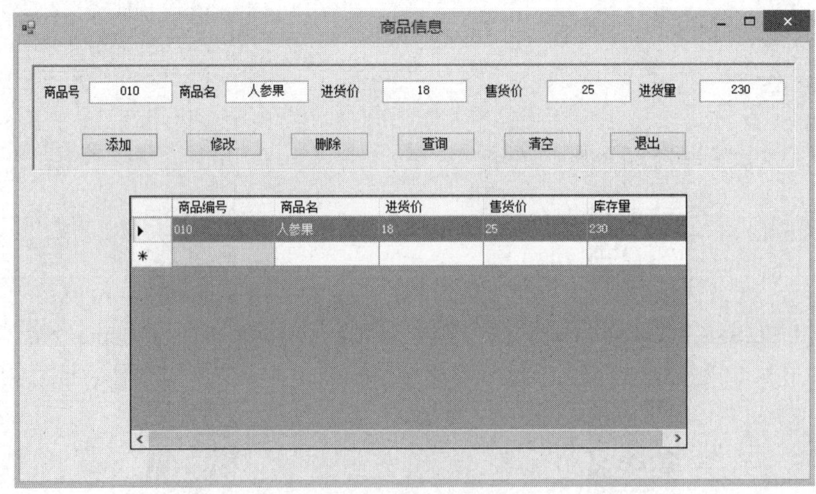

图 16-1　添加商品

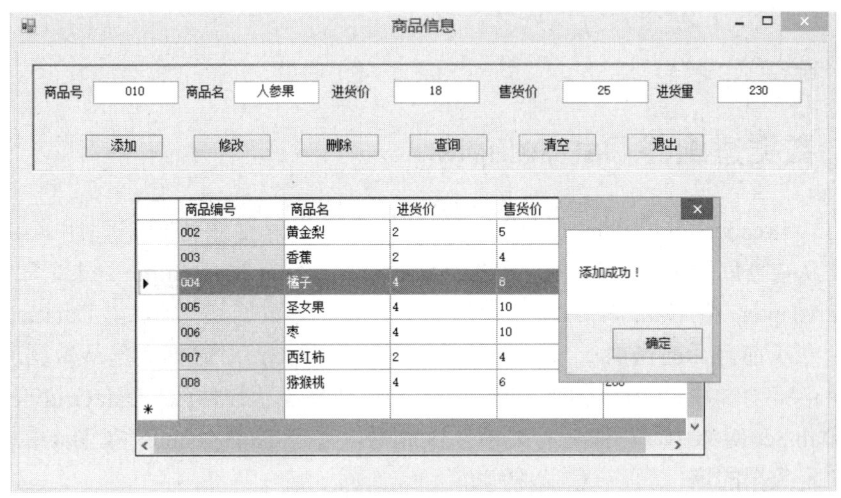

图 16-2　添加成功

16.2　知 识 链 接

16.2.1　数据集 DataSet

DataSet 对象是数据在内存中的表示形式。DataSet 是不依赖于数据库的独立数据集合。所谓独立，就是说，即使断开数据连接，或者关闭数据库，DataSet 依然是可用的。DataSet 支持多表、表间关系、数据约束等，与关系数据库的模型基本一致。

DataSet 可以看作内存中的数据库，因此可以说 DataSet 是数据表的集合，它可以包含任意多个数据表(DataTable)，而且每一个 DataSet 中的数据表(DataTable)对应一个数据源中的数据表(Table)或是数据视图(View)。数据表实质上是由行(DataRow)和列(DataColumn)组成的集合。DataSet 类的组成结构如图 16-3 所示。

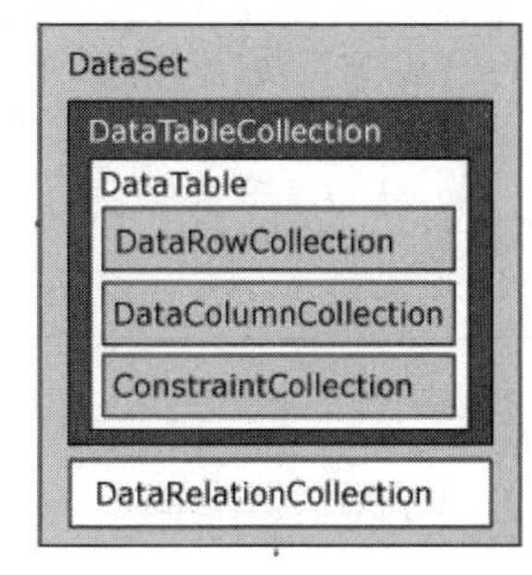

图 16-3　DataSet 类的组成结构

DataSet 位于 System.Data 命名空间，下面的代码示例显示了如何在应用程序中引入 System.Data 命名空间(在某些版本中，该命名空间默认情况下已经被引入，不需要用户编写此行代码)：

```
using System.Data;
```

创建 DataSet 数据集对象的语句如下：

```
DataSet ds = new DataSet();
```

也可以指定数据集对象的名字，语句如下：

```
DataSet ds = new DataSet("数据集对象名");
```

若要访问 DataSet 对象中某个非空表的数据，则可通过如下语句来访问第一个表中第 i

行的数据：

```
DataRow dr = ds.Tables[0].Rows[i];
```

16.2.2　数据适配器 DataAdapter

使用 DataReader 对象访问数据库，其优点是执行速度快，但是使用不灵活，因为 DataReader 从数据库检索的是只读、只进的数据流，且只能执行 Command 对象中的 Select 语句。DataAdapter 和 DataSet 对象结合提供了一种新的数据处理方式。DataSet 在数据访问处理中起着承前启后的作用，一方面，通过 DataAdapter 对象把数据从数据库中取出并填充在 DataSet 对象中；另一方面，应用程序通过数据显示控件(如 DataGridview 等控件)将数据从 DataSet 对象中取出来进行显示。因此可以通过 DataAdapter 和 DataSet 对象的结合使用来实现数据的增、删、查、改等功能。

DataAdapter 对象主要是在数据源和 DataSet 之间执行数据传输的工作，充当 DataSet 和数据源之间检索和保存数据的桥梁，用来传递各种 SQL 命令，并把命令的执行结果置入 DataSet 对象中。同样，DataAdapter 对象还可以将 DataSet 数据集中更新过的数据写回数据库。

DataAdapter 对象也称数据适配器，可以读取、添加、更新和删除数据源中的记录。该对象常用的有四个属性：SelectCommand、InsertCommand、UpdateCommand 和 DeleteCommand，分别用来对数据库中的数据进行相应的操作。

DataAdapter 对象的方法如表 16-1 所示。

表 16-1　DataAdapter 对象的方法

方　法	说　明
Fill(dataset, srcTable)	将 SelectCommand 属性指定的 SQL 命令执行后的数据置入 DataSet 对象中。参数 dataset 为要置入数据行的 DataSet 对象；srcTable 为数据表对象的来源数据表名称，也可以省略
Update(dataset, srcTable)	调用 InsertCommand、UpdateCommand 或 DeleteCommand 属性指定的 SQL 命令，将 DataSet 对象更新到相应的数据源。参数 dataset 为指定要更新到的数据源的 DataSet 对象；srcTable 为数据表对象的来源数据表名称，也可以省略。该方法的返回值为影响的行数

根据所用的.NET Framework 数据提供程序的不同，DataAdapter 对象也可以分成 4 种，分别是 SqlDataAdapter、OleDbDataAdapter、OdbcDataAdapter 和 OracleDataAdapter。在实际的编程过程中，应根据访问的数据源不同，选择相应的 DataAdapter 对象，本单元采用 SQL Server 数据源，故使用的对象为 SqlDataAdapter。

使用 DataAdapter 对象的方法有多种。

方法一：

```
SqlDataAdapter dapt = new SqlDataAdapter();
dapt.SelectCommand = new SqlCommand("select * from  userInfo", con);
```

方法二：

```
SqlCommand cmd = new SqlCommand("select * from userInfo", con);
SqlDataAdapter dapt = new SqlDataAdapter(cmd);
```

方法三：

```
SqlDataAdapter dapt = new SqlDataAdapter("select * from userInfo", con);
```

其中，con 为连接对象，“select * from userInfo”为 SQL 语句的字符串。

16.2.3　数据表 DataTable

DataTable 是一个临时保存数据的网格虚拟表，它表示 DataSet 数据集对象的每个表，各表之间的关联是通过 DataRelation 对象建立的。DataTable 中的每一行数据就是一个 DataRow 对象，每一个字段就是一个 DataColumn 对象。DataRow 对象用来操作各个数据行，DataColumn 对象用来获取列的信息。

DataTable 可以独立创建和使用，也可以由其他 .NET Framework 对象使用。最常见的情况是作为 DataSet 的成员使用，还可以使用相应的 DataTable 构造函数创建 DataTable 对象。

通过以下两种方式创建 DataTable 对象。

(1) 通过 DataTable 类的构造函数创建 DataTable 对象。

```
DataTable table = new DataTable();
```

(2) 通过 DataSet 的 Tables 对象的 Add 方法创建 DataTable 对象。

```
DataSet ds = new DataSet();
DataTable table = ds.Tables.Add("goods");
```

16.2.4　命令生成器 CommandBuilder

DataSet 对象的 4 种典型功能，包括数据的提取、删除、更新和插入。实际上我们是对 DataSet 对象的 4 个属性分别定义相应的 SQL 语句来完成的。比如，为 SelectCommand 属性定义 Select 语句，为 DeleteCommand 属性定义 Delete 语句等。

每次都需要开发人员来设计这些 SQL 语句是很烦琐的，我们可以利用 CommandBuilder 对象来自动获取这些命令。

根据所用的.NET Framework 数据提供程序的不同，CommandBuilder 对象也可以分为 4 种，分别是 SqlCommandBuilder、OleDbCommandBuilder、OdbcCommandBuilder 和 OracleCommandBuilder。

在实际的编程过程中，应根据访问的数据源不同，选择相应的 CommandBuilder 对象。本单元采用 SQL Server 数据源，故使用的对象为 SqlCommandBuilder。

例 16-1　显示并保存商品信息(本单元所使用的商品信息表均为第 15 单元拓展训练中创建的商品信息表 tbGoods)。

操作步骤如下。

① 新建项目 Demo16，添加新的 Form 窗体，名称改为 Demo01_CommandBuilder.cs，修改窗体的 Text 属性为“商品信息”。

② 在 Demo01_CommandBuilder 窗体中添加 DataGridView 控件，该控件将在下一小节中具体介绍，修改其 Name 属性为 GoodsView。

③ 在 Demo01_CommandBuilder 窗体中添加 1 个 Button 控件，修改其 Text 属性为“保存”。

④ 双击 Demo01_CommandBuilder 窗体，打开 Demo01_CommandBuilder.cs 文件，在 Demo01_CommandBuilder 类中添加方法 DataBind()，代码如下：

```
DataSet ds;
SqlDataAdapter dapt;
private void DataBind()
{
    string connString =
        @"Server=REDWENDY\SQLEXPRESS;Database= CRM;uId=sa;pwd=123456";
    // 创建 Connection 对象
    SqlConnection connection = new SqlConnection(connString);
    //定义要执行的 SQL 语句
    string sqlStr = "select * from tbGoods ";
    SqlCommand cmd =
        new SqlCommand(sqlStr, connection);      // 创建 Command 对象
    dapt = new SqlDataAdapter(cmd);              // 创建 DataAdapter 对象
    ds = new DataSet();                          // 创建 DataSet 对象
    dapt.Fill(ds);                               //填充数据集
    this.goodsView.DataSource = ds.Tables[0];
}
```

⑤ 双击 Demo01_CommandBuilder 窗体，打开其 Load 事件，添加代码如下：

```
private void Demo01_CommandBuilder_Load(object sender, EventArgs e)
{
    DataBind();
}
```

⑥ 双击“保存”按钮，打开其 Click 事件，添加代码如下：

```
private void button1_Click(object sender, EventArgs e)
{
    //提示对话框
    DialogResult result =
      MessageBox.Show("确实要将修改保存到数据库吗？", "操作提示",
        MessageBoxButtons.OKCancel, MessageBoxIcon.Question);

    if (result == DialogResult.OK)
    {
        //创建 CommandBuilder 对象
        SqlCommandBuilder cb = new SqlCommandBuilder(dapt);

        if (dapt.Update(ds) > 0)
```

```
            {
                MessageBox.Show("修改成功！");
                DataBind();
            }
            else
            {
                MessageBox.Show("修改失败！");
            }
        }
    }
```

⑦ 保存所有文件，运行程序，添加一条商品信息，单击“保存”按钮，在弹出的对话提示框中单击“确定”按钮，如图 16-4 所示。

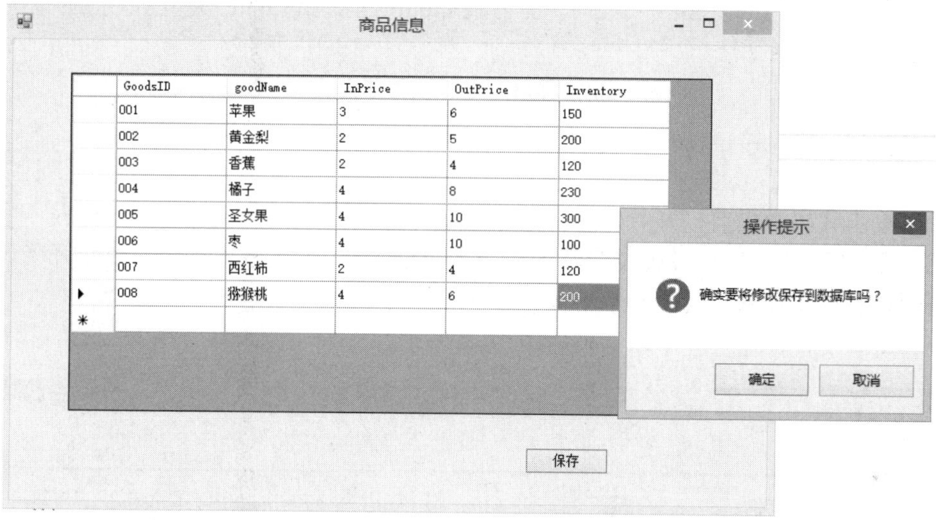

图 16-4　例 16-1 的程序运行结果

16.2.5　DataGridView 控件

DataGridView 是用于 Windows 窗体的网格控件，经常用来将在数据库中查询到的数据显示在界面上。DataGridView 控件具有极高的可配置性和可扩展性，提供了大量的属性、方法和事件，可以用来对该控件的外观和行为进行自定义。当需要在 Windows 窗体应用程序中显示表格式数据时，可以优先考虑 DataGridView 控件(相比其他数据显示控件，如 DataGrid 控件)。如果要在小型网格中显示只读数据，或者允许用户编辑数以百万计的记录，DataGridView 可以提供一个易于编程和性能良好的解决方案。

例 16-2　显示用户信息表中所有用户的信息。

操作步骤如下。

① 新建项目 Demo16，添加新的窗体，名称改为 Demo02_DataGridView.cs，修改窗体的 Text 属性为“用户信息”。

② 在 Demo02_DataGridView 窗体中添加 DataGirdView 控件，修改其 Name 属性为 userView。

③ 双击 Demo02_DataGridView 窗体，打开窗体的 Click 事件，添加代码如下：

```
private void Form1_Load(object sender, EventArgs e)
{
    string connString =
      @"Server=REDWENDY\SQLEXPRESS;Database=CRM;uId=sa;pwd=123456";

    //创建 Connection 对象
    SqlConnection connection = new SqlConnection(connString);

    //定义要执行的 SQL 语句
    string sqlStr = "select * from userInfo ";

    SqlCommand cmd = new SqlCommand(sqlStr, connection);//创建 Command 对象
    SqlDataAdapter dapt = new SqlDataAdapter(cmd); //创建 DataAdapter 对象
    DataSet ds = new DataSet();     //创建 DataSet 对象

    dapt.Fill(ds);          //填充数据集 ds
    userView.DataSource = ds.Tables[0];    //绑定 DataGridView 控件
}
```

可以看出代码中先前打开数据库的语句 con.Open()没有了，说明 DataSet 是一种无连接的访问数据形式，即数据从数据源中填充至 DataSet 之后，连接就可以断开了，这与 DataReader 对象读数据必须保持连接状态是不一样的。

保存所有文件，运行程序，结果如图 16-5 所示。

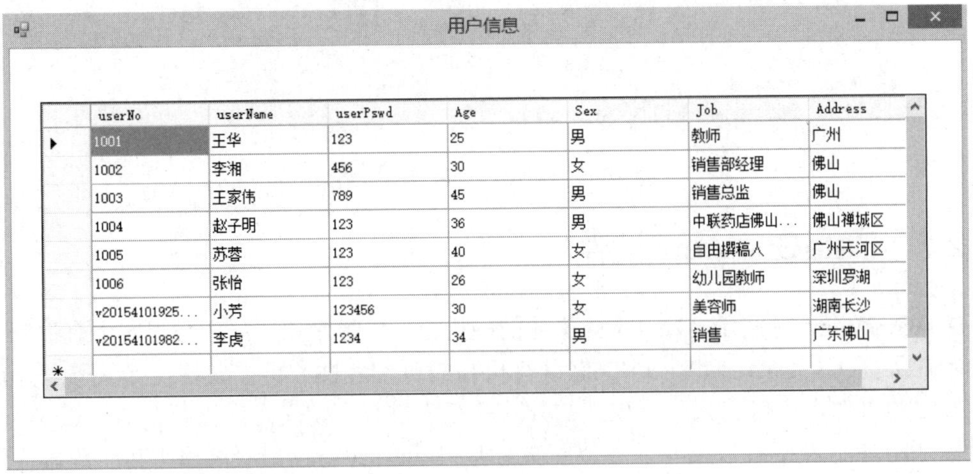

用户信息

userNo	userName	userPswd	Age	Sex	Job	Address
1001	王华	123	25	男	教师	广州
1002	李湘	456	30	女	销售部经理	佛山
1003	王家伟	789	45	男	销售总监	佛山
1004	赵子明	123	36	男	中联药店佛山...	佛山禅城区
1005	苏蓉	123	40	女	自由撰稿人	广州天河区
1006	张怡	123	26	女	幼儿园教师	深圳罗湖
v20154101925...	小芳	123456	30	女	美容师	湖南长沙
v20154101982...	李虎	1234	34	男	销售	广东佛山

图 16-5　用户信息显示

从运行结果中可见，DataGridView 控件的列标题直接显示了数据库表中的字段名，不便于阅读，可设置 DataGridView 的属性，以改变列标题的值。

④ 回到设计窗体，单击 DataGridView 控件右上角的小三角，打开如图 16-6 所示的 DataGridView 任务面板，单击“添加列”按钮。打开如图 16-7 所示的对话框，设置列的名称、页眉文本、是否可见、是否可读、是否冻结等。设置用户信息表中的各个字段名，分别为会员号、姓名、性别、年龄、职位、地址等。

⑤ 在 DataGridView 控件中添加完各列之后，单击“编辑列”按钮，打开如图 16-8 所示的对话框，设置各列的属性。设置“会员号”DataPropertyName 属性值为数据表 userInfo 的列名 userNo，在该对话框中还可以通过 DefaultCellStyle 属性设置每列单元格的外观。

图 16-6　DataGridView 控件任务

图 16-7　“添加列”对话框

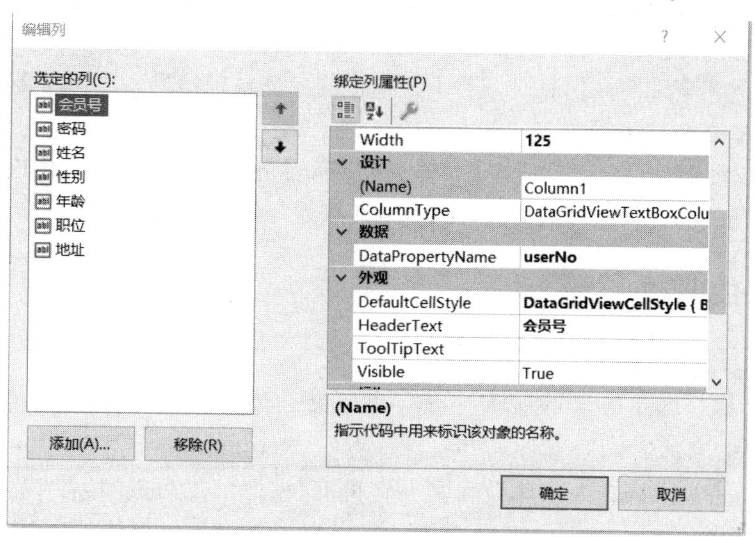

图 16-8　“编辑列”对话框

⑥ 保存所有文件，运行程序，结果如图 16-9 所示。

用户信息

会员号	姓名	性别	年龄	职位	地址
1001	王华	男	25	教师	广州
1002	李湘	女	30	销售部经理	佛山
1003	王家伟	男	45	销售总监	佛山
1004	赵子明	男	36	中联药店佛山...	佛山禅城区
1005	苏蓉	女	40	自由撰稿人	广州天河区
1006	张怡	女	26	幼儿园教师	深圳罗湖
v20154101925...	小芳	女	30	美容师	湖南长沙
v20154101982...	李虎	男	34	销售	广东佛山

图 16-9　例 16-2 的程序运行结果

16.3　案例分析与实现

16.3.1　案例分析

针对本单元所给出的案例，分析如下。

(1)　在进行数据库操作(增、删、改、查)时，有些代码是类似的，如更新操作(增、删、改)仅仅是 SQL 执行语句不同，故可将这些操作封装在一个操作类中。

(2)　数据库连接的字符串一般是写在配置文件中的，这样比较灵活。当数据库发生改变时，只需要修改配置文件，而不必修改程序重新编译。

(3)　有时候在查询商品信息时，并不知道该商品的精确信息，这就需要根据用户输入的信息进行模糊查询。

(4)　在对某一商品进行修改时，不可能记住该商品的所有信息，可以单击 DataGridView 控件中的该商品信息，将原商品信息显示在输入框内，然后进行修改。

16.3.2　案例实现

具体操作步骤如下。

(1)　打开项目 Demo16，添加新的 Form 窗体，名称改为 Demo_GoodsInfo.cs，设置 Demo_GoodsInfo 窗体的 Text 属性为“商品信息”，StartPosition 属性为 CenterScreen。

(2)　在 Demo_GoodsInfo 窗体中添加一个 Panel 控件，在 Panel 控件中添加 5 个 Label 控件，5 个 TextBox 控件，6 个 Button 控件，1 个 DataGridView 控件。分别设置 5 个 Label 控件的 Text 属性为商品号、商品名、进货价、售货价、进货量；分别设置 5 个 TextBox 控件的 Name 属性为 txtGoodsId、txtName、txtInPrice、txtOutPrice、txtInventory；设置 DataGridView 控件的 Name 属性为 goodsView，为 DataGridView 控件添加各列，并绑定为商品信息表的字段名，调整各控件的大小和位置，最终设计效果如图 16-10 所示。

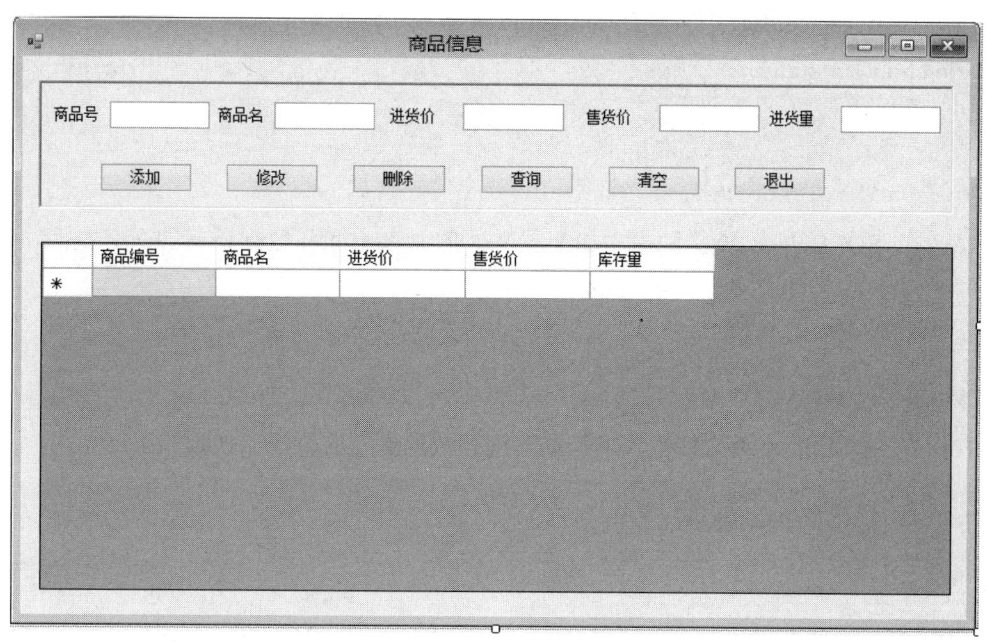

图 16-10　设计效果

(3) 在该项目中添加新项，在模板中选择“类”，改名为 SQLHelper.cs。

(4) 打开解决方案资源管理器，右击 Demo16 项目的引用，在弹出的快捷菜单中选择“添加引用”命令，在弹出的“引用管理器”对话框中选中 System.Configuration 复选框，如图 16-11 所示，单击“确定”按钮。

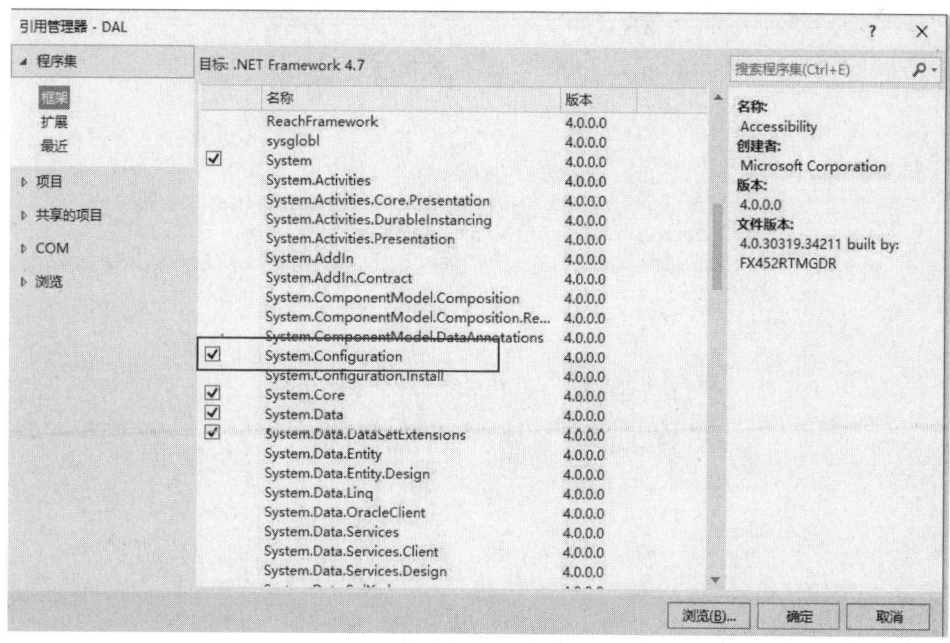

图 16-11　添加引用

(5) 打开 App.config 文件，在 configuration 节点中添加如下代码：

```
<connectionStrings>
    <add name="ConStr"
      connectionString="Server=REDWENDY\SQLEXPRESS;Database=
      CRM;uId=sa;pwd=123456"/>
</connectionStrings>
```

(6) 在 SQLHelper 类文件中添加配置文件的命名空间和数据访问的命名空间，代码如下：

```
using System.Data;
using System.Data.SqlClient;
using System.Configuration;
```

(7) 在 SQLHelper 类文件中添加数据查询和数据更新的方法，代码如下：

```
using System.Data;
using System.Data.SqlClient;
using System.Configuration;

namespace Demo16
{
    class SQLHelper
    {
        public static string ConStr =
         ConfigurationManager.ConnectionStrings["ConStr"].ConnectionString;
        /// <summary>
        /// 通过 SQL 查询语句获取数据，返回数据集对象
        /// </summary>
        /// <param name="SqlStr">SQL 语句</param>
        /// <returns>数据集对象</returns>
        public DataSet GetData(string SqlStr)
        {
            try
            {
                DataSet ds = new DataSet();
                SqlConnection con = new SqlConnection(ConStr);
                SqlCommand cmd = new SqlCommand(SqlStr, con);
                SqlDataAdapter dapt = new SqlDataAdapter(cmd);
                dapt.Fill(ds);
                return ds;
            }
            catch (Exception)  //操作出现异常时
            {
                return null;
            }
        }
        /// <summary>
        /// 执行更新(增、删、改)操作，返回受影响的行数
        /// </summary>
        /// <param name="SqlStr">SQL 语句</param>
        /// <returns>受影响的行数</returns>
        public int Execute(string SqlStr)
        {
```

```
        try
        {
            int result = 0;
            SqlConnection con = new SqlConnection(ConStr);
            con.Open();
            SqlCommand cmd = new SqlCommand(SqlStr, con);
            result = cmd.ExecuteNonQuery();
            con.Close();
            return result;
        }
        catch (Exception)  //操作出现异常时
        {
            return 0;
        }
    }
    /// <summary>
    ///  执行更新(增、删、改)操作，返回受影响的行数
    /// </summary>
    /// <param name="SqlStr">SQL 语句</param>
    /// <param name="param">参数</param>
    /// <returns>受影响的行数</returns>
    public int Execute(string SqlStr, SqlParameter[] param)
    {
        try
        {
            SqlConnection con = new SqlConnection(ConStr);
            con.Open();
            SqlCommand cmd = new SqlCommand(SqlStr, con);
            cmd.Parameters.AddRange(param);
            int result = cmd.ExecuteNonQuery();
            return result;
        }
        catch (Exception )  //操作出现异常时
        {
            return 0;
        }
    }
  }
}
```

其中，Execute(SqlStr, param)方法用来更新数据，含有两个形参，形参 SqlStr 是带有参数的 SQL 语句，而 param 就是其中参数的值。当 SqlStr 的值为“insert into TBGoods (GoodsID, Name) values(@gID, @Name)”这种带有@参数的 SQL 语句时，就调用 Execute (SqlStr, param)方法，而当 SqlStr 的值为“insert into TBGoods(GoodsId,Name) values (' "+gID+" ',' "+gName+" ')”这种变量和常量混合组成时，则调用方法 Execute(SqlStr)。

(8) 在 Demo_GoodsInfo 窗体中添加方法 DataBind()，用来绑定 DataGridView 控件，代码如下：

```
public void DataBind()
{
    string GoodsId = txtGoodsID.Text;
    string GoodsName = txtName.Text;
```

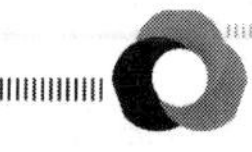


```
    string Inprice = this.txtInPrice.Text;
    string Outprice = this.txtOutPrice.Text;
    //查询条件
    string sqlStr = "select * from TBGoods where 1=1 ";
    sqlStr += GoodsId == ""? "" : " and GoodsID='" + GoodsId + "' ";
    sqlStr +=
       GoodsName == ""? "" : " and goodsName like '%" + GoodsName + "%' ";
    sqlStr += Inprice == ""? "" : " and Inprice=" + Inprice;
    sqlStr += Outprice == ""? "" : " and Outprice=" + Outprice;
    SQLHelper help = new SQLHelper();
    DataSet ds =
       help.GetData(sqlStr); //调用 SQLHelper 对象的 GetData 方法获取查询数据
    //若数据集对象的第一个表中存在数据，则绑定 goodsView 控件
    if (ds != null && ds.Tables[0].Rows.Count > 0)
    {
       this.goodsView.DataSource = ds.Tables[0];
    }
    else
    {
       this.goodsView.DataSource = null;
    }
}

private void Demo_GoodsInfo_Load(object sender, EventArgs e)
{
    DataBind(); //调用数据绑定方法
}
```

(9) 双击“添加”按钮，打开该控件的 Click 事件，添加代码如下：

```
private void button1_Click(object sender, EventArgs e)
{
    string goodsID = txtGoodsID.Text;
    string goodsName = txtName.Text;
    string inPrice = txtInPrice.Text;
    string outPrice = txtOutPrice.Text;
    string count = txtInventory.Text;
    //SQL 语句
    string sqlStr = "insert into
       TBGoods(GoodsID,goodsName,Inprice,OutPrice,Inventory)  "
       + "values(@gID,@Name,@Inprice,@outPrice,@Inventory)";
    //SQL 参数
    SqlParameter[] param = {
              new SqlParameter("@gID", goodsID),
              new SqlParameter("@Name", goodsName),
              new SqlParameter("@Inprice", inPrice),
              new SqlParameter("@outPrice", outPrice),
              new SqlParameter("@Inventory", count)
              };
    SQLHelper help = new SQLHelper();
    //调用 SQLHelper 对象的 Execute 方法执行更新操作
    if (help.Execute(sqlStr, param) > 0)
    {
       MessageBox.Show("添加成功！");
       DataBind(); //调用数据绑定方法
```

```
    }
    else
    {
        MessageBox.Show("添加失败！");
    }
}
```

(10) 双击“修改”按钮，打开该控件的 Click 事件，添加代码如下：

```
private void button2_Click(object sender, EventArgs e)
{
    string goodsID = txtGoodsID.Text;
    string goodsName = txtName.Text;
    string inPrice = txtInPrice.Text;
    string outPrice = txtOutPrice.Text;
    string count = txtInventory.Text;
    //SQL 语句
    string sqlStr = "Update TBGoods Set
        goodsName=@Name,Inprice=@Inprice,OutPrice=@outPrice,"
        + "Inventory=@Inventory where goodsID=@gID  ";
    //SQL 参数
    SqlParameter[] param = {
                new SqlParameter("@gID", goodsID),
                new SqlParameter("@Name", goodsName),
                new SqlParameter("@Inprice", inPrice),
                new SqlParameter("@outPrice", outPrice),
                new SqlParameter("@Inventory", count)
                };
    SQLHelper help = new SQLHelper();
    //调用 SQLHelper 对象的 Execute 方法执行更新操作
    if (help.Execute(sqlStr, param) > 0)
    {
        MessageBox.Show("修改成功！");
        DataBind(); //调用数据绑定方法
    }
    else
    {
        MessageBox.Show("修改失败！");
    }
}
```

(11) 双击“删除”按钮，打开该控件的 Click 事件，添加代码如下：

```
private void button3_Click(object sender, EventArgs e)
{
    string goodsID = txtGoodsID.Text;
    //SQL 语句
    string sqlStr = "Delete from tbGoods where goodsID='" + goodsID + "'";
    SQLHelper help = new SQLHelper();
    //调用 SQLHelper 对象的 Execute 方法执行更新操作
    if (help.Execute(sqlStr) > 0)
    {
```

```
        MessageBox.Show("删除成功！");
        DataBind(); //调用数据绑定方法
    }
    else
    {
        MessageBox.Show("删除失败！");
    }
}
```

(12) 为“查询”“清空”“退出”按钮分别添加 Click 事件，代码如下：

```
private void button4_Click(object sender, EventArgs e)
{
    DataBind();
}
private void button5_Click(object sender, EventArgs e)
{
    txtGoodsID.Text = "";
    txtName.Text = "";
    txtInPrice.Text = "";
    txtOutPrice.Text = "";
    txtInventory.Text = "";
}
private void button6_Click(object sender, EventArgs e)
{
    this.Close();
}
```

(13) 设置 DataGridView 控件的 SelectionMode 属性为 FullRowsSelect，表示当选择该控件中的某个单元格时，实际上是选择了该行。

打开 DataGridView 控件，选择 CellDoubleClick 事件，添加如下代码：

```
private void goodsView_CellDoubleClick(object sender,
  DataGridViewCellEventArgs e)
{
    int rowIndex = e.RowIndex; //获取当前行的索引值
    txtGoodsID.Text =
      this.goodsView.Rows[rowIndex].Cells[0].Value.ToString();
    txtName.Text =
      this.goodsView.Rows[rowIndex].Cells[1].Value.ToString();
    txtInPrice.Text =
      this.goodsView.Rows[rowIndex].Cells[2].Value.ToString();
    txtOutPrice.Text =
      this.goodsView.Rows[rowIndex].Cells[3].Value.ToString();
    txtInventory.Text =
      this.goodsView.Rows[rowIndex].Cells[4].Value.ToString();
}
```

该代码段的作用主要是当双击某一行时，使各个输入框显示原商品的信息，这样在修改商品信息时，就无须再输入该商品的所有信息了，从而简化了输入操作。

(14) 保存所有文件，运行程序，输入商品信息，分别对添加、删除、修改等功能进行测试，结果如图 16-12 所示。

图 16-12　案例运行结果

16.4　拓 展 训 练

16.4.1　拓展训练 1：销售前台

在本单元的案例分析与实现中，主要实现了商品信息管理系统中对商品信息的管理，即可以进行查询商品信息、增加商品信息、修改商品信息等操作，适合商品管理员使用。但是在实际应用中，商品在销售过程中，还需要最重要的一部分，即销售前台，主要由收银员来完成对商品的销售，生成销售订单。本小节将模拟商品的销售情况完成销售前台的操作。

首先需要在数据库 CRM 系统中添加销售订单数据表(TBSale)，如图 16-13 所示，该表中的主要字段包括销售单号(SaleID，主键)、商品号(GoodsID，为商品表的外键)、购买数量(Quantity)、总金额(TotalPrice)、利润(Earnings)、日期(Date)、销售人员编号(Seller，用户表的外键)等。

REDWENDY\SQLEXP...RM - dbo.TBSale*　SQLQuery2.

列名	数据类型	允许 Null 值
SaleID	int	☐
GoodsID	varchar(32)	☑
Quantity	int	☑
TotalPrice	real	☑
Earnings	real	☑
Date	varchar(32)	☑
Seller	varchar(32)	☑
		☐

图 16-13　销售订单数据表的设计

设计步骤如下。

(1) 打开项目 Demo16，添加新的窗体，名称改为 Sale.cs，设置 Sale 窗体的 Text 属性为“销售前台”，StartPosition 属性为 CenterScreen。

(2) 在 Sale 窗体中添加一个 GroupBox 控件，在 GroupBox 控件中添加 12 个 Label 控件，7 个 TextBox 控件，2 个 Button 控件。设置各个 Label 控件的 Text 属性，设置 3 个 Label 控件的 Name 属性分别为 lbSaleID、lbSeller、lbDate，设置 7 个 TextBox 控件的 Name 属性分别为 txtGoodsID、txtNum、txtPrice、txtName、txtOutPrice、txtTotalPrice、txtEarn，设置 2 个 Button 控件的 Text 属性，调整各控件的大小和位置，效果如图 16-14 所示。

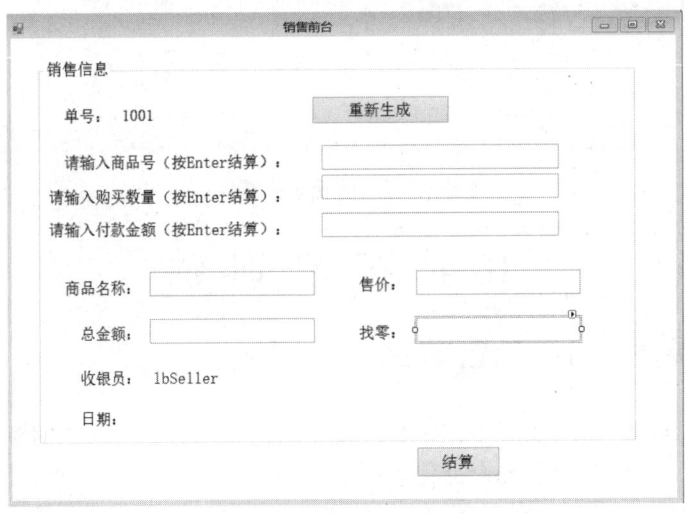

图 16-14 销售窗体的设计

(3) 设计登录窗体，因在第 15 单元中已经详细介绍过登录窗体的分析与实现，所以本单元只简单描述不同的部分。在登录窗体中添加两个按钮，将其 Text 属性分别改为“前台”和“后台”，实现当用户单击“前台”按钮时进入销售前台，当单击“后台”按钮时，则进入商品信息管理界面。打开“前台”按钮的 Click 事件，添加代码如下：

```
private void button1_Click(object sender, EventArgs e)
{
    string uNo = txtNo.Text;
    string uPswd = txtPswd.Text;
    string errorMessage = "";
    if (ValidateUser(uNo, uPswd, out errorMessage))
    {
        Sale frm = new Sale(uNo);
        frm.Show();
        this.Hide();
    }
    else
    {
        MessageBox.Show(errorMessage);
    }
}
```

(4) 打开 Sale 窗体，在该类文件中，修改构造方法，接收登录窗体传来的会员号，添加 Clear()方法，用来清空各控件，添加代码如下：

```
string uNo;
public Sale(string _uNo)
{
   InitializeComponent();
   uNo = _uNo;
}
//清空各输入控件
public void Clear()
{
   txtGoodsID.Text = "";
   txtName.Text = "";
   txtNum.Text = "";
   txtOutPrice.Text = "";
   txtPrice.Text = "";
   txtEarn.Text = "";
   txtTotalPrice.Text = "";
}
private void Sale_Load(object sender, EventArgs e)
{
   //生成销售单号
   lbSaleID.Text = "g" + DateTime.Now.Year + DateTime.Now.Month
     + DateTime.Now.Day + DateTime.Now.Hour + DateTime.Now.Minute
     + DateTime.Now.Second + DateTime.Now.Millisecond;
   lbDate.Text = DateTime.Now.ToString(); //显示为当前时间
   lbSeller.Text = uNo;   //绑定销售人员 ID
}
```

(5) 打开 txtGoodsID 控件的 KeyDown 事件，实现当输入商品号后按 Enter 键时完成的操作，添加代码如下：

```
private void txtGoodsID_KeyDown(object sender, KeyEventArgs e)
{
   if(e.KeyCode == Keys.Enter)  // 如果按下了 Enter 键
   {
      string goodsID = txtGoodsID.Text;
      string SqlStr =
        "select * from tbGoods where goodsId='" + goodsID + "'";
      SQLHelper help = new SQLHelper();
      DataSet ds = help.GetData(SqlStr);
      if (ds!=null && ds.Tables[0].Rows.Count>0)
      {
         txtName.Text = ds.Tables[0].Rows[0]["goodsName"].ToString();
         txtOutPrice.Text  = ds.Tables[0].Rows[0]["outPrice"].ToString();
         //用该控件的 Tag 属性绑定进货价，用来计算利润
         txtOutPrice.Tag = ds.Tables[0].Rows[0]["inPrice"].ToString();
         //用 Tag 属性绑定库存量，用来判断库存量是否够
         txtNum.Tag = ds.Tables[0].Rows[0]["Inventory"].ToString();
      }
      else
      {
         MessageBox.Show("不存在此商品！");
```

```
        }
    }
}
```

(6) 打开 txtNum 控件的 KeyDown 事件，添加代码如下：

```
private void txtNum_KeyDown(object sender, KeyEventArgs e)
{
    if (e.KeyCode == Keys.Enter)  // 如果按下了 Enter 键
    {
        //txtNum 输入框输入的数据必须为数字，否则需要判断
        int gNum = int.Parse(txtNum.Text);
        int kNum = int.Parse(txtNum.Tag.ToString());    //库存量
        if (gNum > kNum)
        {
            MessageBox.Show("库存量不够，请重新输入！");
            txtNum.Focus();
        }
        else
        {
            double outPrice = double.Parse(txtOutPrice.Text);
            txtTotalPrice.Text = (outPrice*gNum).ToString();
        }
    }
}
```

(7) 打开 txtPrice 控件的 KeyDown 事件，添加代码如下：

```
private void txtPrice_KeyDown(object sender, KeyEventArgs e)
{
    if (e.KeyCode == Keys.Enter)  // 如果按下了 Enter 键
    {
        double fPrice = double.Parse(txtPrice.Text);
        double total = double.Parse(txtTotalPrice.Text);
        if (fPrice >= total)
        {
            txtEarn.Text = (fPrice - total).ToString();
        }
        else
        {
            MessageBox.Show("付款金额不够！");
            txtPrice.Focus();
        }
    }
}
```

(8) 双击“重新生成”按钮，打开其 Click 事件，添加代码如下：

```
private void button1_Click(object sender, EventArgs e)
{
    //重新生成销售单号
    lbSaleID.Text = "g" + DateTime.Now.Year + DateTime.Now.Month
      + DateTime.Now.Day + DateTime.Now.Hour + DateTime.Now.Minute
      + DateTime.Now.Second + DateTime.Now.Millisecond;
```

```
    Clear(); //清空数据
}
```

(9) 双击“结算”按钮，打开其 Click 事件，添加代码如下：

```
private void button2_Click(object sender, EventArgs e)
{
    string saleID = lbSaleID.Text;
    string goodsId = txtGoodsID.Text;
    int num = int.Parse(txtNum.Text);
    double totalprice = double.Parse(txtTotalPrice.Text);

    //获取进货价
    double inPrice = double.Parse(txtOutPrice.Tag.ToString());

    double earn = totalprice - inPrice * num;
    string date = lbDate.Text;
    string uNO = lbSaleID.Text;

    string sqlStr = "insert into tbSale(SaleID,GoodsID,Quantity,
      TotalPrice,Earnings,Date,Seller)" +" values(@saleID,@GoodsID,
      @Quantity,@TotalPrice,@Earnings,@Date,@Seller)";

    //SQL 参数
    SqlParameter[] param = {
              new SqlParameter("@saleID", saleID),
              new SqlParameter("@GoodsID", goodsId),
              new SqlParameter("@Quantity", num),
              new SqlParameter("@TotalPrice", totalprice),
              new SqlParameter("@Earnings", earn),
              new SqlParameter("@Date", date),
              new SqlParameter("@Seller", uNO)
              };

    SQLHelper help = new SQLHelper();

    //调用 SQLHelper 对象的 Execute 方法执行更新操作
    if (help.Execute(sqlStr, param) > 0)
    {
       MessageBox.Show("销售成功！");
    }
    else
    {
       MessageBox.Show("销售失败！");
    }
}
```

(10) 保存所有文件。运行程序，输入会员号和密码，如图 16-15 所示。单击“前台”按钮，打开销售前台，输入商品号，按下 Enter 键，输入购买数量，按下 Enter 键，输入付款金额，按下 Enter 键，如图 16-16 所示。

用户登录
会员号:
1001
用户注册
密 码:
***
忘记密码?
前台
后台
退出

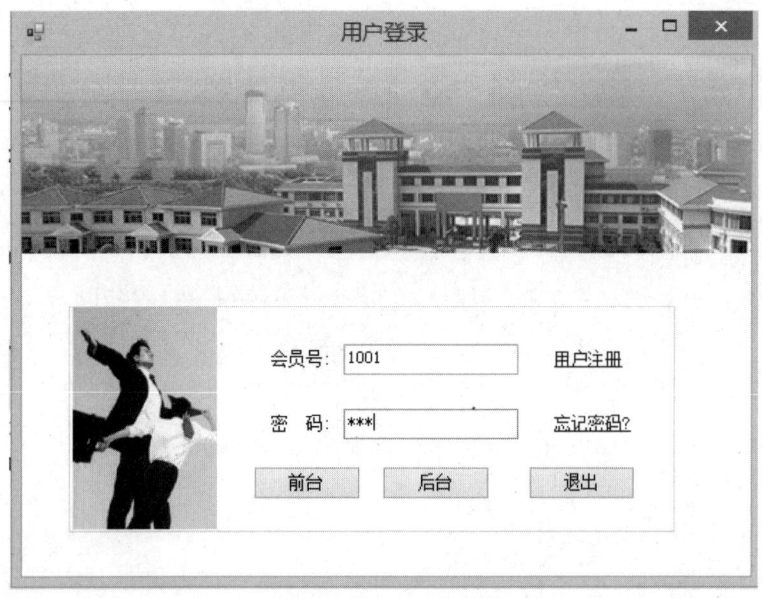

图 16-15 登录窗体

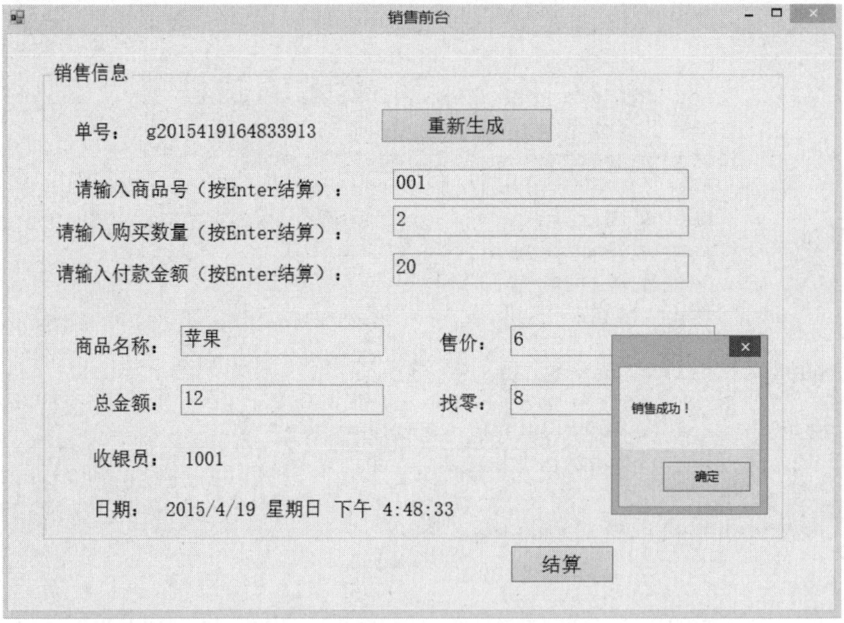

销售前台
销售信息
单号: g2015419164833913
重新生成
请输入商品号（按Enter结算）:
001
请输入购买数量（按Enter结算）:
2
请输入付款金额（按Enter结算）:
20
商品名称:
苹果
售价:
6
总金额:
12
找零:
8
收银员: 1001
日期: 2015/4/19 星期日 下午 4:48:33
销售成功！
确定
结算

图 16-16 销售前台

16.4.2 拓展训练 2：三层架构的设计与实现

在.NET 多层框架中，一个简单的三层结构一般分为数据访问层(DAL 层)、业务逻辑层(BLL 层)、表现层(UI 层)。

数据访问层(DAL)主要是对原始数据(数据库或者文本文件等存放数据的形式)的操作层，而不是指原始数据，也就是说，是对数据的操作，而不是数据库，具体为业务逻辑层或表示层提供数据服务。

业务逻辑层(BLL)主要是针对具体问题的操作，也可以理解成对数据层中数据的操作，对数据业务逻辑做处理。如果说数据层是积木，那逻辑层就是对这些积木的搭建。

表现层(UI)可以采用 Web 方式，也可以采用 WinForm 方式。如果逻辑层相当强大和完善，那么无论表现层如何定义和更改，逻辑层都能完善地提供服务。

有的三层结构还加入了 Factory、Model 等其他层，实际都是在这三层基础上的一种扩展和应用。实体层(Model)在三层结构中是可有可无的，它其实就是面向对象编程中最基本的东西。例如在项目中需要传递较多的参数时，则 Model 就体现了它的用处，可以直接调用实体对象，而不必传递多个参数。

下面将以用户的简单管理为例，来介绍.NET 框架的三层架构设计。

主要操作步骤如下。

(1) 首先打开 Visual Studio 工具，新建项目，在弹出的对话框中选择项目类型为“Visual Studio 解决方案”，选择“空白解决方案”，将该解决方案命名为 UserManager，并选择保存的位置，如图 16-17 所示。

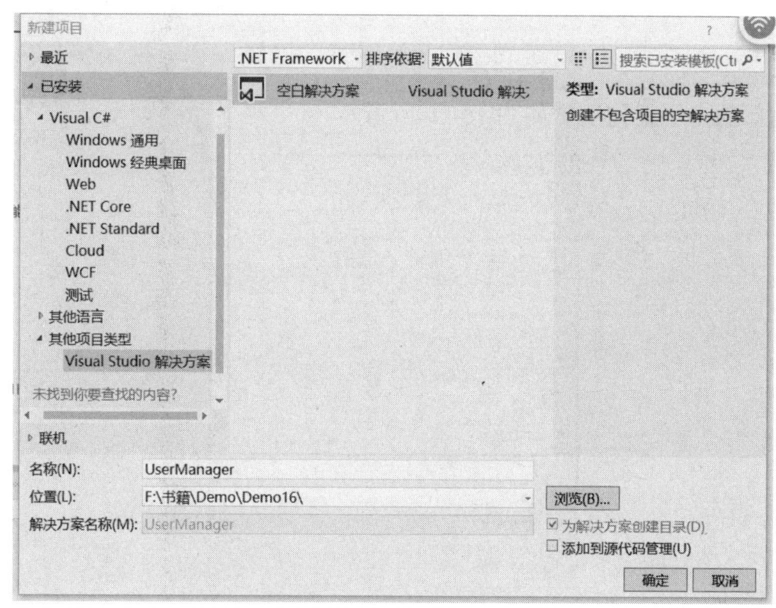

图 16-17　添加空白解决方案

(2) 在解决方案资源管理器中，用鼠标右击“解决方案 UserManager”，在弹出的快捷菜单中选择添加新建项目，在模板中选择添加“Windows 窗体应用程序”，命名为 WinUI，保存在该解决方案所在的位置。

(3) 在解决方案资源管理器中，用鼠标右击“解决方案 UserManager”，在弹出的快捷菜单中选择添加新建项目，在模板中添加一个新的类库，命名为 Model，保存在该解决方案所在的位置，如图 16-18 所示。用同样方法添加 DAL 和 BLL 项目。

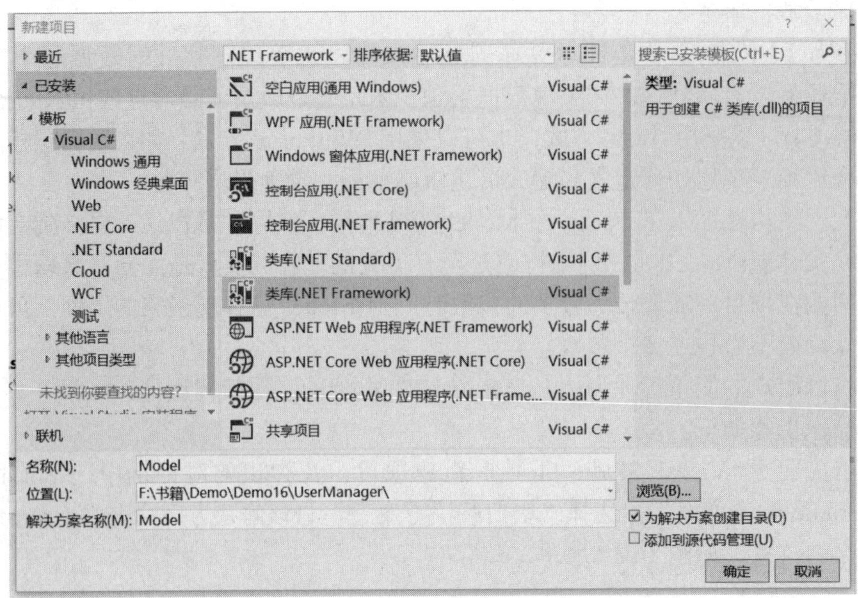

图 16-18　添加 Model 层项目

(4) 搭建好的三层架构设计如图 16-19 所示。

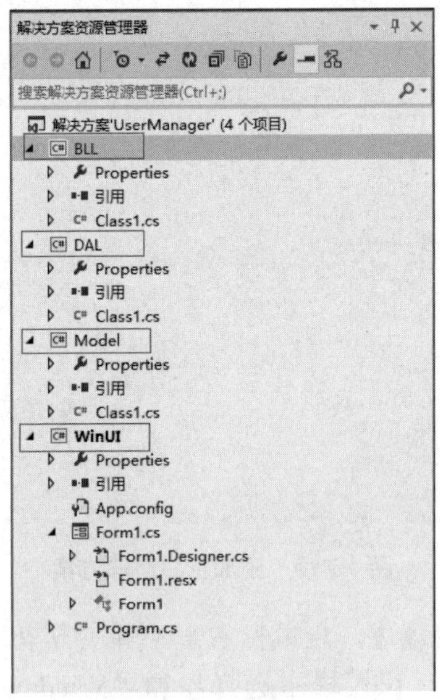

图 16-19　三层架构设计

(5) 在 Model 层中，将默认添加的 Class1.cs 文件重命名为 Users.cs，在 Users 类中添加与数据表 userInfo 对应的各字段，代码如下：

```
public class Users
{
    string userNo;
```

```
    string userName;
    string userPswd;
    string sex;
    int age;
    string job;
    string address;
    public string UserNo { get; set; }
    public string UserName { get; set; }
    public string UserPswd { get; set; }
    public string Sex { get; set; }
    public int Age { get; set; }
    public string Job { get; set; }
    public string Address { get; set; }
}
```

如果数据库中还有其他数据表，应添加对应的类文件。设计完成后，用鼠标右击 Model 层，从快捷菜单中选择“生成”命令，编译 Model 层，若有错误，则改正错误后“重新生成”，此操作将在该类库中的 Bin 文件夹中生成一个 Model.dll 程序集组件，在其他的层中可以添加此程序集组件，调用其中的对象方法。

(6) 将 DAL 层中默认的 Class1.cs 文件重命名为 SQLHelper.cs。此 SQLHelper 类与 16.3 节案例中的 SQLHelper 类相同，这里就不再赘述其代码了。

(7) 在 DAL 层中添加新项，在模板中选择“类”，命名为 UserDAL.cs，然后添加代码如下：

```
using Model;
using System.Data.SqlClient;
using System.Data;

namespace DAL
{
    public class UserDAL
    {
        SQLHelper help = new SQLHelper();
        /// <summary>
        /// 获取所有用户信息
        /// </summary>
        /// <returns></returns>
        public DataSet GetData()
        {
            string sqlStr = "select * from userInfo";
            return help.GetData(sqlStr);
        }
        /// <summary>
        /// 添加一个用户
        /// </summary>
        /// <param name="user">用户对象</param>
        /// <returns></returns>
        public int UserAdd(Users user)
        {
```

```
        string sqlStr = "insert into userInfo(userNo,userName,
          userPswd,Age,Sex,Job,Address) values('"
          + user.UserNo+ "','" + user.UserName  + "','"
          + user.UserPswd  + "'," + user.Age  + ",'"
          + user.Sex + "','" + user.Job  + "','" + user.Address + "')";
        return help.Execute(sqlStr);
    }
    /// <summary>
    /// 修改用户信息
    /// </summary>
    /// <param name="user">用户对象</param>
    /// <returns></returns>
    public int UserUpdate(Users user)
    {
        // SQL 语句
        string sqlStr = "update userInfo set userName=@userName,
          userPswd=@userPswd,Age=@Age,Sex=@Sex,Job=@Job,"
          + "Address=@Address where userNo=@userNo ";
        //SQL 参数
        SqlParameter[] param = {
                    new SqlParameter("@userName", user.UserName),
                    new SqlParameter("@userPswd", user.UserPswd),
                    new SqlParameter("@Age", user.Age),
                    new SqlParameter("@Sex",  user.Sex),
                    new SqlParameter("@Job", user.Job),
                    new SqlParameter("@Address", user.Address),
                    new SqlParameter("@userNo", user.UserNo)
                    };
        SQLHelper help = new SQLHelper();
        return help.Execute(sqlStr, param);
    }
    /// <summary>
    /// 删除用户
    /// </summary>
    /// <param name="uNo">用户 ID</param>
    /// <returns></returns>
    public int UserDel(string uNo)
    {
        string sqlStr =
          "delete from userInfo where userNo='" + uNo + "'";
        return help.Execute(sqlStr);
    }
  }
}
```

在代码中，首先需要添加对数据实体类 Model 组件的引用。在 DAL 项目下的“引用”项中通过鼠标右键单击“添加引用…”，打开如图 16-20 所示的对话框，选择左边选项“解决方案”，选中 Model 前的复选框，为 DAL 项目添加 Model.dll 引用组件。在 BLL 层和 UI 层中如果要添加引用组件(如 DAL.dll、BLL.dll 等)，操作方式是一样的。

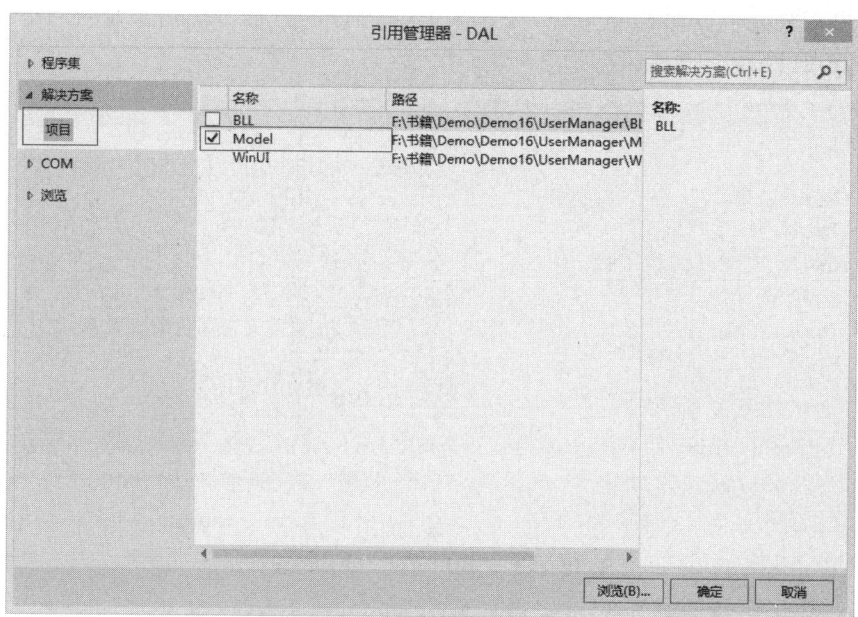

图 16-20　添加 Model 引用

(8) 打开 BLL 项目，修改默认的类文件名为 userBLL.cs，添加代码如下：

```
namespace BLL
{
    public class userBLL
    {
        UserDAL userDal = new UserDAL();
        public DataSet GetData()
        {
            return userDal.GetData();
        }
        public int UserAdd(Users user)
        {
            return userDal.UserAdd(user);
        }
        public int UserUpdate(Users user)
        {
            return userDal.UserUpdate(user);
        }
        public int UserDel(string uNo)
        {
            return userDal.UserDel(uNo);
        }
    }
}
```

可以看出，BLL 层的代码都非常简单，都是调用 DAL 层的相关方法，这是因为项目很简单，没有太多业务逻辑。因此在一些小型项目中，BLL 层实际可以省略。

(9) 在 WinUI 层中，首先导入 BLL 项目和 Model 项目，具体操作可参照步骤 7。然后设计各窗体，调用 BLL 层的相关方法。

以用户管理为例，添加新窗体，改名为 userManager.cs，然后添加控件，设计该窗体，如图 16-21 所示。

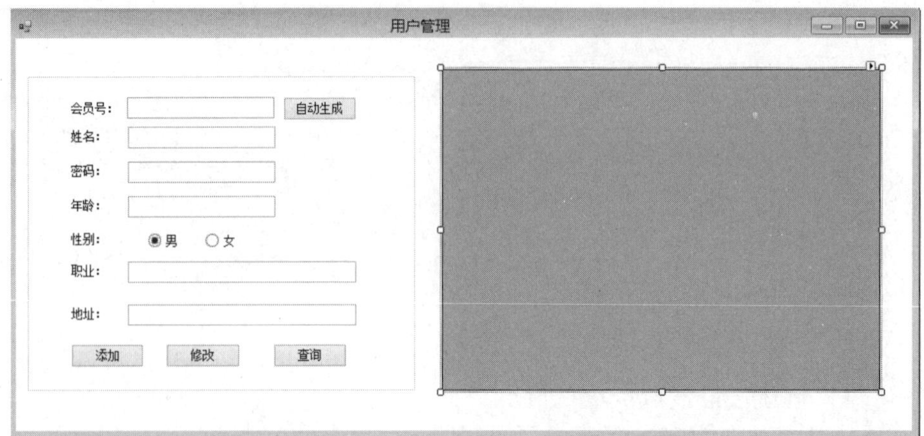

图 16-21 “用户管理”窗体的设计

(10) 在窗体 userManager 的类文件中添加 DataBind()方法，窗体的 Load 事件和查询按钮分别调用该方法进行数据绑定，代码如下：

```
userBLL userBll = new userBLL();
public void DataBind()
{
    DataSet ds = userBll.GetData();
    this.dataGridView1.DataSource = ds.Tables[0];
}
private void button2_Click(object sender, EventArgs e) //查询按钮
{
    this.DataBind(); //绑定数据
}
private void userManager_Load(object sender, EventArgs e)
{
    this.DataBind(); //绑定数据
}
```

(11) 分别为“自动生成”按钮、“添加”按钮、“修改”按钮添加 Click 事件，代码如下：

```
private void button3_Click(object sender, EventArgs e) //“自动生成”按钮
{
    //设置会员号：v+年份+月份+日+时+分+秒+毫秒
    lbUserID.Text = "v" + DateTime.Now.Year + DateTime.Now.Month
      + DateTime.Now.Day + DateTime.Now.Hour + DateTime.Now.Minute
      + DateTime.Now.Second + DateTime.Now.Millisecond;
}
private void button1_Click(object sender, EventArgs e) //“添加”按钮
{
    Users user = new Users();
    user.UserNo = lbUserID.Text;
```

```
    user.UserName = txtName.Text;
    user.UserPswd = txtPswd.Text;
    user.Age = int.Parse(txtAge.Text);
    user.Job = txtJob.Text;
    user.Address = txtAddress.Text;
    user.Sex = "男";
    if (rbtnGirl.Checked) user.Sex = "女";

    if (userBll.UserAdd(user) > 0)
    {
        MessageBox.Show("添加成功");
        this.DataBind(); //绑定数据
    }
    else
    {
        MessageBox.Show("添加失败");
    }
}
private void button4_Click(object sender, EventArgs e) //“修改”按钮
{
    Users user = new Users();
    user.UserNo = lbUserID.Text;
    user.UserName = txtName.Text;
    user.UserPswd = txtPswd.Text;
    user.Age = int.Parse(txtAge.Text);
    user.Job = txtJob.Text;
    user.Address = txtAddress.Text;
    user.Sex = "男";

    if (rbtnGirl.Checked) user.Sex = "女";

    if (userBll.UserUpdate(user) > 0)
    {
        MessageBox.Show("修改成功");
        this.DataBind(); //绑定数据
    }
    else
    {
        MessageBox.Show("修改失败");
    }
}
```

(12) 打开 DataGridView 控件的 CellDoubleClick 事件，添加代码如下：

```
private void dataGridView1_CellDoubleClick(object sender,
  DataGridViewCellEventArgs e)
{
    int rowIndex = e.RowIndex;

    txtUserNo.Text =
      this.dataGridView1.Rows[rowIndex].Cells[0].Value.ToString();
    txtName.Text =
      this.dataGridView1.Rows[rowIndex].Cells[1].Value.ToString();
```

```
    txtAge.Text =
      this.dataGridView1.Rows[rowIndex].Cells[3].Value.ToString();
    txtJob.Text =
      this.dataGridView1.Rows[rowIndex].Cells[5].Value.ToString();
    txtAddress.Text =
      this.dataGridView1.Rows[rowIndex].Cells[6].Value.ToString();
    string sex =
      this.dataGridView1.Rows[rowIndex].Cells[4].Value.ToString();

    if (sex == "男")
        rbtnBoy.Checked = true;
    else
        rbtnGirl.Checked = true;
}
```

(13) 保存所有文件，运行程序，结果如图 16-22 所示。

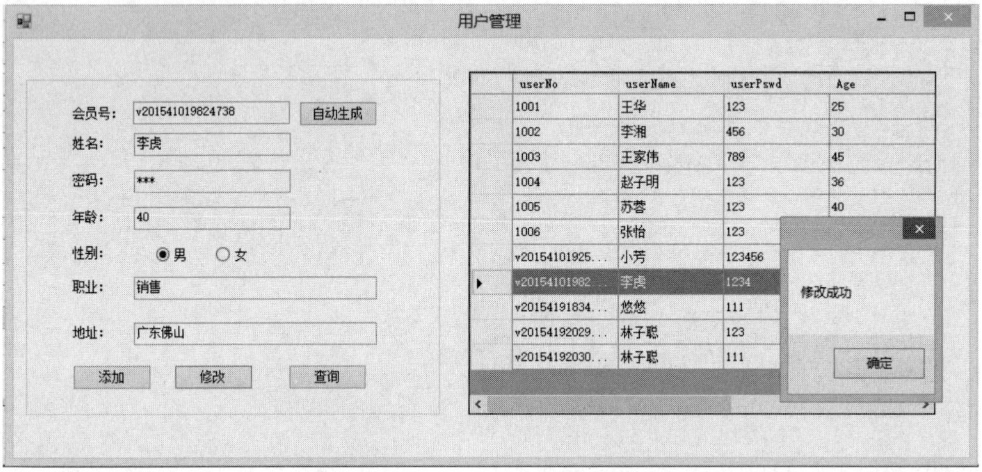

图 16-22 “用户管理”窗体界面

采用三层结构来设计程序的好处是，使得开发人员可以只专注于某一层的开发，即将三层中的任意一层完全替换，都不会对其他两层造成影响。例如，将项目从 C/S 结构改为 B/S 结构(或者反之)，除了 UI 层之外，Model 层、DAL 层和 BLL 层都不需要变化或只做极小的改变；或者将数据库从 SQL Server 换成 Oracle，只需要将 SQLHelper 中的相关对象修改为 Oracle 的对象，而无须进行其他操作。

习　　题

1. 填空题

(1) ADO.NET 访问数据源的方式有两种，其中一种是通过________对象，它是读取数据的最简单的方式，只能进行读取，且只能是按顺序从头到尾依次读取数据流。

(2) ADO.NET 有两个核心组件：.NET 数据提供程序和________。

(3) 进行数据访问时，DataSet 可独立于任何数据源的数据访问，它采用的是________

模式。

(4) .NET 框架一般将项目分三层，分别是________、________、________。

2. 简答题

简要说明使用 DataAdapter 对象和 DataSet 对象访问数据库的工作原理。

3. 操作题

整理并完善本单元的各个功能，采用.NET 多层架构，设计一个简单的超市收银系统。

单元 17

C#读写文件

微课资源

扫一扫，获取本单元相关微课视频。

文件读写(一)

文件读写(二)

文件读写(三)

单元导读

在操作系统中，文件是系统的重要组成部分。文件是在应用程序的实例之间存储数据的一种便利方式，也可用于在应用程序之间传输数据。C#语言如何将临时数据永久保存为文件？如何读取数据文件？这都涉及 C#语言对文件类的操作。

本单元将介绍如何用 C#语言对操作系统中的文件进行读取和写入。

学习目标

- 理解 C#中的 System.IO 命名空间。
- 掌握文件的几种常见操作。
- 掌握文件流的使用。
- 掌握文本文件的读取和写入。
- 掌握二进制文件的读取与写入。

17.1 案例描述

在软件开发的过程中，我们经常要对文件进行读写操作。因为文件一般用于输入输出，所以文件类包含在 System.IO 命名空间中。System.IO 命名空间中包含一系列对文件和目录进行读写以及对数据流类型提供支持的类。

例如，通过智能手机拍摄的照片保存在手机中，当用户在手机中查看这张照片时，就会涉及读取文件的操作。

本单元案例要求完成简单的读取与写入文件的功能，如图 17-1 所示。

```
C:\Windows\system32\cmd.exe
To see a world in a grain of sand
And a heaven in a wild flower,
Hold infinity in the palm of your hand
And eternity in an hour.
请按任意键继续. . .
```

图 17-1　读取文本文件

17.2 知识链接

在对文件操作前，首先要引入一个概念：流(Stream)。简单地说，“流”就是建立在面向对象基础上的一种抽象的处理数据的工具。在流中，定义了一些处理数据的基本操作，如读取数据、写入数据等，程序员只是对流进行操作，而不用关心流的另一头数据的真正流向。流不但可以处理文件，还可以处理动态内存、网络数据等多种数据形式。在程序中利用流的方便性，可以大大地提高编写程序的效率。

在 C#中，有一个 Stream 类，所有的 I/O 操作都是以这个“流”类为基础的。

17.2.1　System.IO 命名空间介绍

在 System.IO 命名空间中，包含与输入/输出(I/O)操作相关的类。

表 17-1 列出了 System.IO 命名空间中常用的类。

表 17-1　System.IO 命名空间中的常用类

类　名	说　明
BinaryReader	用特定的编码读取二进制值
BinaryWriter	以二进制形式写入流，并支持用特定的编码写入字符串
BufferedStream	将缓冲层添加到另一个流上的读取和写入操作。使用该类可以提高操作效率。该类不能被继承
Directory	公开用于创建、移动、枚举目录和子目录的静态方法。该类不能被继承
DirectoryInfo	公开用于创建、移动、枚举目录和子目录的实例方法。该类不能被继承
File	提供创建、复制、删除、移动和打开文件的静态方法，帮助创建 FileStream 对象
FileInfo	提供创建、复制、删除、移动和打开文件的属性和实例方法，并且帮助创建 FileStream 对象。该类不能被继承
FileStream	公开以文件为主的 Stream，既支持同步读写操作，也支持异步读写操作
FileSystemInfo	FileInfo 和 DirectoryInfo 的基类
MemoryStream	创建支持存储区为内存的流
Path	对包含文件或目录路径信息的 String 实例执行操作。这些操作是以跨平台的方式执行的
Stream	流
StreamReader	实现一个 TextReader，使其以一种特定的编码从字节流中读取字符
StreamWriter	实现一个 TextWriter，使其以一种特定的编码向流中写入字符
StringReader	实现从字符串进行读取的 TextReader
StringWriter	实现一个用于将信息写入字符串的 TextWriter。 信息存储在基础 StringBuilder 中
TextReader	表示可读取连续字符系列的读取器
TextWriter	表示可以编写一个有序字符系列的编写器。该类为抽象类

System.IO 命名空间中还有一些常用的枚举类型，详见表 17-2。

表 17-2　System.IO 命名空间中常见的枚举类型

枚　举	说　明
DriveType	定义驱动器类型常数，包括 CDRom、Fixed、Network、NoRootDirectory、Ram、Removable 和 Unknown
FileAccess	定义用于文件读取、写入或读取/写入访问权限的常数

续表

枚　举	说　明
FileAttributes	提供文件和目录的属性
FileMode	指定操作系统打开文件的方式
FileOptions	表示创建 FileStream 对象的高级选项

17.2.2　File 类的重要方法

文件的读写，要借助于 File 类和可用于对文件进行读取和写入操作的流(Stream)类。

只有文本文件才可以直接以文本的方式显示，所以下面的例子都使用后缀名为.txt 的文本文件。

File 类中的方法都是静态方法。以下是 File 类中主要方法的说明。

(1) File.Exists(string path)：判断指定路径的文件是否存在，返回布尔值。

(2) File.Open()：按指定的方式打开文件。

使用 Open 方法返回的是一个流对象。

示例代码如下：

```
public static void AppendFile()
{
    FileStream textFile = File.Open(@"d:\test2.txt", FileMode.Append);

    byte[] temp;
    temp = new ASCIIEncoding().GetBytes("hello c sharp");
    textFile.Write(temp, 0, temp.Length);
    textFile.Close();
}
```

(3) File.Create()：创建文件的方法。

该方法的声明如下：

```
public static FileStream Create(string path);
```

下面的代码演示如何在 D 盘下创建名为 newFile.txt 的文件：

```
public void MakeFile()
{
    FileStream NewText = File.Create(@"D:\\newFile.txt");
    NewText.Close();
}
```

由于 File.Create()方法默认向所有用户授予对新文件的完全读/写访问权限，所以文件是用读/写访问权限打开的，必须关闭后才能由其他应用程序打开。为此，需要使用 FileStream 类的 Close 方法将所创建的文件关闭。

(4) File.Delete()：文件删除方法。

该方法的声明如下：

```
public static void Delete(string path);
```

下面的代码演示如何删除 D 盘下的 newFile.txt 文件：

```
public void DeleteFile()
{
   File.Delete(@"D:\\newFile.txt");
}
```

(5)　File.Copy()：文件复制方法。
该方法的声明如下：

```
public static void Copy(string sourceFileName, string destFileName,
 bool overwrite);
```

下面的代码将路径为 D:\old.txt 的文件复制到新路径 D:\newfile.txt：

```
public void CopyFile()
{
   File.Copy(@"D:\old.txt", @"D:\newfile.txt", true);
}
```

由于 Copy 方法的 overwrite 参数设置为 true，所以如果 newfile.txt 文件已存在，将会被复制过去的文件所覆盖。

(6)　File.Move()：文件移动方法。
该方法的声明如下：

```
public static void Move(string sourceFileName, string destFileName);
```

下面的代码可以将 D:\temp\下的 a.txt 文件移动到 D 盘根目录下：

```
public void MoveFile()
{
   File.Move(@"D:\temp\a.txt", @"D:\a.txt");
}
```

注意：只能在同一个逻辑盘下进行文件转移。如果试图将 C 盘下的文件转移到 D 盘，将发生错误。

17.2.3　文本文件的读写

使用 Open 方法打开文件进行写操作，代码如下：

```
public static void AppendFile()
{
   FileStream textFile = File.Open(@"D:\test2.txt", FileMode.Append);
   byte[] temp;
   temp = new ASCIIEncoding().GetBytes("hello c sharp");
   textFile.Write(temp, 0, temp.Length);
   textFile.Close();
}
```

以上程序通过 File.Open()方法，在文件末尾以追加的方式打开一个文件，返回的是 FileStream 文件流。通过 FileStream 对象，就可以将需要的字节数组内容写入原来的文本文件中。但是 FileStream 是以逐个字节的方式来写入数据的，所以效率要低于另外一个流对象 StreamWriter。

下面的例子是使用 StreamWriter 对象来写文件：

```
public static void WriteFile()
{
    string path = @"D:\test2.txt";
    string content = "To see a world in a grain of sand ";
    using (StreamWriter outfile = new StreamWriter(path))
    {
        outfile.Write(content);
    }
}
```

StreamWriter 对象的 Write 方法可以将数据高效地写入一个文件中。

那么，什么时候应该使用 FileStream(文件流)？什么时候应该使用 StreamWriter(写文件流)和 StreamReader(读取文件流)呢？

首先，FileStream 是一个文件流类，它是以文件为主的 Stream，它操作的是字节和字节数组。而 Stream 类操作的是字符数据。虽然字符数据方便使用，但是在需要对文件进行随机访问时，就必须由 FileStream 对象来执行，FileStream 的 Seek 方法可以对文件进行随机访问。Seek 允许在任意位置读取和写入文件。这是 FileStream 相对于 Stream 的优势。

以下是使用 FileStream 的 Seek 方法在随机位置读取文件的例子：

```
public static void SeekFile()
{
    int nextByte;

    // test2.txt 内容为 "abcdefghijklmnopqrstuvwxyz"
    using (FileStream fs =
      new FileStream(@"D:\test3.txt", FileMode.Open, FileAccess.Read))
    {
        fs.Seek(20, SeekOrigin.Begin); //从起始位置移位 20 个字符

        while ((nextByte=fs.ReadByte()) > 0)
        {
            Console.Write(Convert.ToChar(nextByte));
        }
        Console.ReadKey();
    }
}
```

在 D:\test2.txt 文件中有如下内容：

```
abcdefghijklmnopqrstuvwxyz
```

使用 Seek 方法后，指定在第 21 个位置开始读取，输出结果为 uvwxyz。

如果不需要随机位置读取，而是按顺序读取文件，则使用 StreamReader 类会更加方便和高效。

以下是使用 StreamReader 读文件流对象来读取指定路径的文件。

假设在 D:\test4.txt 文件中有一首威廉·布莱克《从一颗沙子看世界》的小诗：

```
To see a world in a grain of sand
```

```
And a heaven in a wild flower,
Hold infinity in the palm of your hand
And eternity in an hour.
```

使用 StreamReader 类的 ReadLine()方法可以每次读取一行文本内容。

代码如下：

```
public static void ReadFile()
{
    string path = @"D:\test4.txt";
    using (StreamReader sr = new StreamReader(path))
    {
        string str = "";
        while ((str=sr.ReadLine()) != null)
        {
            Console.WriteLine(str); //每次读取一行显示在控制台上
        }
    }
    Console.ReadKey();
}
```

在 Main 方法中调用 ReadFile()后的执行结果如图 17-1 所示。

17.2.4　二进制文件的读写

计算机上的文件根据是否可以用文本软件直接打开分为文本文件和二进制文件。虽然文本文件最终也是用二进制的形式存储的，但一般来说，二进制文件必须用与文件格式对应的软件才能打开。常见的二进制文件有图片文件、Word 文件、MP3 文件等，而文件后缀名为.txt 的文件就是典型的文本文件。

在读写二进制文件时，要用到 BinaryReader 和 BinaryWriter 两个类。它们可以从流中读写二进制格式的数据。

以下是来自于 MSDN 上的关于 BinaryReader 和 BinaryWriter 两个类的例子，很好地演示了它们的用法：

```
public static void WriteDefaultValues()
{
    using (BinaryWriter writer =
      new BinaryWriter(File.Open(fileName, FileMode.Create)))
    {
        writer.Write(1.250F);
        writer.Write(@"c:\Temp");
        writer.Write(10);
        writer.Write(true);
    }
}

public static void DisplayValues()
{
    float aspectRatio;
    string tempDirectory;
    int autoSaveTime;
```

```
    bool showStatusBar;

    if (File.Exists(fileName))
    {
        using (BinaryReader reader =
          new BinaryReader(File.Open(fileName, FileMode.Open)))
        {
            aspectRatio = reader.ReadSingle();
            tempDirectory = reader.ReadString();
            autoSaveTime = reader.ReadInt32();
            showStatusBar = reader.ReadBoolean();
        }

        Console.WriteLine("Aspect ratio set to: " + aspectRatio);
        Console.WriteLine("Temp directory is: " + tempDirectory);
        Console.WriteLine("Auto save time set to: " + autoSaveTime);
        Console.WriteLine("Show status bar: " + showStatusBar);
    }
}
```

17.3 案例分析与实现

17.3.1 案例分析

本单元的案例要求完成简单的文件读取与写入功能，界面如图 17-2 所示。

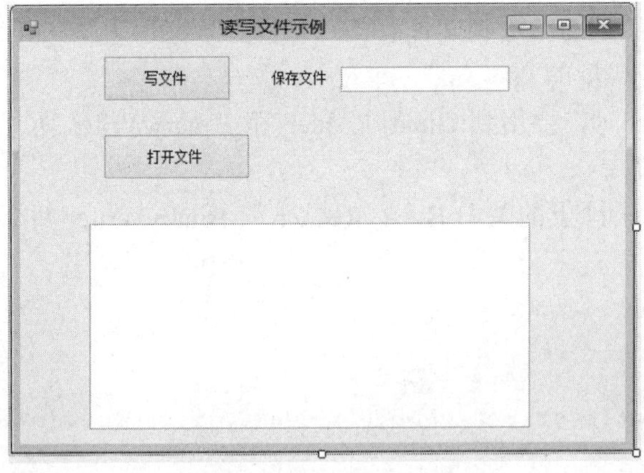

图 17-2 读写文件的界面

17.3.2 案例实现

首先打开 Visual Studio，创建一个 Windows 窗体应用程序，主要步骤如下。

(1) 在对应的窗体中添加两个按钮和一个文本框，用户可以在文本框中输入文件路径。

(2) 再添加一个文本框，用来读取并显示文件内容，将其 MultiLine 属性设置为 true。

(3) 添加一个 OpenFileDialog 对话框组件，用来选择要打开并读取的文本文件。

主要的代码如下：

```
using System;
using System.Collections.Generic;
using System.ComponentModel;
using System.Data;
using System.Drawing;
using System.Linq;
using System.Text;
using System.Threading.Tasks;
using System.Windows.Forms;
using System.IO;

namespace MyNotePad
{
    public partial class NotePadForm : Form
    {
        public NotePadForm()
        {
            InitializeComponent();
        }

        private void button2_Click(object sender, EventArgs e)
        {
            //过滤文件类型
            openFileDialog1.Filter = "文本文件|*.txt";

            //得到用户在文件选择对话框中选择的文件
            if (openFileDialog1.ShowDialog() == DialogResult.OK)
            {
                string path = openFileDialog1.FileName;
                StreamReader sr = new StreamReader(path);

                string content = sr.ReadToEnd();
                tbTxt.Text = content;

                sr.Close();
            }
        }

        private void btnSave_Click(object sender, EventArgs e)
        {
            string path = tbPath.Text;

            if (tbPath.Text != "")
            {
                StreamWriter sw = new StreamWriter(path);
```

```
                sw.Write(tbTxt.Text); //将用户在文本框中输入的内容写入文件
                sw.Close();

                MessageBox.Show("写入文件成功，请查看文件：" + path);
            }
            else
            {
                MessageBox.Show("请输入文件路径");
            }
        }
    }
}
```

程序运行结果如图 17-3 所示。

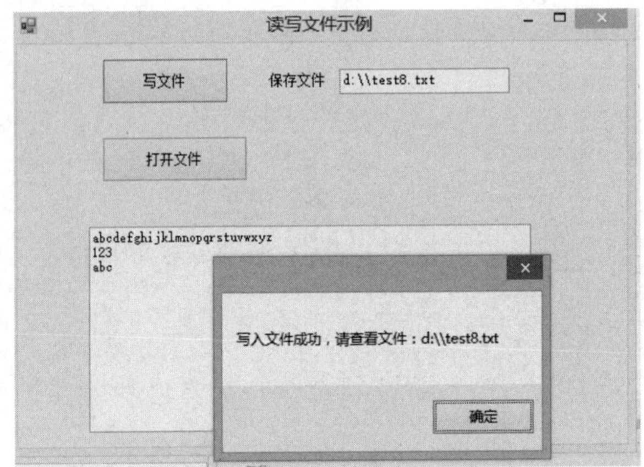

图 17-3　案例的运行结果

17.4　拓展训练：图片查看器

完成一个简单的图片查看器。程序运行的初始结果如图 17-4 所示。

图 17-4　运行初始界面

用户选择图片文件后，将文件显示在图片框中，如图 17-5 所示。

图 17-5　显示图片内容

代码如下：

```
using System;
using System.Collections.Generic;
using System.ComponentModel;
using System.Data;
using System.Drawing;
using System.Linq;
using System.Text;
using System.Threading.Tasks;
using System.Windows.Forms;
using System.IO;

namespace WinFormPictureApp
{
    public partial class Form1 : Form
    {
        public Form1()
        {
            InitializeComponent();
        }

        private void btnOpen_Click(object sender, EventArgs e)
        {
            openFileDialog1.Filter = "Image Files(*.BMP;*.JPG;*.GIF)
              |*.BMP;*.JPG;*.GIF|All files (*.*)|*.*";
            if (openFileDialog1.ShowDialog() == DialogResult.OK)
            {
                try
                {
                    if (openFileDialog1.OpenFile() != null)
                    {
                        string path = openFileDialog1.FileName;
```

```
                    picBox.Image = ReadImageFile(path);
                }
            }
            catch (Exception ex)
            {
                MessageBox.Show("Error: Could not read file from disk.
                  Original error: " + ex.Message);
            }
        }
    }

    //从指定的路径通过流来构建位图文件
    public static Bitmap ReadImageFile(string path)
    {
        FileStream fs = File.OpenRead(path); //OpenRead
        int filelength = 0;
        filelength = (int)fs.Length; //获得文件长度
        Byte[] image = new Byte[filelength]; //建立一个字节数组
        fs.Read(image, 0, filelength); //按字节流读取
        System.Drawing.Image result =
          System.Drawing.Image.FromStream(fs);
        fs.Close();
        Bitmap bit = new Bitmap(result);
        return bit;
    }
  }
}
```

习　　题

简答题

(1) 简述 File 类中的主要方法。

(2) 什么是流？它的主要作用是什么？

(3) FileStream 类和 Stream 类的区别在哪里？简述它们各自的特点和优缺点。

第四篇　网络编程

单元 18

网络编程概述

微课资源

扫一扫，获取本单元相关微课视频。

网络编程(一)

网络编程(二)

网络编程(三)

单元导读

计算机技术发展到现在，从应用服务器到 PC 机，再到手持设备，几乎都要通过网络连接才能发挥作用。现在的应用软件，大都需要通过网络来进行通信。从微软的 MSN 到腾讯的 QQ，再到腾讯新的革命性通信工具——微信，都要用到网络编程。既然网络编程技术如此重要，这一单元中，我们将介绍 C#网络编程的基础知识。

学习目标

- 掌握网络编程的基础概念。
- 熟悉 TCP/IP 的基本概念。
- 学会 Socket 编程的基本方法。
- 熟悉 C#的 TCP 编程。

18.1 案例描述

在上一单元中，我们介绍了文件的读写操作。本单元将介绍网络编程技术。

什么是网络编程？简单地说，就是在两台计算机之间传输数据的编程技术。例如，腾讯的 QQ 软件，就是典型的通过网络来完成两台计算机之间通信的例子。我们可以通过 QQ 软件，来发送聊天信息(字符串)、发送图片(二进制文件)或进行视频聊天(流媒体，也是一种二进制数据)。

本单元的案例中，我们将会设计一个实现文件收发操作的程序。

18.2 知识链接

要完成计算机之间的通信，首先要介绍 Socket 这个名词。Socket 的英文原义是“孔”或“插座”，通常翻译成“套接字”。套接字是支持 TCP/IP 网络通信的基本操作单元。它用于描述 IP 地址和端口，是一个通信链的句柄，可以用来实现不同虚拟机或不同计算机之间的通信。连接 Internet 的主机一般都运行多个服务软件，并同时提供几种服务。每种服务都会打开一个 Socket，并绑定到一个端口，不同的端口对应于不同的服务。

Socket 非常类似于电话插座。以一个国家级电话网为例，电话的通话双方相当于相互通信的两个进程，区号是它的网络地址；区内一个单位的交换机相当于一台主机，主机分配给每个用户的局内号码相当于 Socket 号。任何用户在通话之前，首先要占有一部电话机，相当于申请一个 Socket；同时要知道对方的号码，相当于对方有一个固定的 Socket。然后向对方拨号呼叫，相当于发出连接请求(假如对方不在同一区，还要拨对方区号，相当于给出网络地址)。假如对方在场并空闲(相当于通信的另一主机开机且可以接受连接请求)，拿起电话话筒，双方就可以正式通话，相当于连接成功。双方通话的过程，是一方向电话机发出信号和对方从电话机接收信号的过程，相当于向 Socket 发送数据和从 Socket 接收数据。通话结束后，一方挂起电话机，相当于关闭 Socket，撤销连接。

在电话系统中，一般用户只能感受到本地电话机和对方电话号码的存在，建立通话的过程，话音传输的过程，以及整个电话系统的技术细节，对用户而言都是无须了解的。这与 Socket 机制非常相似。Socket 利用网间网通信设施实现进程通信，但它对通信设施的细节毫不关心，只需要通信设施能提供足够的通信能力。

至此，我们对 Socket 进行了直观的描述。抽象地说，Socket 实质上提供了进程通信的端点。进程通信之前，双方首先必须各自创建一个端点，否则是没有办法建立联系并相互通信的。正如打电话之前，双方必须各自拥有一台电话机一样。

在网间网内部，每一个 Socket 都有一个相关描述：协议、本地地址、本地端口。

一个完整的 Socket 有一个本地唯一的 Socket 号，由操作系统分配。

最重要的是，Socket 是面向客户/服务器模型设计的，针对客户和服务器程序提供不同的 Socket 系统调用。客户随机申请一个 Socket(相当于一个想打电话的人可以在任何一台入网电话上拨号呼叫)，系统为之分配一个 Socket 号；服务器拥有全局公认的 Socket，任何客户都可以向它发出连接请求和信息请求(相当于一个被呼叫的电话拥有一个呼叫方知道的电话号码)。

Socket 利用客户/服务器模式巧妙地解决了进程之间建立通信连接的问题。

18.2.1 Socket 的使用

首先我们看一个 Socket 的连接过程。根据连接启动的方式以及本地套接字要连接的目标，套接字之间的连接过程可以分为三个步骤：服务器监听、客户端请求和连接确认。

(1) 服务器监听：是指服务器端套接字并不定位具体的客户端套接字，而是处于等待连接的状态，实时监控网络的状态。

(2) 客户端请求：是指由客户端的套接字提出连接请求，要连接的目标是服务器端的套接字。为此，客户端的套接字必须首先描述它要连接的服务器的套接字，指出服务器端套接字的地址和端口号，然后向服务器端套接字提出连接请求。

(3) 连接确认：是指当服务器端套接字监听到或者说接收到客户端套接字的连接请求时，它就响应客户端套接字的请求，建立一个新的线程，把服务器端套接字的描述发送给客户端，一旦客户端确认了此描述，连接就建立好了。而服务器端套接字继续处于监听状态，继续接收其他客户端套接字的连接请求。

18.2.2 Socket 连接实例

例 18-1 下面是一个 Socket 连接的例子：

```
class SocketDemo
{
    static void Main(string[] args)
    {
        //创建 IpEndPoint 实例
        IPAddress ipa = IPAddress.Parse("127.0.0.1");
        Console.WriteLine("ipa:" + ipa.ToString());
        IPEndPoint ipep = new IPEndPoint(ipa, 8888);
        Socket socket = new Socket(AddressFamily.InterNetwork,
          SocketType.Stream, ProtocolType.Tcp);
```

```
        Console.WriteLine(
          "Socket 启动，请在 DOS 命令行下使用 netstat -a 查看 8888 端口--");
        socket.Bind(ipep);
        socket.Listen(1); //开始在 8888 端口启动监听
        Console.ReadKey();
        socket.Close();
    }
}
```

以上程序在 127.0.0.1 地址(也就是本机)的 8888 端口启动了监听。

这时，使用 Windows 操作系统中的 DOS 命令行下的 netstat -a 命令，可以查看到 8888 端口处于监听状态，如图 18-1 所示。

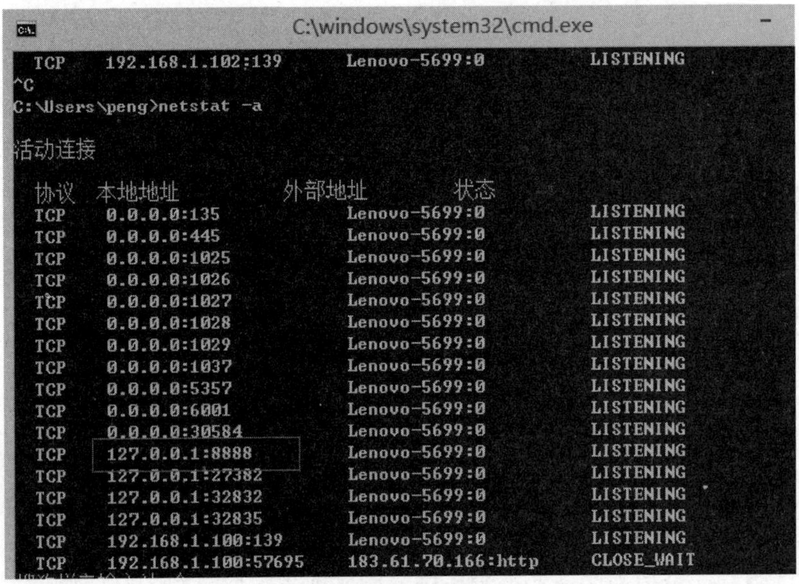

```
C:\windows\system32\cmd.exe
  TCP    192.168.1.102:139      Lenovo-5699:0          LISTENING
^C
C:\Users\peng>netstat -a

活动连接

  协议  本地地址              外部地址              状态
  TCP    0.0.0.0:135            Lenovo-5699:0          LISTENING
  TCP    0.0.0.0:445            Lenovo-5699:0          LISTENING
  TCP    0.0.0.0:1025           Lenovo-5699:0          LISTENING
  TCP    0.0.0.0:1026           Lenovo-5699:0          LISTENING
  TCP    0.0.0.0:1027           Lenovo-5699:0          LISTENING
  TCP    0.0.0.0:1028           Lenovo-5699:0          LISTENING
  TCP    0.0.0.0:1029           Lenovo-5699:0          LISTENING
  TCP    0.0.0.0:1037           Lenovo-5699:0          LISTENING
  TCP    0.0.0.0:5357           Lenovo-5699:0          LISTENING
  TCP    0.0.0.0:6001           Lenovo-5699:0          LISTENING
  TCP    0.0.0.0:30584          Lenovo-5699:0          LISTENING
  TCP    127.0.0.1:8888         Lenovo-5699:0          LISTENING
  TCP    127.0.0.1:27382        Lenovo-5699:0          LISTENING
  TCP    127.0.0.1:32832        Lenovo-5699:0          LISTENING
  TCP    127.0.0.1:32835        Lenovo-5699:0          LISTENING
  TCP    192.168.1.100:139      Lenovo-5699:0          LISTENING
  TCP    192.168.1.100:57695    183.61.70.166:http     CLOSE_WAIT
```

图 18-1 查看端口状态

当然，上面的程序只是服务器端启动了监听，可以看成服务器是处于可被客户端程序呼叫的状态。

例 18-2 下面是一个真正可以完成两台计算机之间通信的程序。要在上面处于监听状态的程序上使用 Accept()方法来继续下去。

详细的服务端程序清单见 ServerSocket.cs：

```
using System;
using System.Collections.Generic;
using System.Linq;
using System.Text;
using System.Threading.Tasks;
using System.Net;
using System.Net.Sockets;
namespace SocketDemo1
{
    class ServerSocket
    {
```

```
        static void Main(string[] args)
        {
            //创建 IpEndPoint 实例
            IPAddress ipa = IPAddress.Parse("127.0.0.1");
            Console.WriteLine("ipa:" + ipa.ToString());
            IPEndPoint ipep = new IPEndPoint(ipa, 8888);
            Socket socket = new Socket(AddressFamily.InterNetwork,
              SocketType.Stream, ProtocolType.Tcp);

            Console.WriteLine(
              "Socket 启动，请在 DOS 命令行下使用 netstat -a 查看 8888 端口--");

            socket.Bind(ipep);
            socket.Listen(1); //开始在 8888 端口启动监听

            Socket s =  socket.Accept();

            SendReceiveTest1(s);

            Console.ReadKey();
            socket.Close();
        }

        // 发送并接收消息
        public static int SendReceiveTest1(Socket server)
        {
            byte[] msg = Encoding.UTF8.GetBytes("你好，我是服务器，代号长江");
            byte[] bytes = new byte[256];
            try
            {
                // 阻塞并且有返回结果
                int i = server.Send(msg);
                Console.WriteLine("Sent {0} bytes.", i);

                // 得到另一方发来的消息
                i = server.Receive(bytes);
                Console.WriteLine(Encoding.UTF8.GetString(bytes));
            }
            catch (SocketException e)
            {
                Console.WriteLine(
                  "{0} Error code: {1}.", e.Message, e.ErrorCode);
                return (e.ErrorCode);
            }
            return 0;
        }
    }
}
```

而客户端程序代码见 ClientSocket.cs：

```
using System;
using System.Collections.Generic;
using System.Linq;
using System.Text;
```

```
using System.Threading.Tasks;
using System.Net;
using System.Net.Sockets;

namespace ClientSocket
{
    class ClientSocket
    {
        static void Main(string[] args)
        {
            //创建 IpEndPoint 实例
            IPAddress ipa = IPAddress.Parse("127.0.0.1");
            Console.WriteLine("ipa:" + ipa.ToString());
            IPEndPoint ipep = new IPEndPoint(ipa, 8888);
            Socket socket = new Socket(AddressFamily.InterNetwork,
              SocketType.Stream, ProtocolType.Tcp);

            socket.Connect(ipep);

            Console.WriteLine("---已连接上服务器---");
            SendReceiveTest1(socket);

            Console.ReadKey();
            socket.Close();
        }

        /// <summary>
        /// 发送并且接收消息
        /// </summary>
        /// <param name="server"></param>
        /// <returns></returns>
        public static int SendReceiveTest1(Socket server)
        {
            byte[] msg = Encoding.UTF8.GetBytes("你好，我是客户端，代号黄河");
            byte[] bytes = new byte[256];
            try
            {
                // 阻塞并且有返回结果
                int i = server.Send(msg);
                Console.WriteLine("Sent {0} bytes.", i);

                // 得到另一方发来的消息
                i = server.Receive(bytes);
                Console.WriteLine(Encoding.UTF8.GetString(bytes));
            }
            catch (SocketException e)
            {
                Console.WriteLine(
                  "{0} Error code: {1}.", e.Message, e.ErrorCode);
                return (e.ErrorCode);
```

```
            }
            return 0;
        }
    }
}
```

仔细看 ServerSocket.cs 和 ClientSocket.cs，二者非常相似，唯一的区别在于如下所示的代码。

服务器端的代码为：

```
socket.Bind(ipep);
socket.Listen(1); //开始在 8888 端口启动监听
```

而客户端的代码为：

```
socket.Connect(ipep);
```

一旦连接上之后，相互发送和接收数据功能的代码完全一样。换句话说，服务器端和客户端的地位是平等的。而且以上的程序必须按照先运行服务器端程序，然后再运行客户端程序的顺序进行。

先启动服务器端程序，Socket 是阻塞的。一旦客户端程序启动后，两台计算机才会通信(注意这两个程序最好是在两台计算机中分别运行，那么对应的 IP 地址要有变化)。

启动客户端程序，运行结果如图 18-2 所示。它收到了服务器发来的消息："你好，我是服务器，代号长江"。

```
C:\Windows\system32\cmd.exe
ipa:127.0.0.1
---已连接上服务器---
Sent 39 bytes.
你好，我是服务器，代号长江
```

图 18-2　客户端程序的运行结果

而此时，服务器也收到了客户端发送过来的消息，运行结果如图 18-3 所示。

```
选择C:\Windows\system32\cmd.exe
ipa:127.0.0.1
Socket启动，请在dos命令行下使用netstat -a查看8888端口--
Sent 36 bytes.
你好，我是客户端，代号黄河
```

图 18-3　服务器端程序的运行结果

18.3　案例分析与实现

18.3.1　案例分析

在实际的应用系统中，经常需要将本地的文件发送到远程的服务器上，如何实现此功能呢？上一节的例子中，使用 Socket 完成了消息的发送，我们可以基于同样的原理完成文件的发送。Socket 类发送文件的方法为 SendFile()。

18.3.2 案例实现

主要步骤如下。

(1) 设计服务器端界面，如图 18-4 所示。

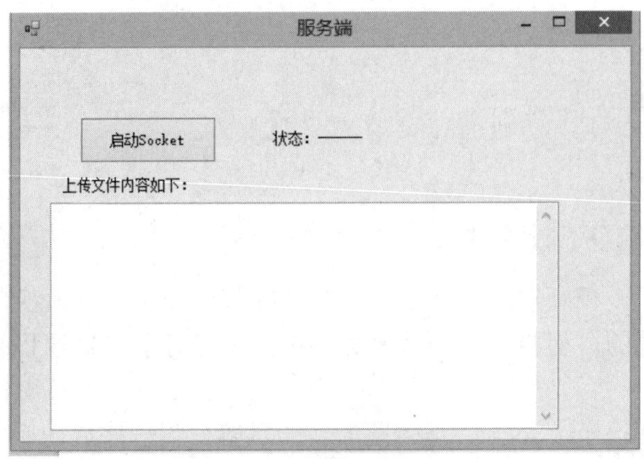

图 18-4 服务器端界面

(2) 服务器端首先启动 Socket 服务，然后等待客户端 Socket 的接入并发送文件到服务器端。服务器端将接收到的文本文件存放在 D:\temp.txt 下，并显示在界面的文本框中。

服务器端的完整代码如下：

```
using System;
using System.Collections.Generic;

using System.ComponentModel;
using System.Data;
using System.Drawing;
using System.Linq;
using System.Text;
using System.Threading.Tasks;
using System.Windows.Forms;
using System.Net;
using System.Net.Sockets;
using System.IO;
namespace WindowsFormsApplication1
{
    public partial class ServerForm : Form
    {
        Socket socket;

        public ServerForm()
        {
            InitializeComponent();
        }
```

```
    private void btnStart_Click(object sender, EventArgs e)
    {
        try
        {
            IPAddress ipa = IPAddress.Parse("127.0.0.1");

            IPEndPoint ipep = new IPEndPoint(ipa, 8888);
            socket = new Socket(AddressFamily.InterNetwork,
              SocketType.Stream, ProtocolType.Tcp);
            label1.Text = "服务已启动，等待客户端连接";
            btnStart.Text = "已启动";
            //创建 IpEndPoint 实例
            socket.Bind(ipep);
            socket.Listen(5); //启动

            Socket mySoket = socket.Accept();
            Byte[] buff = new Byte[256];
            int result;
            string filename = @"D:\\temp.txt";
            //new file
            if (File.Exists(filename))
            {
                File.Delete(filename);
            }
            //StreamWrite
            StreamWriter sw = new StreamWriter(File.Create(filename));
            while (true)
            {
                buff = new Byte[256];
              result =
                  mySoket.Receive(buff); //接收来自绑定的 Socket 的数据
              sw.Write(Encoding.Default.GetString(buff));
              if (result < 256)
                  break;
              }
              sw.Close(); //close buffer write
              mySoket.Close();
              socket.Close();
              label1.Text = "文件接收完毕";
              StreamReader sr = new StreamReader(filename);
              string content = sr.ReadToEnd();
              textBox1.Text = content;
              // sr.Close();
          }
          catch (SocketException ex)
          {
              MessageBox.Show(ex.Message);
          }
      }
   }
}
```

(3) 设计客户端程序，客户端界面如图 18-5 所示。

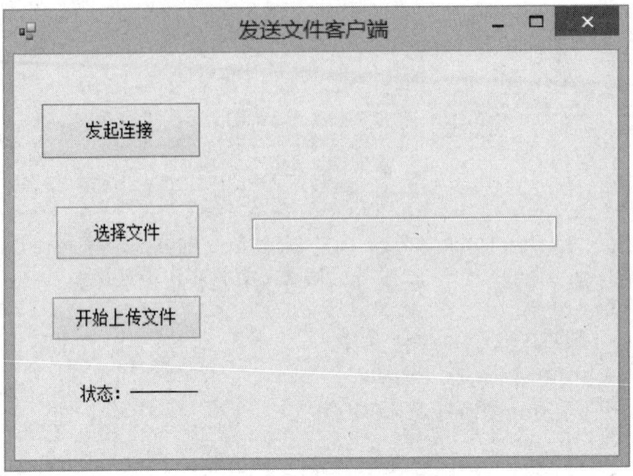

图 18-5　客户端界面

客户端的完整代码如下：

```
//省略部分 using 语句
using System.Net;
using System.Net.Sockets;
namespace ClientFormsApp
{
    public partial class ClientForm : Form
    {

        string fileName = "";
        Socket socket;
        public ClientForm()
        {
            InitializeComponent();
        }

        private void button1_Click(object sender, EventArgs e)
        {
            //创建 IpEndPoint 实例
            IPAddress ipa = IPAddress.Parse("127.0.0.1");

            IPEndPoint ipep = new IPEndPoint(ipa, 8888);
            socket = new Socket(AddressFamily.InterNetwork,
                SocketType.Stream, ProtocolType.Tcp);

            socket.Connect(ipep);
            // Console.WriteLine("---已连接上服务器---");
            label1.Text = "状态：已连接";

            // socket.Close();
        }

        private void SendReceiveTest1(Socket socket)
        {
```

```
            throw new NotImplementedException();
        }

        private void btnSelectFile_Click(object sender, EventArgs e)
        {

            if (DialogResult.OK == openFileDialog1.ShowDialog())
            {
                fileName = openFileDialog1.FileName;
                textBox1.Text = fileName;
            }
        }

        private void button2_Click(object sender, EventArgs e)
        {
            if (fileName == "")
            {
                MessageBox.Show("请先选择文件");
            }
            else
            {
                socket.SendFile(fileName); //传送文件到 Socket
                label1.Text = "状态：上传完毕";
                socket.Shutdown(SocketShutdown.Both);
                socket.Close();
                button2.Enabled = false;
            }
        }
    }
}
```

完成以上步骤后，首先运行服务器程序，启动 Socket，然后运行客户端程序，连接 Socket，选择要发送的文件。发送完毕后，服务器端会将此文件的内容显示到文本框中。

程序运行结果如图 18-6 和图 18-7 所示。

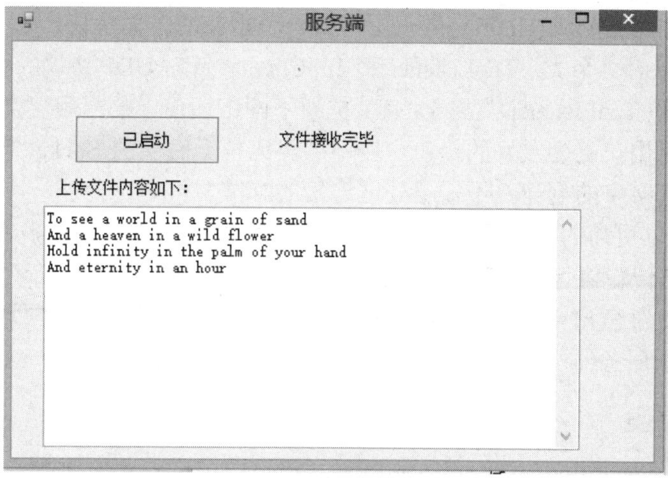

图 18-6 服务器端程序的运行结果

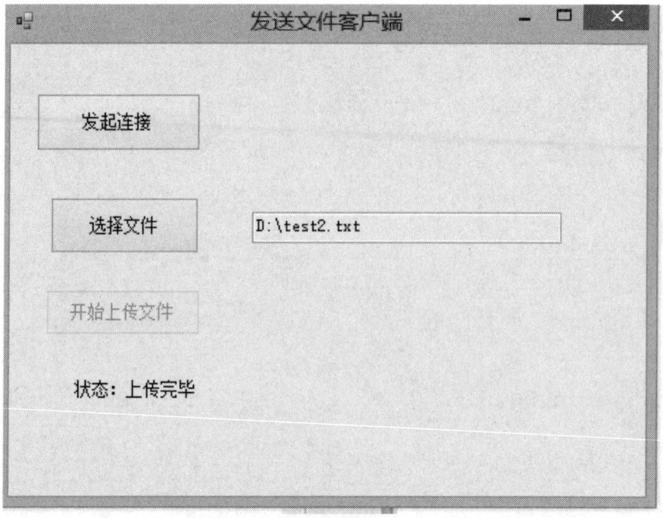

图 18-7　客户端程序的运行结果

以上程序运行完毕后，我们仔细分析会发现，程序不是很完善，一次只能发送一个文件，服务器程序也只能接收一个客户端的连接。要解决以上问题，必须要借助多线程技术。由于本书篇幅所限，未讲解线程的知识，读者可以在 MSDN 上在线查找相关资料。另外，UdpClient 类也是一个重要的协议类。由于篇幅所限，本书不再详细介绍，希望读者查询相关资料，并熟练使用。

18.4　拓展训练：基于 TCP 编程的实例

为了简化 Socket 编程，.NET 提供了另外 3 个针对 TCP 协议和 UDP 协议编程的类。

TCP(Transmission Control Protocol，传输控制协议)是一种面向连接的、可靠的、基于字节流的传输层通信协议。在简化的计算机网络 OSI 模型中，TCP 完成第四层传输层所指定的功能，用户数据报协议(UDP)是同一层内另一个重要的传输协议。

针对 TCP 协议有 2 个类：TcpListener 和 TcpClient。针对 UDP 协议的有 UdpClient 类。

TcpClient 类和 TcpListener 类属于.NET 框架下网络通信中的应用层类，为 Socket 通信提供了更简单、对用户更为友好的接口。应用层类比位于底层的 Socket 类提供了更高层次的抽象，封装了套接字的创建，不需要处理连接的细节。

TcpClient 类以更高的抽象程度提供 TCP 服务的基础，因此，许多应用层次上的通信协议，比如 FTP 传输协议、HTTP 超文本传输协议都直接创建在 TcpClient 等类之上。TcpClient 类直接为客户端设计，提供了通过网络连接发送和接收数据的简单方法；TcpListener 类用于服务器端，用来监视 TCP 端口上客户端的请求。

1. TcpClient 类

要建立 TCP 连接，应该提供 IP 地址和端口号。TcpClient 类有 3 种构造函数。

(1) public TcpClient()：使用本机默认的 IP 地址和默认的端口 0 来创建 TCP 连接。

(2) public TcpClient(IPEndPoint)：IPEndPoint 指定在建立远程连接时所使用的本机 IP

地址和端口号。

(3) public TcpClient(string, int)：初始化 TcpClient 类的新实例，并连接到指定主机上的指定端口。

需要说明的是，在使用前两种构造函数的时候，只是实现了 TcpClient 实例对象与 IP 地址和 Port 端口的绑定，要完成连接，还需要显式地用 Connect 方法指定与远程主机的连接。

在网络数据接收和发送方面，TcpClient 类使用 NetworkStream 网络流处理技术，使得读写数据更加方便直观，而不需考虑具体传输的内容。

在使用 GetStream 方法获得用于发送和接收数据的网络流之后，就可以使用标准流读写方法 Write 和 Read 来发送和接收数据了。

2. TcpListener 类

TcpListener 类用于监视 TCP 端口上客户端的请求，通过绑定本机 IP 地址和端口(IP 地址和端口应与客户端请求一致)来创建 TcpListener 对象实例，由 Start()方法启动侦听。当 TcpListener 侦听到客户端连接后，根据客户端的请求方式来处理请求，即如果是 Socket 连接请求，则使用 AcceptSocket 方法；如果是 TcpClient 连接请求，则使用 AcceptTcpClient 方法。最后要关闭使用的连接。

3. 拓展训练

要求使用 TcpListener 类和 TcpClient 类完成客户端和服务器端程序的消息发送。

(1) 服务器端程序如下：

```
using System;
using System.Collections.Generic;
using System.Linq;
using System.Net;
using System.Net.Sockets;
using System.Text;
using System.Threading.Tasks;

namespace TcpClientApp
{
    class ServerProgram
    {
        static void Main(string[] args)
        {

            TcpListener server = null;
            try
            {
                // 在 13000 端口监听
                Int32 port = 13000;
                IPAddress localAddr = IPAddress.Parse("127.0.0.1");

                server = new TcpListener(localAddr, port);

                // 启动监听
                server.Start();
```

```
            // 读数据的缓冲区
            Byte[] bytes = new Byte[256];
            String data = null;

            while (true)
            {
                Console.Write("等待连接... ");

                // 接受用户的请求，返回 TcpClient 对象
                TcpClient client = server.AcceptTcpClient();
                Console.WriteLine("已连接!");

                data = null;

                // 得到 NetworkStream 对象
                NetworkStream stream = client.GetStream();

                int i;

                // 循环接收客户端发送来的数据
                while ((i = stream.Read(bytes, 0, bytes.Length)) != 0)
                {
                    // 将字节数组转成字符串
                    data = System.Text.Encoding.Unicode.GetString(
                      bytes, 0, i);
                    Console.WriteLine("接收数据为: {0}", data);

                    string serverdata = "我是服务器，代号长江";

                    byte[] msg =
                      System.Text.Encoding.Unicode.GetBytes(serverdata);

                    // 发送响应到客户端
                    stream.Write(msg, 0, msg.Length);
                    Console.WriteLine("发送数据为: {0}", serverdata);
                }

                // 关闭连接
                client.Close();
            }
        }
        catch (SocketException e)
        {
            Console.WriteLine("SocketException: {0}", e);
        }
        finally
        {
           //停止监听
            server.Stop();
        }

        Console.WriteLine("\n 任意键继续...");
        Console.Read();
    }
```

```
    }
}
```

(2) 客户端程序如下：

```
using System;
using System.Collections.Generic;
using System.Linq;
using System.Text;
using System.Threading.Tasks;
using System.Net.Sockets;
namespace ConsoleApplication1
{
    class ClientProgram
    {
        static void Main(string[] args)
        {
            Connect("127.0.0.1","我是客户端，代号黄河");
        }

        static void Connect(String server, String message)
        {
            try
            {
                // 建立一个 TcpClient 对象
                Int32 port = 13000;
                TcpClient client = new TcpClient(server, port);

                // 将发送消息转成字节数组
                Byte[] data =
                  System.Text.Encoding.Unicode.GetBytes(message);

                // 得到 NetworkStream 流类
                NetworkStream stream = client.GetStream();

                // 发送消息到 TCP 服务器上
                stream.Write(data, 0, data.Length);

                Console.WriteLine("发送: {0}", message);

                // 接收 TCP 服务器返回的消息
                data = new Byte[256];

                String responseData = String.Empty;

                // 读取服务器数据
                Int32 bytes = stream.Read(data, 0, data.Length);
                responseData = System.Text.Encoding.Unicode.GetString(
                  data, 0, bytes);
                Console.WriteLine("接收到的信息为: {0}", responseData);

                stream.Close();
                client.Close();
            }
            catch (ArgumentNullException e)
```

```
            {
                Console.WriteLine("ArgumentNullException: {0}", e);
            }
            catch (SocketException e)
            {
                Console.WriteLine("SocketException: {0}", e);
            }

            Console.WriteLine("\n 任意键继续...");
            Console.Read();
        }
    }
}
```

先启动服务器端程序。程序运行结果如图 18-8 所示。

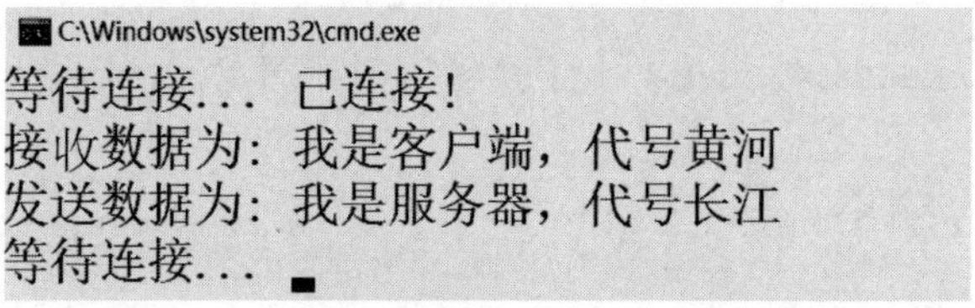

```
C:\Windows\system32\cmd.exe
等待连接... 已连接!
接收数据为: 我是客户端，代号黄河
发送数据为: 我是服务器，代号长江
等待连接...
```

(a) 服务器端程序的运行结果

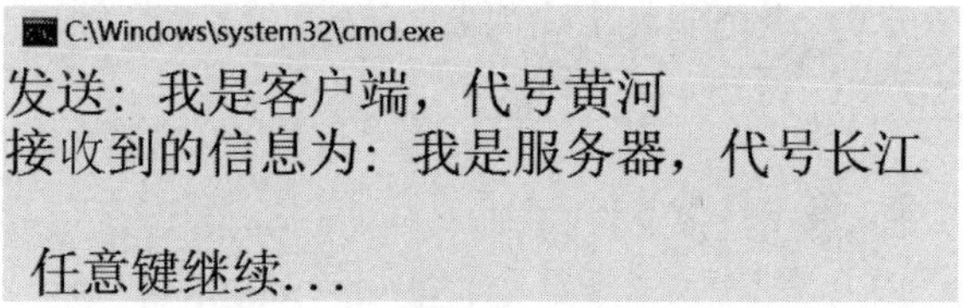

```
C:\Windows\system32\cmd.exe
发送: 我是客户端，代号黄河
接收到的信息为: 我是服务器，代号长江

 任意键继续...
```

(b) 客户端程序的运行结果

图 18-8 基于 TCP 的程序的运行结果

习　　题

简答题

(1) 简述套接字 Socket 编程的基本过程。

(2) TcpListener、TcpClient 和 Socket 有什么关系？它们各有哪些主要的方法？

参 考 文 献

[1] 帕金斯，里德. C#入门经典[M]. 9 版. 齐立博，译. 北京：清华大学出版社，2022.

[2] 内格尔. C#高级编程[M]. 11 版. 李铭，译. 北京：清华大学出版社，2019.

[3] 明日科技. C#开发手册：基础•案例•应用[M]. 北京：化学工业出版社，2022.

[4] 软件开发技术联盟. C#开发实例大全(提高卷)[M]. 北京：清华大学出版社，2016.

[5] 索利斯，施罗坦博尔. C#图解教程[M]. 5 版. 窦衍森，姚琪琳. 北京：人民邮电出版社，2019.

[6] Christian Nagel，Jay Glynn，Morgan Skinner. C#高级编程[M]. 9 版. 李铭，译. 北京：清华大学出版社，2014.

[7] 唐大仕. C#程序设计教程[M]. 2 版. 北京：北京交通大学出版社，2018.

[8] Jort Rodenburg. 像 C#高手一样编程[M]. 2 版. 毛鸿烨，吴晓梅，译. 北京：北京航空航天大学出版社，2022.

[9] C#控件查询手册. 龙马工作室搜集整理制作.